PLC BIANPINQI CHUMOPING
ZONGHE YINGYONG SHIXUN

PLC、变频器、触摸屏

综合应用实训 （第二版）

阮友德　主编

中国电力出版社
CHINA ELECTRIC POWER PRESS

内 容 提 要

本书遵循"以能力培养为核心,以技能训练为主线,以理论知识为支撑"的编写思想;按照"管用、适用、够用"的原则精选教材内容;以"基于工作过程的教学模式"为编写思路;充分体现教材的科学性、先进性、实用性和可操作性。

本书集理论知识、技术应用、工程设计和创新于一体,以 38 个实训贯穿始终,内容涵盖 PLC 的组成、工作原理、编程工具、指令系统、特殊功能模块,变频器及其操作,PLC 与变频器的应用,触摸屏及其调试软件,PLC、变频器、触摸屏的通信及其综合应用。

本书由浅入深、通俗易懂、注重应用,可作为高等院校机、电类专业的理论与实训教材,也可作为技能培训教材,还可供相关工程技术人员参考。

图书在版编目(CIP)数据

PLC、变频器、触摸屏综合应用实训/阮友德主编 . —2 版 . —北京:中国电力出版社,2021.7
(2025.1 重印)
ISBN 978-7-5198-5483-6

Ⅰ.①P… Ⅱ.①阮… Ⅲ.①PLC 技术—教材②变频器—教材③触摸屏—教材 Ⅳ.①TM571.61
②TN773

中国版本图书馆 CIP 数据核字(2021)第 049361 号

出版发行:中国电力出版社
地　　址:北京市东城区北京站西街 19 号 (邮政编码 100005)
网　　址:http://www.cepp.sgcc.com.cn
责任编辑:杨 扬 (010—63412524)
责任校对:黄 蓓 朱丽芳 常燕昆
装帧设计:郝晓燕
责任印制:杨晓东

印　　刷:北京雁林吉兆印刷有限公司
版　　次:2021 年 7 月第二版
印　　次:2025 年 1 月北京第十七次印刷
开　　本:787 毫米×1092 毫米 16 开本
印　　张:21
字　　数:600 千字
印　　数:36501—38000
定　　价:79.00 元

本书编委会

主　任　范新灿

副主任　常　江　阮友德

委　员　邓　松　张迎辉　陈素芳　李　琴　曾　珍

　　　　罗　乔　李国超　阮雄锋　邵庆龙　唐　佳

　　　　吴　锋　谢春燕　杨保安　李剑锋

主　编　阮友德

副主编　董雁飞

参　编　李金强　杨崇明　曾　珍　王艳苹

　　　　阮雄锋　邵庆龙　吴　锋　潘　锋

主　审　邓松

前 言

本书第 1 版出版后，受到使用者的欢迎，已重印十多次，发行量达数万册。经过近 10 年的使用实践和反馈，读者对本书第 1 版的"以能力培养为核心，以技能训练为主线，以理论知识为支撑""将理论与实践教学融于一体""管用、适用、够用""实行三级指导"等特点给予了充分肯定，一致认为是一本体现高等院校特色、理实一体化的好教材，同时也提出了一些改进意见。为配合精品课和资源库的建设，现决定再版。

第 2 版完全保留了第 1 版的特色与知识框架，在对第 1 版知识结构进行梳理的同时，升级了相应的硬件和综合项目。一是增加了 FX_{2N} 的升级机型 FX_{3U} 及其特殊功能模块的内容，加强了功能指令的应用；二是增加了 FX-TRN-BEG-C 仿真软件的介绍，加强了 PLC 的程序设计及其仿真调试；三是增加了恒压供水控制系统、自动生产线控制系统、通信控制系统等工程项目，有利于学生提高项目设计能力、工程实践能力、创新意识和创新能力；四是删除了少数内容过时的部分，纠正了个别符号、图形、表格等不规范的地方。通过本次修订，教材特点更明显、内容更新颖、项目更实用、使用更方便。

本书由阮友德主编，董雁飞副主编，曾珍主审，邓松、李金强、杨崇明、邵庆龙、吴锋、潘锋等参与编写。在编写过程中，得到了"教育部高职高专 PLC、变频器综合应用技术师资培训班"成员、三菱电机自动化公司驻深圳办事处及深圳普泰科技公司的大力帮助，在此一并表示感谢。

由于时间仓促以及编者水平有限，书中错误和不足之处在所难免，欢迎读者提出批评和建议。

编　者
2021 年 1 月

目 录

前言

上篇　PLC、变频器应用与实训

上 篇

PLC、变频器应用与实训

第1章 FX系列PLC及其编程工具

学习情景引入

　　PLC是什么、用于何处、对今后专业课的学习有何帮助、对今后的职业生涯又有何影响等，是学习此课程的学生最关心的问题。

　　PLC是由计算机技术、控制技术和通信技术发展起来的新一代工业自动化控制装置，其应用几乎覆盖了所有控制领域，PLC技术已成为工业自动化的三大支柱（PLC技术、机器人、计算机辅助设计与制造）之一。PLC技术是一门实践性很强的专业基础课，是专业课学习的基础，对学生之后的职业生涯将产生重大影响，因此，机电类专业的学生必须掌握这一技术。

1.1 PLC 概 述

1.1.1 概况

1. PLC 的由来

1969年，美国的数字设备公司（DEC）研制出了第一台可编程控制器，1971年，日本、德国、英国、法国等相继研发了适应本国的可编程控制器，1974年，中国也开始研制并生产可编程控制器。早期的可编程控制器是为取代继电控制系统而设计的，用于开关量控制，以及进行逻辑运算，故称之为可编程逻辑控制器（programmable logical controller，PLC）。

20世纪70年代后期，可编程逻辑控制器从开关量控制发展到计算机数字控制领域，更多地具有了计算机的功能。因此，国际电工委员会（IEC）将可编程逻辑控制器称为可编程控制器（programmable controller，PC），后来为了与个人计算机（personal computer，PC）相区别，人们又用PLC作为可编程控制器的简称。

2. PLC 系统的组成

PLC系统通常由基本单元、扩展单元、扩展模块及特殊功能模块组成，PLC系统组成如图1-1所示。基本单元（即主单元）是PLC控制的核心；扩展单元是扩展I/O点数的装置，内部有电源；

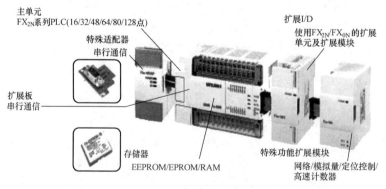

图1-1 PLC系统组成

扩展模块用于增加 I/O 点数和改变 I/O 点数的比例,内部无电源,由基本单元或扩展单元供电,扩展单元和扩展模块均无 CPU,必须与基本单元一起使用;特殊功能模块是一些具有特殊用途的装置。

1.1.2　外部结构

本书所涉及的 FX 系列 PLC 包括了 FX_{1S}、FX_{1N}、FX_{2N} 和 FX_{3U} 四种基本类型,这四种类型在外观、结构、性能上大同小异,所以,本书选用应用最广的 FX_{2N} 和 FX_{3U} 系列 PLC 作为实训用机进行学习。

FX 系列 PLC 的外部特征基本相似,通常都有外部端子部分、指示部分及接口部分,FX_{2N} 系列 PLC 外形图如图 1-2 所示。

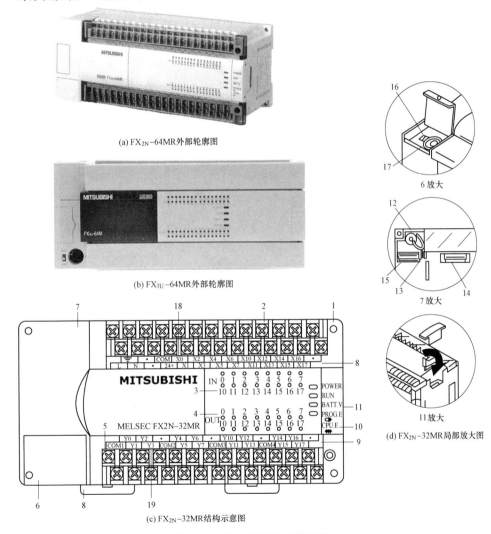

(a) FX_{2N}-64MR外部轮廓图

(b) FX_{3U}-64MR外部轮廓图

(c) FX_{2N}-32MR结构示意图

6 放大

7 放大

11 放大

(d) FX_{2N}-32MR局部放大图

图 1-2　FX_{2N} 系列 PLC 外形图

1—安装孔;2—电源、辅助电源、输入信号用的可装卸式端子;3—输入状态指示灯;4—输出状态指示灯;5—输出用的可装卸式端子;6—外围设备接线插座、盖板;7—面板盖;8—DIN 导轨装卸用卡子;9—I/O 端子标记;10—状态指示灯,POWER—电源指示灯,RUN—运行指示灯,BATT. V—电池电压下降指示灯,PROG. E—指示灯闪烁时表示程序语法出错,CPU. E—指示灯亮时表示 CPU 出错;11—扩展单元、扩展模块、特殊单元、特殊模块的接线插座盖板;12—锂电池;13—锂电池连接插座;14—另选存储器滤波器安装插座;15—功能扩展板安装插座;16—内置 RUN/STOP 开关;17—编程设备、数据存储单元接线插座;18—输入继电器习惯写成 X0～X7、…、X260～X267,但通过 PLC 的编程软件或编程器输入时,会自动生成 3 位八进制的编号,如 X000～X007、…、X260～X267;19—输出继电器 Y000～Y007、…、Y260～Y267,也习惯写成 Y0～Y7、…、Y260～Y267

1. 外部端子部分

FX 系列 PLC 的端子分布图如图 1-3 所示。FX$_{2N}$系列 PLC 外部端子包括 PLC 电源端子（L、N、⏚）、供外部传感器用的 DC 24V 电源端子（24＋、COM）、输入端子（X）、输出端子（Y）等，如图 1-3（a）所示。对于 FX$_{3U}$系列 PLC，其外部端子包括 PLC 电源端子（L、N、⏚）、供外部传感器用的 DC 24V 电源端子（24V、0V）、输入端子（X）、输出端子（Y）等，与 FX2N 系列 PLC 相比，多了一个漏型、源型选择端子（S/S），如图 1-3（b）所示。外部端子主要完成输入/输出（I/O）信号的连接，是 PLC 与外部设备（输入设备、输出设备）连接的桥梁。

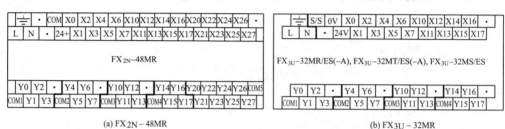

(a) FX$_{2N}$ – 48MR (b) FX$_{3U}$ – 32MR

图 1-3 FX 系列 PLC 的端子分布图

注 FX$_{2N}$-48MR PLC 输出端子共分为五组，FX$_{3U}$-32MR PLC 输出端子共分为四组，组间均用黑实线分开。

输入端子与输入信号相连，PLC 的输入电路通过其输入端子可随时检测 PLC 的输入信息，即通过输入元件（如按钮、转换开关、行程开关、继电器的触点、传感器等）连接到对应的输入端子上，通过输入电路将信息送到 PLC 内部进行处理，一旦某个输入元件的状态发生变化，则对应输入点（软元件）的状态也随之变化。

输入信号连接示意图如图 1-4 所示。对于 FX$_{2N}$系列 PLC，其输入端都是漏型接法，即 COM 为输入公共端，其连接示意图如图 1-4（a）所示。对于 FX$_{3U}$系列 PLC，其输入端分为漏型和源型接法，若接成漏型，则 S/S 与 24V 短接，0V 即为输入公共端；若接成源型，则 S/S 与 0V 短接，24V

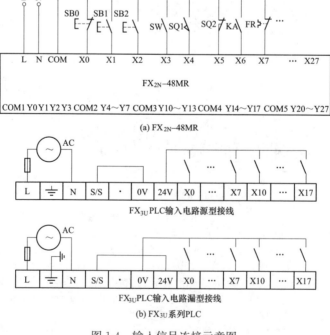

图 1-4 输入信号连接示意图

即为输入公共端，其连接示意图如图 1-4（b）所示。对于输入信号为非传感器的开关电器，PLC 的输入端接为漏型或源型都不影响 PLC 对输入信号的采集，因此，本书后面有关 PLC 的输入输出接线图均以 FX_{2N} 系列 PLC 统一绘制，FX_{3U} 系列 PLC 请参照图 1-4（b）所示进行接线。

　　输出电路就是 PLC 的负载驱动回路，通过输出点将负载和负载电源连接成一个回路，负载由 PLC 的输出点进行控制。输出信号连接示意图如图 1-5 所示，对于继电器输出型 PLC（如 FX_{2N}-32MR、FX_{3U}-32MR/ES），负载电源可以是直流，也可以是交流，负载电源完全由负载的性质决定，其连接示意图如图 1-5（a）所示；对于晶体管漏型输出 PLC（如 FX_{3U}-32MT/ES），负载电源只能是直流，且公共端只能接低电位，其连接示意图如图 1-5（b）所示；对于晶体管源型输出 PLC（如 FX_{3U}-32MT/ESS），负载电源只能是直流，且公共端只能接高电位，其连接示意图如图 1-5（c）所示。负载电源的规格应根据负载的需要和输出点的技术规格来选择。

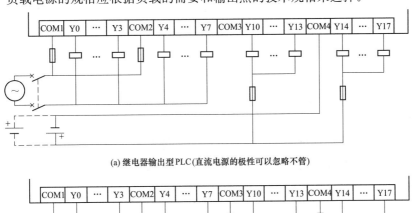

(a) 继电器输出型PLC(直流电源的极性可以忽略不管)

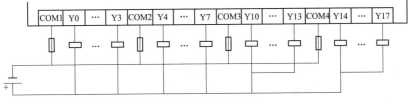

(b) 晶体管漏型输出PLC(直流电源的极性不能接反)

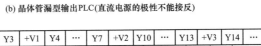

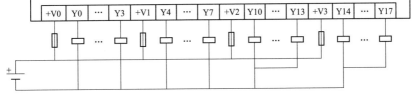

(c) 晶体管源型输出PLC(直流电源的极性不能接反)

图 1-5　输出信号连接示意图

2. 指示部分

　　指示部分包括各 I/O 点的状态指示、PLC 电源（POWER）指示、PLC 运行（RUN）指示、用户程序存储器后备电池（BATT.V）状态指示及程序语法出错（PROG.E）、CPU 出错（CPU.E）指示等，用于反映 I/O 点及 PLC 机器的状态。

3. 接口部分

　　接口部分主要包括编程器、扩展单元、扩展模块、特殊模块及存储卡盒等外部设备的接口，其作用是完成基本单元同上述外部设备的连接。在编程器接口旁边，还设置了一个 PLC 运行模式转换开关，它有 RUN 和 STOP 两个运行模式，RUN 模式表示 PLC 处于运行状态（RUN 指示灯亮）；STOP 模式表示 PLC 处于停止即编程状态（RUN 指示灯灭），此时，PLC 可进行用户程序的写入、编辑和修改。

4. 通电观察

（1）了解的外部结构及各部分的功能。

（2）按图1-4所示连接好各种输入设备。

（3）接通PLC的电源，观察PLC的相关指示是否正常。

（4）分别接通各个输入信号，观察PLC的输入指示灯是否发亮。

（5）将PLC的运行模式转换开关置于RUN状态，观察PLC的输出指示灯是否发亮。

1.1.3 内部硬件

PLC基本单元内部主要有3块线路板，即电源板、输入输出接口板及CPU板，PLC内部硬件如图1-6所示。电源板主要为PLC各部件提供高质量的开关电源，如图1-6（a）所示；输入输出接口板主要完成输入、输出信号的处理，如图1-6（b）所示；CPU板主要完成PLC的运算和存储功能，如图1-6（c）所示。

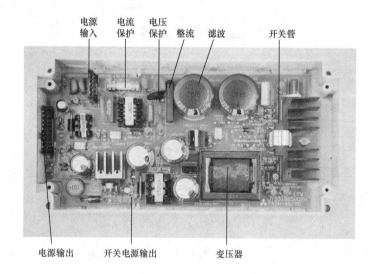

(a) PLC 的电源板

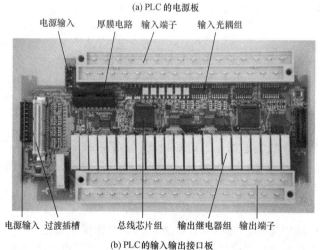

(b) PLC 的输入输出接口板

图 1-6　PLC 内部硬件（一）

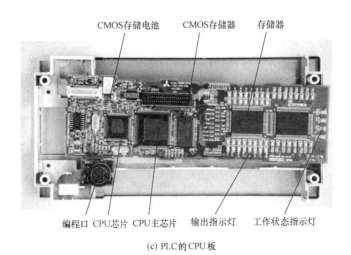

(c) PLC的CPU板

图 1-6 PLC 内部硬件（二）

1.1.4 内部结构

PLC 基本单元主要由中央处理单元（CPU）、存储器、输入单元、输出单元、电源单元、扩展接口、存储器接口、编程器接口和编程器组成，PLC 结构框图如图 1-7 所示。

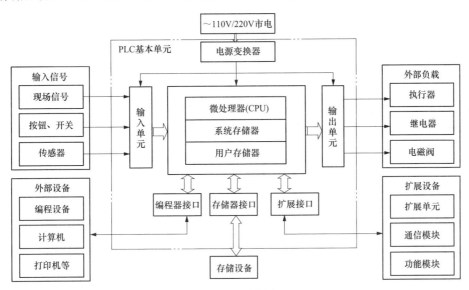

图 1-7 PLC 结构框图

1. 中央处理单元

中央处理单元是整个 PLC 的运算和控制中心，在系统程序的控制下，通过运行用户程序完成各种控制、处理、通信以及其他功能，控制整个系统并协调系统内部各部分的工作。

2. 存储器

存储器用于存放程序和数据。PLC 配有系统存储器和用户存储器，前者用于存放系统的各种管理、监控程序；后者用于存放用户编制的程序。

3. 输入/输出单元

输入/输出（I/O）单元是 PLC 与外部设备连接的接口。CPU 只能处理标准的电平信号，因此现场的输入信号，如按钮开关、行程开关、限位开关以及传感器输出的开关信号，需要通过输入单元的转换和处理才可以传送给 CPU。CPU 的输出信号也只有通过输出单元的转换和处理，才能够驱动电磁阀、接触器、继电器等执行机构。

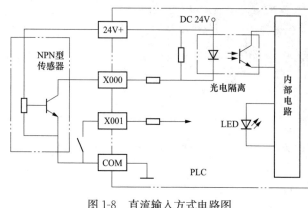

图 1-8　直流输入方式电路图

（1）输入电路。PLC 的输入电路基本相同，通常分为直流输入方式、交流输入方式和交直流输入方式 3 种类型。外部输入元件可以是无源触点或有源传感器。输入电路包括光电隔离和 RC 滤波器，用于消除输入触点抖动和外部噪声干扰。直流输入方式电路图如图 1-8 所示，其中 LED 为相应输入端在面板上的指示灯，用于表示外部输入信号的 ON/OFF 状态（LED 亮表示 ON）。

从图 1-8 可知，输入信号接于输入端子（如 X0、X1）和输入公共端 COM 之间，当有输入信号（即传感器接通或开关闭合）时，输入信号通过光电耦合电路耦合到 PLC 内部电路，并使发光二极管（LED）亮，指示有输入信号。因此，输入电路由输入公共端 COM、输入信号、输入端子与等效输入线圈等组成，当输入信号 ON 时，等效输入线圈得电，对应的输入触点动作，但此等效输入线圈在梯形图中不能出现。

（2）输出电路。PLC 的输出电路有继电器输出、晶体管输出和晶闸管输出 3 种形式，PLC 输出电路图如图 1-9 所示。图 1-9（a）所示为继电器输出型，CPU 控制继电器线圈的通电或失电，其触点相应闭合或断开，再利用触点去控制外部负载电路的通断。显然，继电器输出型 PLC 是利用继电器线圈和触点之间的电气隔离，将内部电路与外部电路进行隔离的。图 1-9（b）所示为晶体管输出型，通过使晶体管截止或饱和导通来控制外部负载电路。晶体管输出型是在 PLC 的内部电路与输出晶体管之间用光耦合器进行隔离的。图 1-9（c）所示为晶闸管输出型，通过使晶闸管导通或关断来控制外部电路。晶闸管输出型是在 PLC 的内部电路与输出元件之间用光电晶闸管（三端双向晶闸管开关元件）进行隔离。

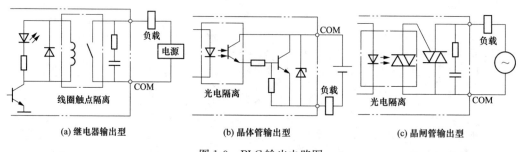

|（a）继电器输出型|（b）晶体管输出型|（c）晶闸管输出型|

图 1-9　PLC 输出电路图

4．电源单元

PLC 的供电电源一般是市电，有的也用 DC 24V 电源供电。PLC 对电源稳定性要求不高，一般允许电源电压在 −15%～+10% 波动。PLC 内部含有一个稳压电源，用于对 CPU 和 I/O 单元供电。有些 PLC 还有 DC 24V 输出，用于对外部传感器供电，但输出电流往往只是毫安级。

5．扩展接口

扩展接口实际上为总线形式，可以连接 I/O 扩展单元或模块（使 PLC 的点数规模配置更为灵活），也可连接模拟量处理模块、位置控制模块以及通信模块等。

6. 存储器接口

为了存储用户程序以及扩展用户程序存储区、数据参数存储区，PLC 还设有存储器扩展口，可以根据需要扩展存储器，其内部也是接到总线上。

7. 编程器接口

PLC 基本单元通常不带编程器，为了能对 PLC 进行现场编程及监控，PLC 基本单元专门设置有编程器接口，通过这个接口可以接各种类型的编程装置，还可以利用此接口做一些监控的工作。

8. 编程器

常用的编程器类型有：①便携式编程器，也叫手持式编程器，用按键输入指令，大多采用数码管显示，具有体积小、易携带的特点，适合小型 PLC 的编程要求；②图形编程器，又称智能编程器，可在调试程序时显示各种信号状态和出错提示等，对于习惯用梯形图编程的人员来说，这种编程器尤为适合；③安装专用编程软件的计算机，可以编制梯形图、语句等形式的用户程序。

1.1.5　软件

PLC 是一种工业计算机，不光要有硬件，软件也必不可少。PLC 的软件包括监控程序和用户程序两大部分。监控程序是由 PLC 厂家编制的，用于控制 PLC 本身的运行，监控程序包含系统管理程序、用户指令解释程序、标准程序模块和系统调用四大部分，其功能的强弱直接决定一台 PLC 的性能。用户程序是 PLC 的使用者通过 PLC 的编程语言来编制的，用于实现对具体生产过程的控制。

1.1.6　软元件

PLC 内部有许多功能不同的元件，这些元件实际上就是由电子电路和存储器组成的，由于只注重其功能，因此按元件的功能命名，如输入继电器 X、输出继电器 Y 等。为了把它们与通常的硬元件区分开，通常把这些元件称为软元件，是等效概念抽象模拟的元件，并非实际的物理元件。

1. 输入继电器 X

输入继电器是 PLC 接收外部开关信号的窗口，PLC 的每个输入端子均对应一个输入继电器，每个输入继电器即对应一个输入映像寄存器，当 PLC 外接的输入信号接通时，其对应的输入映像寄存器的内容为 1，若断开则为 0，PLC 控制系统示意图如图 1-10 所示。FX 系列 PLC 的输入继电器采用八进制编号，其数量随型号不同而不等，其编号为 X000～X007、X010～X017、…（习惯写成 X0～X7、X10～X17、…，输出继电器 Y 也与此相似）。在梯形图中，每一个输入继电器的常开触点和常闭触点可以多次使用。

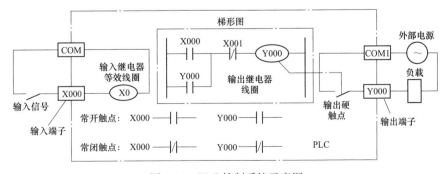

图 1-10　PLC 控制系统示意图

2. 输出继电器 Y

输出继电器与 PLC 的输出端子相连，是 PLC 向外部负载发送信号的窗口。输出继电器用来将

PLC 的输出信号传送给输出单元，再由输出单元驱动外部负载，控制过程可参见图 1-10。FX 系列 PLC 的输出继电器采用八进制编号，其数量随型号不同而不等，其编号为 Y000～Y007、Y010～Y017、…（习惯写成 Y0～Y7、Y10～Y17、…）。在梯形图中，每一个输出继电器的常开触点和常闭触点可以多次使用。

3. 辅助继电器 M

FX 系列 PLC 的辅助继电器见表 1-1，辅助继电器相当于继电控制系统中的中间继电器，它的常开、常闭触点在 PLC 的梯形图内可以无限次地自由使用，但是这些触点不能直接驱动外部负载，外部负载必须由输出继电器的外部硬触点来驱动。在 FX 系列 PLC 中，除了输入继电器和输出继电器的元件号采用八进制编号外，其他软元件的元件号均采用十进制编号。

（1）通用型辅助继电器。FX 系列 PLC 的通用型辅助继电器没有断电保持功能，如果在 PLC 运行时电源突然中断，输出继电器和通用型辅助继电器的状态将全部变为 OFF；若电源再次接通，除了 PLC 运行时即为 ON 的以外，其余均为 OFF 状态。

表 1-1　　　　　　　　　　　　　　FX 系列 PLC 的辅助继电器

PLC 类型	FX_{1S}	FX_{1N}	FX_{2N}	FX_{3U}
通用型辅助继电器	384（M0～M383）	384（M0～M383）	500（M0～M499）	
保持型辅助继电器	128（M384～M511）	1152（M384～M1535）	2572（M500～M3071）	7180（M500～M7679）
特殊型辅助继电器	256（M8000～M8255）			512（M8000～M8511）

（2）保持型辅助继电器。某些控制系统要求记忆电源中断瞬时的状态，重新通电后再现其状态，保持型（即电池后备/锁存型）辅助继电器可以用于这种场合。

（3）特殊型辅助继电器。特殊型辅助继电器共 256 点，它们用来表示 PLC 的某些状态，提供时钟脉冲和标志（如进位、借位标志等），特殊型辅助继电器分为以下两类：

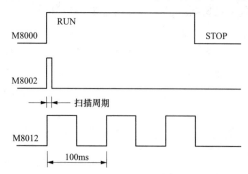

图 1-11　特殊型辅助继电器部分时序图

1）只能利用其触点的特殊型辅助继电器。线圈由 PLC 系统程序自动驱动，用户只可以利用其触点。特殊型辅助继电器部分时序图如图 1-11 所示，例如：M8000 为运行监视，PLC 运行时 M8000 接通；M8002 为初始脉冲，仅在运行开始瞬间接通一个扫描周期，因此，可以用 M8002 的常开触点来使有断电保持功能的元件初始化复位或给它们置初始值；M8011～M8014 分别是 10ms、100ms、1s 和 1min 的时钟脉冲特殊辅助继电器。

2）可驱动线圈型特殊辅助继电器。由用户程序驱动其线圈，使 PLC 执行特定的操作，用户并不使用它们的触点。

注：未定义的特殊辅助继电器不可在用户程序中使用。

4. 状态继电器 S

FX 系列 PLC 的状态继电器是构成状态转移图的重要软元件，它与后述的步进顺控指令配合使用。状态继电器的常开、常闭触点在 PLC 梯形图内可以无限次地自由使用，不用步进顺控指令时，状态继电器 S 可以作为辅助继电器 M 在程序中使用。

5. 定时器 T

FX 系列 PLC 定时器的作用相当于一个时间继电器，当所计时间到达设定值时，其触点动作，即常开触点闭合、常闭触点断开，线圈断电时，触点瞬时动作。定时器的设定值一般用常数 K（或 H）表示，也可以用后述的数据寄存器 D 的内容作为设定值。

6. 计数器 C

FX 系列 PLC 的计数器分为内部信号计数器（简称内部计数器）和外部高速计数器（简称高速计数器）。内部计数器是用来对 PLC 的内部元件（X、Y、M、S、T 和 C）提供的信号进行计数。计数器的设定值除了可由常数设定外，还可以通过指定数据寄存器来设定。

7. 数据寄存器 D

FX 系列 PLC 的数据寄存器是用来储存数据和参数的，数据寄存器可储存 16 位二进制数或一个字，两个数据寄存器合并起来可以存放 32 位数据（双字）。

8. 常数 K（H）

常数 K 用来表示十进制常数，16 位常数的范围为 $-32\,768 \sim +32\,767$，32 位常数的范围为 $-2\,147\,483\,648 \sim +2\,147\,483\,647$。常数 H 用来表示十六进制常数，十六进制包括 $0 \sim 9$ 和 $A \sim F$，16 位常数的范围为 $0 \sim FFFF$，32 位常数的范围为 $0 \sim FFFFFFFF$。

1.1.7　编程语言

FX 系列 PLC 普遍采用的编程语言是梯形图（ladder diagram，LD）、指令表（instruction list，IL），以及 IEC 规定的用于顺序控制的标准化语言——顺序功能图（sequential function chart，SFC）。

1. 梯形图

梯形图（LD）是一种以图形符号及其在图中的相互关系来表示控制关系的编程语言，是从继电控制电路图演变过来的，使用得最多的 PLC 图形编程语言。梯形图由触点、线圈和功能指令等组成，触点代表逻辑输入条件，如外部的开关、按钮和内部条件等；线圈和功能指令通常代表逻辑输出结果，用来控制外部的负载（如指示灯、交流接触器、电磁阀等）或内部的中间结果。

继电控制电路图与对应梯形图的比较示例如图 1-12 所示。从图 1-12 可以看出，梯形图与继电控制电路图很相似，都是由图形符号连接而成，这些符号与继电控制电路图中的常开触点、常闭触点、并联连接、串联连接、继电器线圈等对应，每一个触点和线圈都对应一个软元件。梯形图具有形象、直观、易懂的特点，很容易被熟悉继电控制的电气人员掌握。

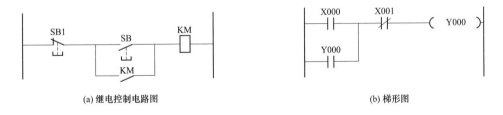

(a) 继电控制电路图　　　　　　　　　　　　(b) 梯形图

图 1-12　继电控制电路图与对应梯形图的比较示例

图 1-12（b）是 PLC 编程软件所生成的标准梯形图，但在手工绘制时，常用如下一些非标准形式，如 ┤├(Y0)、┤├(Y10)、┤├(T0)K1、┤├[SET Y11]、┤├[MC N0 M0]、┤├[MOV K10 D0] 等。通过对图 1-12 的分析，我们可以总结出梯形图具有如下特点：

（1）梯形图两侧的竖线被称为母线（有的时候只画左母线），两母线之间是内部继电器常开、常闭触点以及继电器线圈或功能指令组成的一条条平行的逻辑行（或称梯级），每个逻辑行必须以触点与左母线连接开始，以线圈或功能指令与右母线连接结束。

（2）继电控制电路图中的左、右母线为电源线，中间各支路都加有电压，当支路接通时，有电流流过支路上的触点与线圈。而梯形图的左、右母线并未加电压，梯形图中的支路接通时，并没有真正的电流流过，只是为分析方便的一种假想"电流"。

（3）梯形图中使用的各种器件（即软元件），是按照继电控制电路图中相应的名称称呼的，并不是真实的物理器件（即硬件继电器）。梯形图中的每个触点和线圈均与 PLC 存储区中元件映像寄存器的一个存储单元相对应，若该存储单元为"1"，则表示常开触点闭合（即常闭触点断开）和线圈通电；若为"0"，则相反。

（4）梯形图中输入继电器的状态唯一地取决于对应输入信号的通断状态，与程序的执行无关。因此，在梯形图中输入继电器不能被程序驱动，即不能出现输入继电器的线圈。

（5）梯形图中辅助继电器相当于继电控制电路图中的中间继电器，用来保存运算的中间结果，不能驱动外部负载，外部负载只能由输出继电器来驱动。

（6）梯形图中各软元件的触点既有常开，又有常闭，其常开、常闭触点的数量是无限的（也不会损坏），梯形图程序设计时需要多少就使用多少，但输入、输出继电器的硬触点是有限的，需要合理分配使用。

（7）根据梯形图中各触点的状态和逻辑关系，求出图中各线圈对应的软元件的 ON/OFF 状态，称为梯形的逻辑运算。梯形图的逻辑运算是按照从上到下、从左至右的顺序进行的，运算的结果可以马上被后面的逻辑运算所利用。逻辑运算根据元件映像寄存器中的状态进行，而非运算瞬间外部输入信号的状态。

2. 指令表

指令表（IL）是由许多指令构成的，PLC 的指令是一种与微型计算机的汇编语言中的指令相似的助记符表达式，它由操作码和操作数两部分组成。操作码用助记符表示，它表明 CPU 要执行某种操作，是不可缺少的部分；操作数包括执行某种操作所需的信息，一般由常数和软元件组成，大多数指令只有 1 个操作数，但有的没有操作数，而有的有 2 个或更多。

示例：①LD M8002，其中 LD 为助记符（即操作码）；M8002 为软元件（即操作数），其中 M 为元件符号，8002 为元件 M 的编号。②MOV K0 D0，其中 MOV 为助记符；K0 为常数（第 1 操作数）；D0 为软元件（第 2 操作数），其中 D 为元件符号，0 为元件 D 的编号。

指令表程序较难阅读，其中的逻辑关系也很难一眼看出，所以在设计时一般使用梯形图。但如果使用手持式编程器输入程序，则必须将梯形图转换成指令表后再写入 PLC。在用户程序存储器中，指令按步序号顺序排列。

3. 顺序功能图

顺序功能图（SFC）用来描述开关量控制系统的功能，用于编制顺序控制程序，是一种位于其他编程语言之上的图形语言。顺序功能图提供了一种组织程序的图形方法，根据它可以很容易地画出顺控梯形图，本书将在第 3 章中做详细介绍。

1.2　PLC 编程工具的使用

FX 系列 PLC 常用的编程工具有便携式（即手持式）编程器、图形编程器、安装了编程软件的计算机三种。它们的作用是通过编程语言，把用户程序送到 PLC 的用户程序存储器中，即写入程序，除此之外，还能对程序进行读出、插入、删除、修改、检查，也能对 PLC 的运行状况进行监控。这里仅对 GX Developer 编程软件进行介绍，有关手持式编程器的使用请参考相关网站的电子资料。

1.2.1　GX Developer 编程软件概述

GX Developer Version 8.34L（SW8D5C-GPP-C）编程软件适用于三菱 Q 系列、QnA 系列、A 系列以及 FX 系列的所有 PLC，可在 Windows 95、Windows 98、Windows 2000、Windows XP 及以上配置的操作系统中运行。GX Developer 编程软件可以编写梯形图程序和状态转移图程序，支持

在线和离线编程功能，不仅具有软元件注释、声明、注解及程序监视、测试、检查等功能，而且还可直接设定 CC-link 及其他三菱网络参数，能方便地实现监控、故障诊断、程序的传送、复制、删除和打印等。此外，它还具有运行写入功能，可以避免频繁操作 STOP/RUN 开关，方便程序调试。

1.2.2　编程软件的安装

GX Developer Version 8.34L 编程软件的安装可按如下步骤进行：

（1）起动计算机进入 Windows 系统，双击"我的电脑"，找到编程软件的存放位置并双击之，出现如图 1-13 所示画面。

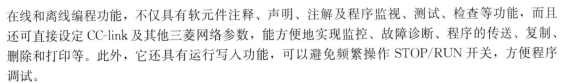

图 1-13　编程软件的安装画面 1

（2）双击图 1-13 的"EnvMEL"图标，出现如图 1-14 所示画面。

图 1-14　编程软件的安装画面 2

（3）双击图 1-14 的"SETUP. EXE"图标，然后按照弹出的对话框进行操作，直至单击"结束"。

（4）双击图 1-13 的"SN. txt"图标，记下产品的 ID：952-501205687。

（5）双击图 1-13 的"SETUP. EXE"图标，然后按照弹出的对话框进行操作即可。

1.2.3　程序的编制

1. 进入和退出编程环境

在计算机上安装好 GX Developer 编程软件后，执行"开始"→"程序"→"MELSOFT 应用程序"→"GX Developer"命令，即进入编程环境，运行 GX Developer 后的界面如图 1-15 所示。若要退出编程环境，则执行"工程"→"退出工程"命令，或直接单击"关闭"按钮即可退出编程环境。

2. 创建新工程

进入编辑环境后，可以看到该窗口编辑区域是不可用的，工具栏中除了新建和打开按钮可见

图 1-15 运行 GX Developer 后的界面

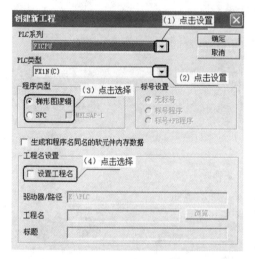

图 1-16 创建新工程界面

以外，其余按钮均不可见。单击图 1-15 中的 按钮，或执行"工程"→"创建新工程"命令，可创建一个新工程，出现如图 1-16 所示画面。

按图 1-16 所示选择 PLC 所属系列（选 FXCPU）和类型［选 FX2N（C）］，此外，设置项还包括程序类型［选梯形图逻辑］和工程名设置。工程名设置即设置工程的保存路径（可单击"浏览"进行选择）、工程名和标题。PLC 系列和 PLC 类型两项必须设置，且必须与所连接的 PLC 一致，否则程序将无法写入 PLC。设置好上述各项后单击"确定"按钮，出现如图 1-17 所示界面，即可进行程序的编制。

3. 软件界面

（1）菜单栏。GX Developer 编程软件有 10 个菜单项。"工程"菜单项可执行工程的创建、打开、保

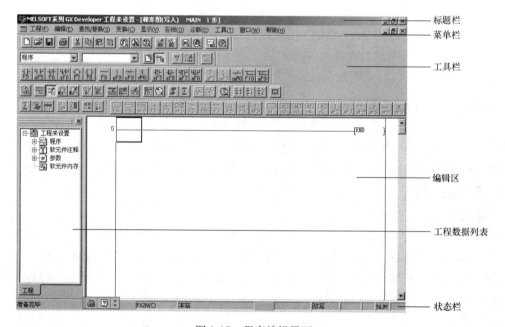

图 1-17 程序编辑界面

14

存、关闭、删除、打印等；"编辑"菜单项提供图形程序（或指令）编辑工具，如复制、粘贴、插入行（列）、删除行（列）、画连线、删除连线等；"查找/替换"主要用于查找或替换软元件、指令等；"变换"只在梯形图编程方式可见，程序编好后，需要将图形程序转化为系统可以识别的程序，因此需要进行变换才可存盘、传送等；"显示"用于梯形图与指令表之间切换，以及注释、申明和注解的显示或关闭等；"在线"主要用于实现计算机与 PLC 之间的程序传送、监视、调试及检测等；"诊断"主要用于 PLC 诊断、网络诊断及 CC-link 诊断；"工具"主要用于程序检查、参数检查、数据合并、注释或参数清除等；"窗口"主要用于定义显示窗口的排列、大小等；"帮助"主要用于查阅各种出错代码等。

（2）工具栏。工具栏分为主工具、图形编辑工具、视图工具等，它们在工具栏的位置是可以拖动改变的。主工具栏提供文件新建、打开、保存、复制、粘贴等功能；图形编辑工具栏只在图形编程时才可见，提供各类触点、线圈、连接线等图形；视图工具栏可实现屏幕显示切换，如可在主程序、注释、参数等内容之间实现切换，也可实现屏幕放大/缩小和打印预览等功能。此外，工具栏还提供程序的读/写、监视、查找和程序检查等快捷执行按钮。

（3）编辑区。编辑区是对程序、注解、注释、参数等进行编辑的区域。

（4）工程数据列表。以树状结构显示工程的各项内容，如程序、软元件注释、参数等。

（5）状态栏。显示当前的状态，如鼠标所指按钮功能提示、读写状态、PLC 的型号等内容。

4．梯形图方式编制程序

下面通过具体实例来介绍用 GX Developer 编程软件在计算机上编制梯形图程序的操作步骤，以编制图 1-18 的梯形图为例来说明。

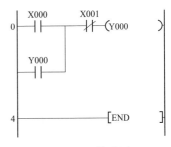

图 1-18　梯形图

在用计算机编制梯形图程序之前，首先单击图 1-19 所示程序编制画面中的位置（1），即 ▨ 按钮或按 "F2" 键，使其为写模式（查看状态栏）；然后单击图 1-19 中的位置（2），即 ▨ 按钮，选择梯形图显示，即程序在编辑区中以梯形图的形式显示。下一步是选择当前编辑的区域，如图 1-19 中的位置（3）所示，当前编辑区为蓝色方框。

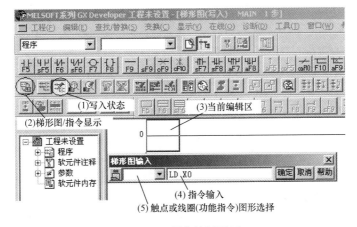

图 1-19　程序编制画面

梯形图的绘制有用鼠标和键盘操作、用键盘操作两种方法。

（1）用鼠标和键盘操作。用鼠标选择工具栏中的图形符号，再用键盘输入其软元件、软元件号及 "Enter" 键即可。编制图 1-18 所示梯形图的操作如下：①单击图 1-20 的位置（1），从键盘输入 X→0，然后回车；②单击图 1-20 的位置（3），从键盘输入 X→1，然后回车；③单击图 1-20 的位置（4），从键盘输入 Y→0，然后回车；④单击图 1-20 的位置（2），从键盘输入 Y→0，然后回车，即生成图 1-20 所示梯形图。

梯形图程序编制完后，在写入 PLC（或保存）之前，必须进行变换。单击图 1-20 的位置（5）"变换"菜单下的"变换"命令，或直接按"F4"键完成变换，此时编辑区不再是灰色状态，即可以存盘或传送。

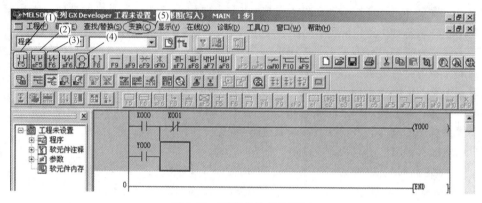

图 1-20　程序变换前的画面

注：在输入的时候要注意阿拉伯数字 0 和英文字母 O 的区别以及空格的问题。

（2）用键盘操作。通过键盘即可输入完整的指令，编制图 1-18 所示梯形图的操作如下：①在当前编辑区输入 L→D→空格→X→0→"Enter"键（或单击"确定"按钮），则 X0 的常开触点就在编辑区域中显示出来；②输入 A→N→I→空格→X→1→"Enter"键，再输入 O→U→T→空格→Y→0→"Enter"键，再输入 O→R→空格→Y→0→"Enter"键，即绘制出如图 1-20 所示图形。梯形图程序编制完后，也必须单击图 1-20 中"变换"菜单下的"变换"命令才可以存盘或传送。

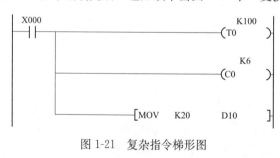

图 1-21　复杂指令梯形图

复杂指令梯形图如图 1-21 所示，相比图 1-18 的梯形图，此梯形图有定时器、计数器线圈及功能指令。如用键盘操作，则在当前编辑区输入 L→D→空格→X→0→"Enter"键，再输入 O→U→T→空格→T→0→空格→K→100→"Enter"键，再输入 O→U→T→空格→C→0→空格→K→6→"Enter"键，然后输入 M→O→V→空格→K→20→空格→D→10→"Enter"键；如用鼠标和键盘操作，则选择其对应的图形符号，再键入软元件、软元件号以及定时器和计数器的设定值及"Enter"键，依次完成所有指令的输入。

5. 指令表方式编制程序

指令表方式编制程序即直接输入指令并以指令的形式显示的编程方式。对于图 1-18 所示的梯形图，指令表方式编制程序画面如图 1-22 所示。其操作为单击图 1-19 中的位置（2）或按"Alt＋F1"键，即选择指令表显示，后续操作与上述介绍的用键盘输入指令的操作方法完全相同，且指令表程序不需变换。

6. 保存、打开工程

当梯形图程序编制完成后，必须先进行变换（即执行"变换"菜单中的"变换"命令），然后单击 按钮或执行"工程"菜单中的"保存"或"另存为"命令，系统会提示（如果新建时未设

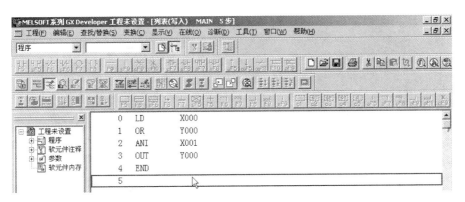

图 1-22　指令表方式编制程序画面

置）保存的路径和工程的名称，设置好路径和键入工程名称后单击"保存"按钮即可。当需要打开保存在计算机中的程序时，单击 按钮，在弹出的窗口中选择保存的驱动器/路径和工程名称，然后单击"打开"按钮即可。

1.2.4　程序的写入、读出

将计算机中用 GX Developer 编程软件编好的用户程序写入 PLC 的 CPU，或将 PLC CPU 中的用户程序读到计算机，一般操作步骤如下：

（1）PLC 与计算机的连接。正确连接计算机（已安装 GX Developer 编程软件）和 PLC 的编程电缆（专用电缆），注意 PLC 接口与编程电缆头的方位不要弄错，否则容易造成损坏。

（2）进行通信设置。程序编制完后，执行"在线"菜单中的"传输设置"命令后，出现如图 1-23 所示界面，设置好 PC I/F 和 PLC I/F 的各项设置，其他项保持默认，单击"确定"按钮。

（3）程序写入与读出。若要将计算机中编制好的程序写入到 PLC，执行"在线"菜单中的"写入 PLC"命令，则出现如图 1-24 所示界面。根据出现的对话框进行操作，即选中"MAIN"（主程序）后单击"开始执行"按钮即可。若要将 PLC 中的程序读出到计算机中，其操作与程序写入操作类似。

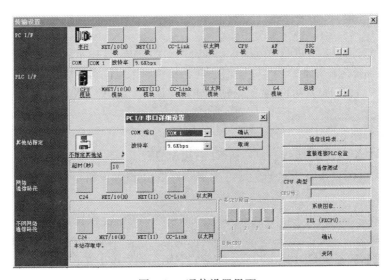

图 1-23　通信设置界面

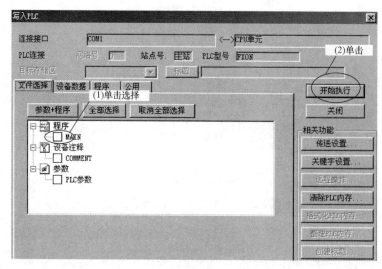

图 1-24　程序写入界面

1.2.5　程序的编辑

1．程序的删除与插入

删除、插入操作的对象可以是一个图形符号，也可以是一行，还可以是一列（END 指令不能被删除），其操作有如下几种方法：

（1）将当前编辑区定位到要删除、插入的图形处，单击鼠标右键，在快捷菜单中选择需要的操作。

（2）将当前编辑区定位到要删除、插入的图形处，在"编辑"菜单中执行相应的命令。

（3）将当前编辑区定位到要删除的图形处，然后按键盘上的"Del"键即可。

（4）若要删除某一段程序时，可拖动鼠标选中该段程序，然后按键盘上的"Del"键，或执行"编辑"菜单中的"删除行"或"删除列"命令。

（5）按键盘上的"Ins"键，使屏幕右下角显示"插入"，然后将光标移到要插入的图形处，输入要插入的指令即可。

2．程序的修改

若发现梯形图有错误，可进行修改操作，如将图 1-18 中的 X1 由常闭改为常开。首先按键盘上的"Ins"键，使屏幕右下角显示"改写"，然后将当前编辑区定位到要修改的图形处，输入正确的指令即可。若将 X1 常开再改为 X2 常闭，则可输入 LDI X2 或 ANI X2，即可将原来错误的程序覆盖。

3．删除与绘制连线

若将图 1-18 中 X0 右边的竖线去掉，在 X1 右边加一竖线，其操作如下：

（1）将当前编辑区置于要删除的竖线右上侧，然后单击 ⌷ 按钮，再按"Enter"键即可删除竖线。

（2）将当前编辑区定位到图 1-18 中 X1 触点右侧，然后单击 ⌷ 按钮，再按"Enter"键即在 X1 右侧添加了一条竖线。

（3）将当前编辑区定位到图 1-18 中 Y0 触点的右侧，然后单击 ─ 按钮，再按"Enter"键即添加了一条横线。

4. 复制与粘贴

首先拖动鼠标选中需要复制的区域，单击鼠标右键执行"复制"命令（或"编辑"菜单中"复制"命令），再将当前编辑区定位到要粘贴的区域，执行"粘贴"命令即可。

1.2.6 其他功能

1. 工程打印

如果要将编制好的程序打印出来，可按以下步骤进行：

（1）执行"工程"菜单中的"打印机设置"命令，根据对话框设置打印机。

（2）执行"工程"菜单中的"打印"命令。

（3）在选项卡中选择梯形图或指令列表。

（4）设置要打印的内容，如主程序、注释、申明等。

（5）设置好后，可以进行打印预览，如符合打印要求，则执行"打印"命令。

2. 工程校验

工程校验就是对两个工程的主程序或参数进行比较，若两个工程完全相同，则校验的结果为"没有不一致的地方"；若两个工程有不同的地方，则校验后分别显示校验源和校验目标的全部指令。其具体操作如下：

（1）执行"工程"→"校验"命令，弹出如图 1-25 所示的对话框。

（2）单击"浏览"按钮，选择校验目标工程的"驱动器/路径"和"工程名"，再选择校验的内容（如选中图 1-25 中的"MAIN"和"PLC 参数"），然后单击"执行"按钮。若单击"关闭"按钮，则退出校验。

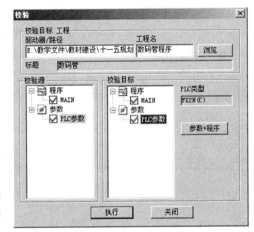

图 1-25 校验界面

（3）单击"执行"按钮后，则弹出校验结果。

若两个工程完全相同，则校验结果显示为"没有不一致的地方"；若两个工程有不同的地方，则校验后将两者不同的地方分别显示出来。

3. 创建软元件注释

创建软元件注释的操作步骤如下：

（1）单击"工程数据列表"中的"软元件注释"前的"＋"标记，再双击其下的"COMMENT"（即通用注释），即弹出如图 1-26 所示的界面。

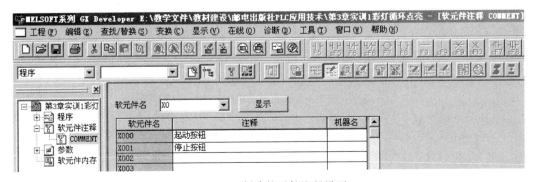

图 1-26 创建软元件注释界面

（2）在弹出的注释编辑窗口中的"软元件名"的文本框中输入需要创建注释的软元件名，如 X0，再按"Enter"键或单击"显示"按钮，则显示出所有的"X"软元件名。

（3）在"注释"栏中选中"X000"，输入"起动按钮"，再输入其他注释内容，但每个注释内容不能超过 32 个字符。

（4）双击"工程数据列表"中的"MAIN"，则显示梯形图编辑窗口，在菜单栏中执行"显示"→"注释显示"命令或按"Ctrl＋F5"键，即在梯形图中显示注释内容。

另外，也可以通过单击工具栏中的注释编辑图标 ，然后在梯形图的相应位置进行注释编辑。

除此之外，GX Developer 编程软件还有许多其他功能，如单步执行、在线修改、改变 PLC 的型号、梯形图逻辑测试等功能。单步执行功能即执行"在线"→"调试"→"单步执行"命令，可以使 PLC 一步一步依程序向前执行，从而判断程序是否正确；在线修改功能即执行"工具"→"选项"→"运行时写入"命令，然后根据对话框进行操作，可在线修改程序的任何部分。改变 PLC 的型号、梯形图逻辑测试等功能会在后面加以介绍。

实训 1　GX Developer 编程软件的操作

一、实训任务

将图 1-27 所示梯形图或表 1-2 所示指令表输入 PLC 中，运行、编辑、调试程序，并观察 PLC 的输出情况。

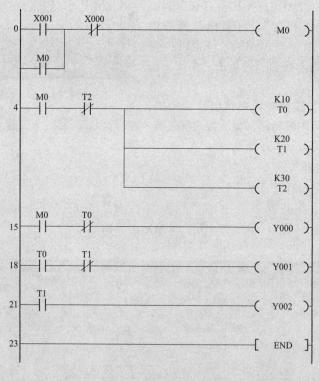

图 1-27　实训 1 梯形图

步序	指　令	步序	指　令	步序	指　令
0	LD　X001	6	OUT　T0　K10	18	LD　T0
1	OR　M0	9	OUT　T1　K20	19	ANI　T1
2	ANI　X000	12	OUT　T2　K30	20	OUT　Y001
3	OUT　M0	15	LD　M0	21	LD　T1
4	LD　M0	16	ANI　T0	22	OUT　Y002
5	ANI　T2	17	OUT　Y000	23	END

表 1-2 　　　　　　　实训 1 指令表

1. 实训目的

（1）熟悉 GX Developer 软件界面。

（2）会用梯形图和指令表方式编制程序。

（3）会利用 PLC 编程软件进行程序的编辑、调试等操作。

2. 实训器材

（1）可编程控制器实训装置 1 台。

（2）PLC 主机模块 1 个（含 FX$_{2N}$-48MR，下同）。

（3）开关、按钮板模块 1 个。

（4）指示灯模块 1 个（或黄、绿、红发光二极管各 1 个）。

（5）计算机 1 台（已安装 GX Developer 编程软件，并配 SC-09 通信电缆，下同）。

（6）电工常用工具 1 套。

（7）导线若干。

二、实训步骤

1. PLC 与计算机的连接

（1）在 PLC 与计算机电源断开的情况下，将 SC-09 通信电缆连接到计算机的 RS-232C 串行接口（COM1）和 PLC 的 RS-422 编程接口。

（2）接通 PLC 与计算机的电源，并将 PLC 的运行开关置于 STOP 一侧。

2. 梯形图方式编制程序

（1）进入编程环境。

（2）新建一个工程，并设置保存路径和工程名称［如设为"E：\×××（姓名）\第 1 章实训 1"］。

（3）将图 1-27 所示梯形图输入（用梯形图显示方式）到计算机中。

（4）保存工程，然后退出编程环境，再根据保存路径打开工程。

（5）将程序写入 PLC 中的 CPU，注意 PLC 的串行口设置必须与所连接的一致。

3. 连接电路

按图 1-28 所示连接好外部电路，经教师检查系统接线正确后，接通 DC 24V 电源，注意 DC 24V 电源的极性。

4. 通电观察

（1）将 PLC 的运行开关置于 RUN 一侧，若 RUN 指示灯亮，则表示程序没有语法错误；若 PROG. E 指示灯闪烁，则表示程序有语法错误，需要检查修改程序，并重新将程序写入 PLC 中。

（2）断开起动按钮 SB1 和停止按钮 SB，将运行开关置于 RUN（运行）状态，彩灯不亮。

（3）闭合起动按钮 SB1，彩灯依次按黄、绿、红的顺序点亮 1s，并循环。

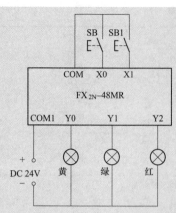

图 1-28　彩灯循环点亮的系统接线图

注　模块上的指示灯均已串联 1kΩ 电阻，下同。

（4）闭合停止按钮 SB，彩灯立即熄灭。

5. 指令表方式编制程序

将表 1-2 所示指令表输入计算机，并将程序写入 PLC 中的 CPU 中，然后重复上述操作，观察运行情况是否一致。

6. 程序的读出

将 PLC 中的程序读出，并与图 1-27 所示的梯形图比较是否一致。

7. 练习程序的删除与插入

（1）按照实训 1 保存的路径打开所保存的程序。

（2）将图 1-27 中第 0 步序行的 M0 常开触点删除，并另存为"E：\×××（姓名）\第 1 章实训 1.1"。

（3）将删除后的程序写入 PLC 中，并按实训 1 的要求运行程序，观察 PLC 的运行情况。

（4）删除图 1-27 中的其他触点，然后再插入，反复练习，掌握其操作要领。

（5）将程序恢复到原来的形式，并另存为"E：\×××（姓名）\第 1 章实训 1.2"。

8. 练习程序的修改

（1）将图 1-27 中第 4 步序行的 K10、K20 和 K30 分别改为 K20、K40 和 K60，并存盘。

（2）将修改后的程序写入 PLC 中，并按实训 1 的要求运行程序，观察 PLC 的运行情况。

（3）将图 1-27 中第 15 步序行的 Y000 改为 Y010，并存盘。

（4）将修改后的程序写入 PLC 中，并按实训 1 的要求运行程序，观察 PLC 的运行情况。

（5）修改图 1-27 中的其他软元件，反复练习，掌握其操作要领。

（6）将程序恢复到原来的形式并存盘。

9. 练习连线的删除与绘制

（1）将图 1-27 中第 0 步序行的 M0 常开触点右边的竖线移到常闭触点 X0 的右边，并存盘。

（2）将修改后的程序写入 PLC 中，并按实训 1 的要求运行程序，观察 PLC 的运行情况。

（3）将程序恢复到原来的形式。

（4）在图 1-27 中删除或绘制其他软元件右边的连线，反复练习，掌握其操作要领。

（5）将程序恢复到原来的形式并存盘。

10. 练习程序的复制与粘贴

（1）将图 1-27 中第 0 步序行复制，然后粘贴到第 23 步序行的前面，再将第 0 步序行删除。

（2）将修改后的程序写入 PLC 中，并按实训 1 的要求运行程序，观察 PLC 的运行情况。

（3）在图 1-27 的其他位置进行复制与粘贴，反复练习，掌握其操作要领。

（4）将程序恢复到原来的形式。

11. 练习工程的打印

（1）将图 1-27 所示梯形图打印出来。

（2）将图 1-27 所示梯形转换成指令表的形式，并将其打印出来。

12. 练习工程的校验

（1）按照实训 1 保存的路径打开所保存的程序。

（2）将该程序与目标程序［E：\×××（姓名）\第 1 章实训 1.1］进行校验，观察校验的结果。

（3）将该程序与目标程序［E：\×××（姓名）\第 1 章实训 1.2］进行校验，观察校验的结果。

13. 练习增加注释

给图 1-27 所示梯形图增加软元件注释，软元件注释内容见表 1-3。

表 1-3　软元件注释内容

软元件	注释内容	软元件	注释内容	软元件	注释内容
X0	停止按钮	T0	黄灯延时	M0	辅助继电器
X1	起动按钮	T1	绿灯延时		
Y0～Y2	黄灯、绿灯、红灯	T2	红灯延时		

三、实训报告

1. 分析与总结

（1）新建一个工程的操作要领有哪些？

（2）GX Developer 编程软件的主菜单有哪些？

（3）用指令表编制程序时操作要领有哪些？

（4）程序修改时的操作要领有哪些？

2. 巩固与提高

（1）利用 GX Developer 编程软件能够进行哪些操作？

（2）使用 GX Developer 编程软件时，计算机无法与 PLC 通信的原因有哪些？

（3）程序的删除与插入有哪几种方式？

（4）PLC 诊断和程序检查有什么不同？

1.3　PLC 仿真软件的使用

PLC 仿真软件仿真了若干个 PLC 控制系统及其编程软件，可以模拟 PLC 控制的现场机械设备，使其按照 PLC 的控制程序运行，省略了 PLC 外围的接线，也无需考虑外围硬件的故障，给程序的调试提供了很多便利，可以提高 PLC 程序设计与调试能力，对提高学习的趣味和教学效果很有帮助。

1.3.1　仿真软件介绍

FX-TRN-BEG-C 仿真软件包括一台虚拟的 48 点的 FX 系列 PLC（含输入/输出信号指示灯）、与 GX Developer 编程软件兼容的编程软件、若干模拟控制对象（含控制对象的输入/输出信号）、控制面板以及仿真运行所需要的远程控制。该软件能够编制梯形图程序，并能模拟 PLC 控制的现场机械设备按照 PLC 的控制程序运行。

1. 计算机配置要求

使用 FX-TRN-BEG-C 仿真软件，计算机的配置要求见表 1-4，若不满足配置要求则仿真软件无法运行。

表 1-4　计算机的配置要求

OS	Microsoft Windows XP Microsoft Windows 98，98SE，Me Microsoft Windows NT4.0（SP3 或以上） Microsoft Windows 2000 或以上配置
CPU	推荐 Pentium 500MHz 或以上

内存	64MB 或以上（推荐 128MB 或以上）
硬盘	150MB 或以上
CD-ROM 驱动器	1 个（用于软件安装）
显示器	XGA（1024×768）或以上
视频	Direct3D 兼容显示卡，4MB 或以上 VRAM（推荐 8MB 或以上）
因特网浏览器	要求 Internet Explorer 4.0 或以上

2. 软件安装

FX-TRN-BEG-C 仿真软件的安装同其他普通软件的安装相似，即双击打开软件包，然后双击 Setup.exe 即可安装。软件安装后，可以单击计算机的左下角的"开始"→"程序"→"MELSOFT FX TRAINER"→"FX-TRN-BEG-C"或双击桌面上相应的图标进入仿真软件的登录画面，登录画面如图 1-29 所示。

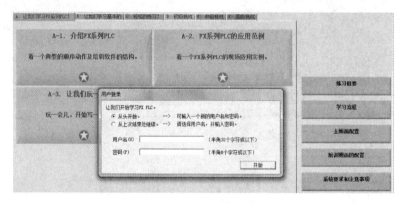

图 1-29　登录画面

3. 登录画面

若是第一次登录，则应选择"从头开始"，然后在"用户名"和"密码"栏中填入相应的用户名和密码，以便系统记录该用户的学习情况和成绩；若不是第一次登录，则可以选择"从上次结束处继续"，然后使用之前的用户名和密码登录，以便系统延续该用户的学习情况和成绩；最后单击"开始"按钮进入首页，即主画面，首页画面如图 1-30 所示；当然，也可以进入登录画面后直接单击"开始"按钮进入首页，此时，系统就不能记录学习情况和成绩。

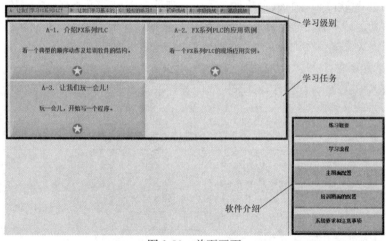

图 1-30　首页画面

4. 首页画面

首页画面有三个区域，分别为 6 个学习级别按钮、5 个软件介绍按钮及相应级别的学习任务列表。

（1）右下角为 5 个软件介绍按钮，分别从"练习概要""学习流程""主画面配置""培训画面的配置""系统要求和注意事项"5 个方面介绍该软件的使用，可分别单击进入相应画面介绍，查看软件如何使用，然后单击"主要"按钮返回首页画面。

（2）首页的最上面为 6 个学习级别按钮，按照从易到难的顺序分别为"A：让我们学习 FX 系列 PLC！""B：让我们学习基本的""C：轻松的练习！""D：初级挑战""E：中级挑战""F：高级挑战"，分别简称为 A 级、B 级、C 级、D 级、E 级、F 级，可分别单击进入相应级别的学习任务列表。

（3）首页的中间部分为相应级别的学习任务列表，其中 A 级分为 A-1～A-3、B 级分为 B-1～B-4、C 级分为 C-1～C-4、D 级分为 D-1～D-6、E 级分为 E-1～E-6、F 级分为 F-1～F-7，图 1-30 所示为 A 级的学习任务列表，单击相应按钮可以进入相应的学习任务进行相应的学习或练习，即进入培训画面。

1.3.2　培训画面

下面以 D-5 的培训画面为例进行介绍，培训画面如图 1-31 所示，下面分别介绍各功能区的作用。

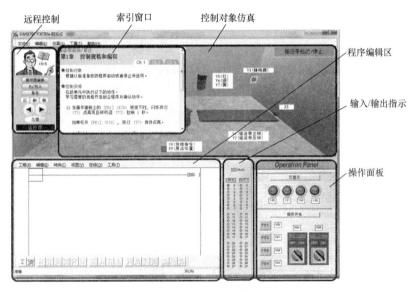

图 1-31　培训画面

1. 远程控制区

远程控制区提供了仿真软件运行和模拟 PLC 运行所需的 10 个按钮和 1 个显示窗。远程控制区和索引窗口区如图 1-32 所示，图中左侧为远程控制区。单击辅导员人像，可方便地隐藏或显示索引窗口。单击"梯形图编辑"按钮，可创建和编辑一个程序，此时"程序编辑区"为可编辑状态，即可以在此区域输入程序。当程序输入并转换后，需要将程序写入模拟的 PLC，则单击"PLC 写入"按钮，程序就被写入模拟的 PLC。当一个部件（或工件）在仿真运行中被卡住时，可单击"复位"按钮进行复位；"正""俯""侧"三个按钮用来改变控制对象仿真时的视觉角度，使仿真的控制对象更逼真；单击"◀"或"▶"按钮，可以使当前画面转到上一个或下一个画面；任何时候单击"主要"按钮，系统都会回到图 1-30 所示主画面（即首页画面）；显示窗显示模拟

PLC 的运行状态，当模拟 PLC 处于运行状态时（即单击"PLC 写入"）即显示"运行中"，当模拟 PLC 处于编程状态时（即单击"梯形图编辑"）即显示"编程中"。

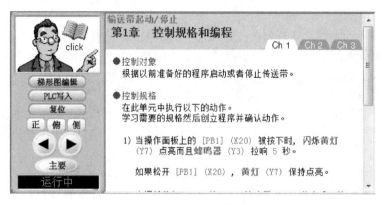

图 1-32　远程控制区和索引窗口区

2. 索引窗口区

图 1-32 右侧为索引窗口区，用来显示该仿真画面（即仿真控制对象）的控制要求和操作步骤，以引导学员完成该项目的学习或仿真练习。其最右侧有上下滚动条，右上角有"CH1""CH2""CH3"等多个按钮，单击时能分别显示第 1、2、3 章的内容，即操作步骤的第 1、2、3 步。

3. 控制对象仿真区

控制对象仿真区如图 1-33 所示，它可以分别从正、俯、侧三个角度显示控制对象的仿真画面，并给控制对象的输入信号和输出信号分配了 PLC 的 I/O 地址，如机械手原点位置信号 X0、工件检测传感器 X3、机械手供给指令 Y0、输送带正转 Y1、输送带反转 Y2、蜂鸣器 Y3、黄色指示灯 Y5、绿色指示灯 Y6、红色指示灯 Y7，并且这些输入、输出信号与模拟 PLC 的 I/O 端子均进行了可靠的模拟连接。

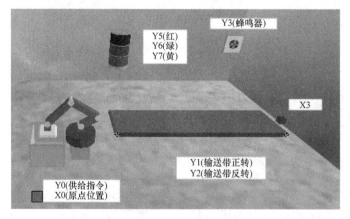

图 1-33　控制对象仿真区

4. 控制面板区

控制面板区如图 1-34 所示，控制面板（operation panel）用来完成对模拟 PLC 应用系统的操作和面板指示，包括操作开关和灯显示。其中操作开关又包括 SW1(X24) 和 SW2(X25) 两个转换开关，以及 PB1(X20)、PB2(X21)、PB3(X22)、PB4(X23) 四个不带自锁的按钮；灯显示包括 PL1(Y20)、PL2(Y21)、PL3(Y22)、PL4(Y23) 四个指示灯，这些模拟的器件都与模拟 PLC 对应的 I/O 端子进行了可靠的模拟连接。

5. 输入/输出指示

输入/输出指示如图 1-35 所示，是模拟 PLC 的面板指示灯，它包括模拟 PLC 的运行指示灯
"RUN"、输入指示灯 "IN X" 和输出指示灯 "OUT Y"。当模拟 PLC 处于运行状态时，"RUN"
运行指示灯为绿色；当输入信号闭合时，对应输入指示灯为红色；当输出信号有输出时，对应输
出指示灯为红色。

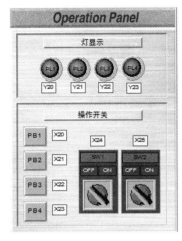

图 1-34　控制面板区

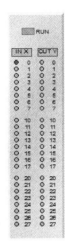

图 1-35　输入/输出指示

6. 程序编辑区

程序编辑区如图 1-36 所示，它包括菜单栏、工具栏、编辑区、状态栏，下面介绍其作用。

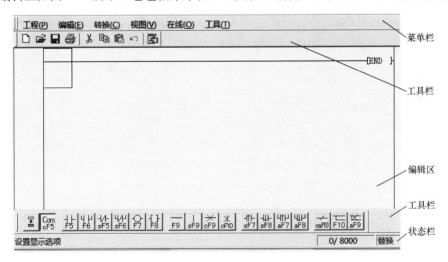

图 1-36　程序编辑区

（1）菜单栏。仿真软件有 6 个菜单项，"工程"菜单项可执行工程的创建、打开、保存、关
闭、删除、打印等；"编辑"菜单项提供梯形图程序编辑的工具，如复制、粘贴、插入行（列）、
删除行（列）、画连线、删除连线等；"转换"在梯形图编程方式可见，程序编好后，需要将图形
程序转换为系统可以识别的程序，因此需要进行转换才可存盘、传送等；"视图"用于注释、工具
栏、状态栏等的显示或关闭；"在线"主要用于写入 PLC、监控、元件测试等；"工具"主要用于
选项选择。

（2）工具栏。工具栏分为主工具（即图 1-36 的第 2 行）和图形编辑工具（即图 1-36 的倒数第

2 行），它们在工具栏的位置是可以拖拽改变的。主工具栏提供文件新建、打开、保存、复制、粘贴等功能；图形编辑工具栏提供各类触点、线圈、连接线等图形。

（3）编辑区。编辑区是对程序、注释等进行编辑的区域。

（4）状态栏。显示当前的状态，如鼠标所指按钮功能提示、读写状态、插入、替换等内容。

7. 梯形图方式编制程序

下面通过一个具体实例，介绍用仿真软件在计算机上编制图 1-18 所示梯形图程序的操作步骤。

在编制程序前，必须确认模拟 PLC 处于编程状态，即单击远程控制区的"梯形图编辑"使显示窗显示"编程中"。梯形图的绘制有用键盘操作、用鼠标和键盘操作、用键盘及其快捷键操作 3 种方法。

（1）用键盘操作，即通过键盘输入完整的指令，编制图 1-18 所示梯形图的操作如下：

1）在当前编辑区输入 L→D→空格→X→0→"Enter"键（或单击"OK"按钮），则 X0 的常开触点就在编辑区域中显示出来。

2）输入 A→N→I→空格→X→1→"Enter"键。

3）输入 O→U→T→空格→Y→0→"Enter"键。

4）输入 O→R→空格→Y→0→"Enter"键。

5）梯形图程序编制完后，必须单击图 1-36 所示"转换"菜单下的"转换"命令才可以存盘或写入 PLC，此时编辑区不再是灰色状态，即表示可以存盘或写入。

（2）用鼠标和键盘操作，即用鼠标选择工具栏中相应的图形符号，再用键盘输入其软元件、软元件号及"Enter"键即可，编制图 1-18 所示梯形图的操作如下：

1）单击图 1-36 所示的图形编辑工具栏的"F5"图标，从键盘输入 X→0，然后按回车键。

2）单击图 1-36 所示的图形编辑工具栏的"sF5"图标，从键盘输入 X→1，然后按回车键。

3）单击图 1-36 所示的图形编辑工具栏的"F7"图标，从键盘输入 Y→0，然后按回车键。

4）单击图 1-36 所示的图形编辑工具栏的"F6"图标，从键盘输入 Y→0，然后按回车键。

5）梯形图程序编制完后，在写入 PLC（或保存）之前，必须进行转换，即单击图 1-36 所示"转换"菜单下的"转换"命令。

（3）用键盘及其快捷键操作。编制图 1-18 所示梯形图的操作如下：

1）在当前编辑区输入快捷键"F5"键→X→0→"Enter"键（或单击"OK"按钮），则 X0 的常开触点就在编辑区域中显示出来。

2）输入"Shift"键→"F5"键→X→1→"Enter"键，再输入快捷键"F7"键→Y→0→"Enter"键，再输入快捷键"F6"键→Y→0→"Enter"键。

3）输入快捷键"F4"键，完成程序转换，此时编辑区不再是灰色状态，即表示可以存盘或传送。

8. 保存、打开工程

当梯形图程序编制完后，必须先进行转换（即执行"转换"菜单中的"转换"命令），然后单击🖫按钮或执行"工程"菜单中的"保存"或"另存为"命令，系统会提示（如果新建时未设置）保存的路径和工程的名称，设置好路径和输入工程名称后单击"保存"按钮即可。当需要打开保存在计算机中的程序时，单击📂按钮，在弹出的窗口中选择保存的"驱动器/路径"和"工程名"，然后单击"打开"按钮即可。

9. 其他功能

该仿真软件的程序编制和编辑功能与 GX 编程软件基本相似，可以参考 GX 编程软件进行操作，并且两者所编制的程序可以互相兼容。有关该仿真软件的使用操作，还可以进入仿真软件首页的"练习概要""学习流程""主画面配置""培训画面的配置""系统要求和注意事项"5 个画面进行学习。

1.3.3　仿真软件练习

通过上面的学习，现在让我们进入仿真软件的 A-3 培训画面"让我们玩一会儿!"，其操作步骤如下:

（1）单击计算机左下角的"开始"→"程序"→"MELSOFT FX TRAINER"→"FX-TRN-BEG-C"或双击桌面上相应的图标即可进入仿真软件的登录画面，登录画面如图 1-29 所示。

（2）在登录画面上选择"从头开始"，然后在"用户名"和"密码"栏中填入相应的用户名和密码，以便系统记录该用户的学习情况和成绩;最后单击"开始"按钮进入首页，即主画面，首页画面如图 1-30 所示。

（3）在主画面的学习级别项中选择并单击"A:让我们学习 FX 系列 PLC!"，再在学习任务列表中选择并单击"A-3. 让我们玩一会儿!"，即进入了 A-3 培训画面。

（4）进入了 A-3 培训画面后，请按照"索引窗口区"的 Ch1～Ch5 的操作步骤进行操作和练习。

<h2 style="text-align:center">实训 2　FX-TRN-BEG-C 仿真软件的操作</h2>

一、实训任务

将图 1-27 所示的彩灯循环点亮梯形图或表 1-2 列出的指令写入到模拟 PLC 中，运行、编辑、调试程序，并观察 PLC 的运行情况。

1. 实训目的

（1）掌握 FX-TRN-BEG-C 仿真软件界面。

（2）掌握程序的输入操作。

（3）会利用 PLC 仿真软件进行程序的编辑、调试等操作。

2. 实训器材

装有相关仿真软件的计算机 1 台（后面的仿真实训不再列实训器材）。

二、实训步骤

1. 进入培训画面

（1）单击计算机左下角的"开始"→"程序"→"MELSOFT FX TRAINER"→"FX-TRN-BEG-C"或双击桌面上相应的图标即可进入仿真软件的登录画面，如图 1-29 所示。

（2）在登录画面上选择"从头开始"，然后在"用户名"和"密码"栏中填入相应的用户名和密码，以便系统记录该用户的学习情况和成绩;最后单击"开始"按钮进入首页，即主画面，如图 1-30 所示。

（3）在主画面的学习级别项中选择并单击"D:初级挑战"，再在学习任务列表中选择并单击"D-3. 交通灯的时间控制"，D-3 培训画面如图 1-37 所示。

2. 梯形图方式编制程序

（1）单击图 1-37 所示的"梯形图编辑"进入程序编辑状态，此时显示窗显示"编程中"。

（2）在程序编辑区，使用第一种方法（即用键盘操作）输入表 1-2 所示指令。即在当前编辑区输入 L→D→空格→X→1→"Enter"键（或单击"OK"按钮），则 X001 的常开触点就在编辑区域中显示出来。然后输入 A→N→I→空格→X→0→"Enter"键，再输入 O→U→T→空格→M→0→"Enter"键，再输入 O→R→空格→M→0→"Enter"键，再输入 L→D→空格→M→0→"Enter"键，再输入 A→N→I→空格→T→2→"Enter"键，再输入 O→U→T→空格→T→0→

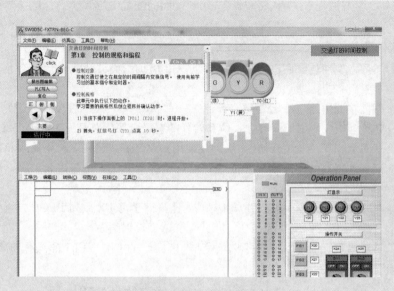

图1-37   D-3培训画面

空格→K→1→0"Enter"键，直至最后一条指令OUT Y002输入完毕，最后单击图1-36所示"转换"菜单下的"转换"命令，此时编辑区不再是灰色状态。

（3）保存工程，即单击图1-36所示"工程"菜单下的"另存为"命令，并将保存路径和工程名称设为"E：\×××（姓名）\1.3.1"。

（4）写入PLC，即单击图1-36所示的远程控制区域的"PLC写入"，此时显示窗显示"运行中"，输入/输出指示区域的"RUN"也会变为绿色，表示程序已写入模拟PLC，PLC处于运行中。

3. 仿真运行与调试

（1）由于仿真软件的"控制面板区"没有分配X0、X1，但有X020（即PB1）、X021（即PB2），因此，请将上述程序中的X0、X1分别改为X020、X021，并写入模拟PLC中。

（2）由于仿真软件已将控制系统的输入/输出信号与模拟PLC的I/O端子进行了模拟接线，此时若按下控制面板的起动按钮PB2（即X021），则红灯Y0点亮；1s后熄灭，同时黄灯Y1点亮；1s后熄灭，同时绿灯Y2点亮；1s后熄灭，同时红灯Y0点亮；如此循环。并且输入/输出指示区域的对应指示灯也会跟随点亮和熄灭。

（3）任何时候按下控制面板的停止按钮PB1（即X020），彩灯则立即熄灭。

4. 其他功能练习

请参照实训1的实训内容来练习仿真软件的使用。

三、实训报告

1. 分析与总结

（1）新建一个工程的操作要领有哪些？

（2）仿真软件的主菜单有哪些？

2. 巩固与提高

（1）利用仿真软件能够进行哪些操作？

（2）仿真软件与GX编程软件在程序编辑方面有哪些异同？

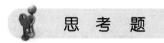

思　考　题

1. 解释 PLC 这一名字的由来。
2. 简述 PLC 系统的基本组成。
3. FX 系列 PLC 有哪几种输出形式？
4. FX 系列 PLC 的软元件有哪些？
5. FX 系列 PLC 有哪几种编程语言？
6. GX Developer 编程软件出现无法与 PLC 通信的原因可能是什么？
7. 如何通过编程器和 GX Developer 编程软件来检查程序是否存在语法错误？
8. 仿真软件与 GX 编程软件在操作上有哪些异同？

第 2 章　PLC 基本逻辑指令及其应用

　学习情景引入

　　实训 1 使用了 PLC 的软元件，如输入继电器 X0、输出继电器 Y0 等，也使用了 PLC 的基本逻辑指令 LD X1、ANI X0、OUT M0 等，还了解了 PLC 的输出状态是通过 PLC 的程序来控制的。那么，PLC 有多少条基本逻辑指令？基本逻辑指令的作用是什么？梯形图与指令表之间是否存在对应关系？PLC 程序又是如何来控制输出状态？如何根据控制要求来设计程序？这些问题将在本章里得到解决。

2.1　基 本 逻 辑 指 令

　　基本逻辑指令是 PLC 中最基础的编程语言，通过实训 1 已经对其有了基本的认识。但是，由于 PLC 的生产厂家多，不同生产厂家其梯形图的形式有所不同，指令系统也不一样。本节以三菱 FX 系列 PLC 基本逻辑指令（共 29 条）为例，说明指令的含义、梯形图与指令的对应关系。

2.1.1　逻辑取及驱动线圈指令 LD/LDI/OUT

　　逻辑取及驱动线圈指令见表 2-1。

表 2-1　　　　　　　　　　　　　　逻辑取及驱动线圈指令表

符号及名称	功　能	电路表示	操作元件	程序步
LD 取	常开触点逻辑运算起始	——┤├——┤├——（ Y001 ）—	X、Y、M、T、C、S	1
LDI 取反	常闭触点逻辑运算起始	——┤╱├——┤├——（ Y001 ）—	X、Y、M、T、C、S	1
OUT 输出	线圈驱动	——┤├——┤├——（ Y001 ）—	Y、M、T、C、S	Y、M：1；S、特 M：2；T：3；C：3～5

　　1. 用法示例

　　逻辑取及驱动线圈指令应用如图 2-1 所示。

　　2. 使用注意事项

　　（1）LD 是常开触点连到母线上，LDI 是常闭触点连到母线上，OUT 是线圈驱动指令。

　　（2）LD 与 LDI 指令对应的触点一般与左侧母线相连，若与后述的 ANB、ORB 指令组合，则可用于串、并联电路块的起始触点。

　　（3）线圈驱动指令可并行多次输出（即并行输出），如图 2-1 所示梯形图中的 OUT　M100、OUT　T0　K19。

　　（4）输入继电器 X 不能使用 OUT 指令。

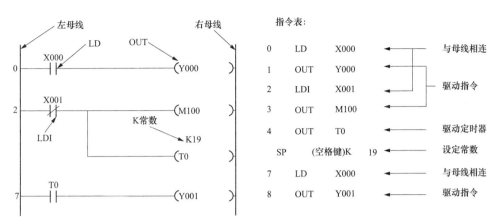

图 2-1　逻辑取及驱动线圈指令应用

（5）定时器的定时线圈或计数器的计数线圈，必须在 OUT 后设定常数。

2.1.2　触点串、并联指令 AND/ANI/OR/ORI

触点串、并联指令见表 2-2。

表 2-2　　　　　　　　　　　　　　触点串、并联指令表

符号及名称	功能	电路表示	操作元件	程序步
AND 与	常开触点串联连接	┤├ ┤├（Y005）	X、Y、M、S、T、C	1
ANI 与非	常闭触点串联连接	┤├ ┤/├（Y005）	X、Y、M、S、T、C	1
OR 或	常开触点并联连接	┤├（Y005）	X、Y、M、S、T、C	1
ORI 或非	常闭触点并联连接	┤├（Y005）	X、Y、M、S、T、C	1

1. 用法示例

触点串、并联指令应用如图 2-2 所示。

2. 使用注意事项

（1）AND（ANI）是常开（常闭）触点串联连接指令，OR（ORI）是常开（常闭）触点并联连接指令。这 4 条指令后面必须有被操作的元件名称及元件号。

（2）单个触点与左边的电路串联使用 AND 和 ANI 指令时，串联触点的个数没有限制，但因图形编程器和打印机的功能有限制，所以建议尽量做到一行不超过 10 个触点和 1 个线圈。

（3）OR 和 ORI 指令是对前面的 LD、LDI 指令并联连接的指令，并联连接的次数无限制，但因图形编程器和打印机的功能有限制，所以并联连接的次数不超过 24 次。

3. 连续输出

连续输出电路如图 2-3 所示，图 2-3（a）中 OUT　M1 指令之后通过 X1 的触点去驱动 Y4，称

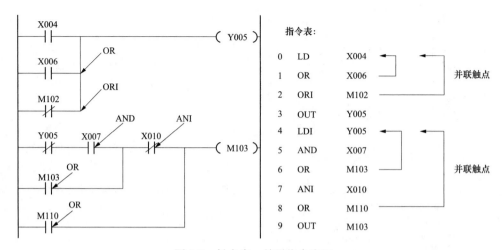

图 2-2　触点串、并联指令应用

为连续输出。串联指令和并联指令用来描述单个触点与别的触点或触点（而不是线圈）组成的电路块的连接关系。虽然 X1 的触点和 Y4 的线圈组成的串联电路与 M1 的线圈是并联关系，但是 X1 的常开触点与左边的电路是串联关系，所以对 X1 的触点应使用串联指令。只要按正确的顺序设计电路，就可以多次使用连续输出，但因图形编程器和打印机的功能有限制，所以连续输出的次数不超过 24 次。

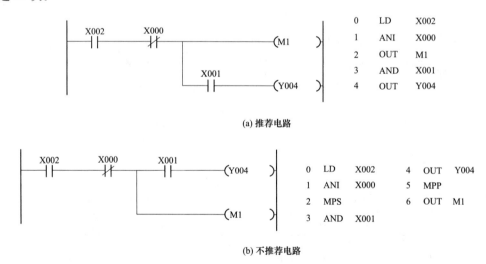

应该指出，如果将图 2-3（a）中的 M1 和 Y4 线圈所在的支路改为图 2-3（b）所示电路（不推荐），就必须使用后面要讲到的 MPS（进栈）和 MPP（出栈）指令。

实训 3　基本逻辑指令（一）

一、实训目的

（1）掌握常用基本逻辑指令的使用方法。

（2）会根据梯形图写指令。

（3）了解 PLC 编程软件和仿真软件的操作。

（4）了解电动机正反转控制程序的设计思路。

二、实训器材

（1）可编程控制器实训装置 1 台。

（2）PLC 主机模块 1 个。

（3）接触器模块 1 个。

（4）接触器、热继电器模块 1 个。

（5）开关按钮板模块 1 个。

（6）三相电动机 1 台（Y-112-0.55，下同）。

（7）计算机 1 台（或手持式编程器 1 个，下同）。

（8）电工常用工具 1 套。

（9）导线若干。

三、实训内容与步骤

1. LD/LDI/OUT 指令实训

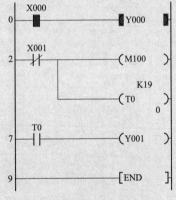

图 2-4　监视的画面 1

（1）写出并理解图 2-1 梯形图所对应的指令。

（2）通过计算机或手持式编程器将指令输入 PLC 中。

（3）将 PLC 置于 RUN 运行模式。

（4）分别将输入信号 X0、X1 置于 ON 或 OFF，观察 PLC 的输出结果，并做好记录。

（5）监视程序的运行情况。当接于端子 X0、X1 的输入信号闭合时，监视的画面如图 2-4 所示，■■代表接通，╂╂代表断开，─Y000⊃代表驱动线圈有电，─(Y001)╂代表驱动线圈无电。当接于端子 X0、X1 的输入信号断开，且 T0 的延时时间未到时，监视的画面如图 2-5 所示。当接于端子 X0、X1 的输入信号断开，且 T0 延时时间到时，监视的画面如图 2-6 所示。

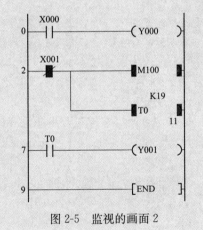

图 2-5　监视的画面 2　　　　图 2-6　监视的画面 3

（6）整理实训操作结果，并分析其原因。

2. AND/ANI/OR/ORI 指令实训（见图 2-7）

（1）写出图 2-7 梯形图所对应的指令。

（2）通过计算机或手持式编程器将指令输入 PLC 中，并将 PLC 置于 RUN 运行模式。

（3）分别将输入信号 X1、X2、X3 置于 ON 或 OFF，观察 PLC 的输出结果，并做好记录。

（4）将输入信号 X4 置于 ON，然后再置于 OFF，最后将输入信号 X5 置于 ON，观察 PLC 的输出结果，并做好记录。

（5）将输入信号 X6 置于 ON，然后再置于 OFF，观察 PLC 的输出结果，并做好记录。

（6）将输入信号 X5、X6 置于 ON，然后再将输入信号 X6 置于 OFF，观察 PLC 的输出结果，并做好记录。

（7）监视程序的运行情况，理解程序的逻辑关系。

（8）整理实训操作结果，并分析 Y4 在什么情况下连续得电，在什么情况下失电。

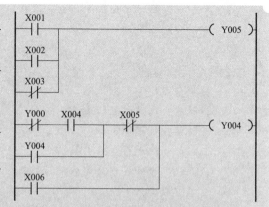

图 2-7　AND/ANI/OR/ORI 指令实训梯形图

3. 电动机正反转控制仿真实训 1（见图 2-8）

（1）通过上述内容的学习，理解图 2-8（a）所示梯形图，并写出对应的指令。

（2）打开 PLC 仿真软件，进入 D-5 仿真培训画面。

（3）在程序编辑区域输入图 2-8（a）所示梯形图，并核对无误后单击"PLC 写入"，即将编辑好的程序写入了模拟的 PLC 中。

（4）由于仿真软件已经完成了模拟 PLC 的输入和输出接线，且 PLC 已处于"运行中"，若按正转按钮 PB2（即 X21），则可以看到输送带正转。

（5）若按停止按钮 PB1（即 X20），则可以看到输送带停止运行。

（6）若按反转按钮 PB3（即 X22），则可以看到输送带反转。

（7）若按停止按钮 PB1（即 X20）或热继电器 X23 动作（使用 PB4 模拟替代热继电器的常开触点），则可以看到输送带停止运行。

（8）给上述程序添加适当的注释。

（9）进入 PLC 仿真软件的 B-1 培训画面，按照"索引窗口区"的 Ch1～Ch4 进行学习。

（10）进入 PLC 仿真软件的 B-2 培训画面，按照"索引窗口区"的 Ch1～Ch3 进行学习。

（11）进入 PLC 仿真软件的 B-3 培训画面，按照"索引窗口区"的 Ch1～Ch5 进行学习。

（12）进入 PLC 仿真软件的 D-1 培训画面，按照"索引窗口区"的操作步骤进行学习。

（13）利用 PLC 仿真软件的 D-5 培训画面，设计一个机械手上料程序并完成仿真调试，控制要求如下：每次按下起动按钮 PB1（X20）时，机械手的供给指令 Y0 就动作，将工件搬运到输送带后返回原点位置。

（14）利用 PLC 仿真软件的 D-5 仿真培训画面，设计一个输送带运行程序并完成仿真调试，控制要求如下：按下起动按钮 PB1（X20）时，输送带就起动正转，当按下停止按钮 PB2（X21）时，输送带就停止运行。

（15）利用 PLC 仿真软件的 D-5 仿真培训画面，设计一个工件上料和传输的程序并完成仿真调试，控制要求如下：按下起动按钮 PB1（X20）时，机械手的供给指令 Y0 就动作，将工件搬运到输送带后返回原点位置；机械手开始工作后，起动输送带正转，当工件到达输送带末端时，检测传感器 X3 检测到工件时输送带立即停止运行（工件停留在输送带末端），完成一个工件的上料和传输。

4. 电动机正反转控制实训 1

（1）将图 2-8（a）所示梯形图程序输入 PLC 中。

（2）按图 2-8（b）所示连接 PLC 的输入电路。

（3）将 PLC 置于 RUN 运行状态，若按正转按钮 SB1（X21），则输出正转接触器 KM1 指示灯 Y1 亮，若按停止按钮 SB(X20)，则 Y1 灭；若按反转按钮 SB2(X22)，则输出反转接触器 KM2 指示灯 Y2 亮，若按停止按钮 SB，则 Y2 灭；在 Y1 或 Y2 亮时，若热继电器 FR 动作，则 Y1 或 Y2 灭。

（4）通过计算机监视程序的运行情况。

（5）按图 2-8（b）所示连接 PLC 的输出电路。

（6）若按正转按钮 SB1，则 KM1 得电吸合，若按停止按钮 SB，则 KM1 失电；若按反转按钮 SB2，则 KM2 得电吸合，若按停止按钮 SB，则 KM2 失电；在 KM1 或 KM2 吸合时，若热继电器 FR 动作，则 KM1 或 KM2 失电。

（7）按图 2-8（c）所示连接电动机的主电路。

（8）若按正转按钮 SB1，则电动机正转，若按停止按钮 SB，则电动机停止运行；若按反转按钮 SB2，则电动机反转，若按停止按钮 SB，则电动机停止运行；在正转或反转时，若热继电器 FR 动作，则电动机均停止运行。

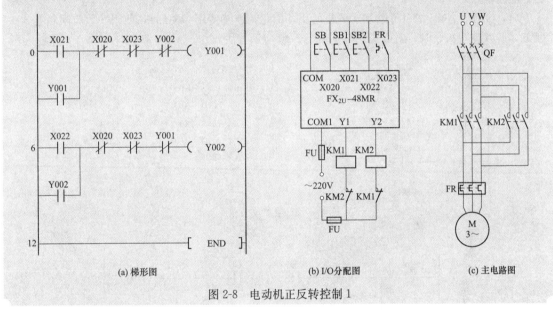

(a) 梯形图　　　　　(b) I/O 分配图　　　　　(c) 主电路图

图 2-8　电动机正反转控制 1

2.1.3　电路块连接指令 ORB/ANB

电路块连接指令见表 2-3。

表 2-3　　　　　　　　　　　　　　　　电路块连接指令表

符号及名称	功能	电路表示	操作元件	程序步
ORB 电路块或	串联电路块的并联连接	—||—||——(Y005)— ⏐ —||—||—	无	1
ANB 电路块与	并联电路块的串联连接	—||——||——(Y005)— —||——||—	无	1

1. 用法示例

串联电路块并联、并联电路块串联分别如图 2-9 和图 2-10 所示，两者均为电路块连接指令应用示例。

2. 使用注意事项

（1）ORB 是串联电路块的并联连接指令，ANB 是并联电路块的串联连接指令。它们都没有操作元件，可以多次重复使用。

（2）ORB 指令是将串联电路块与前面的电路并联，相当于电路块右侧的一段垂直连线。串联电路块的起始触点要使用 LD 或 LDI 指令，完成了电路块的内部连接后，用 ORB 指令将它与前面的电路并联。

（3）ANB 指令是将并联电路块与前面的电路串联，相当于两个电路之间的串联连线。并联电路块的起始触点要使用 LD 或 LDI 指令，完成了电路块的内部连接后，用 ANB 指令将它与前面的电路串联。

（4）ORB、ANB 指令可以多次重复使用，但是，连续使用 ORB 时，使用次数应限制在 8 次以下，所以在写指令时，最好按图 2-9 和图 2-10 所示方法。

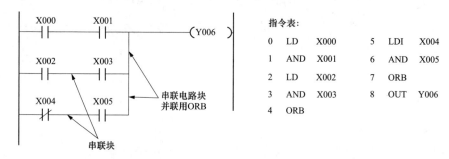

图 2-9　串联电路块并联

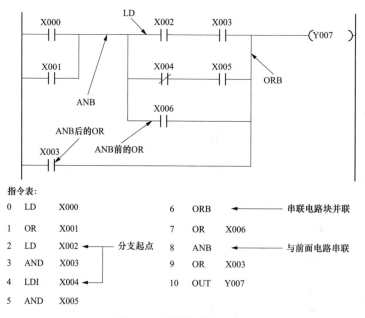

图 2-10　并联电路块串联

2.1.4 多重电路连接指令 MPS/MRD/MPP

多重电路连接指令见表 2-4。

表 2-4 多重电路连接指令表

符号及名称	功能	电路表示	操作元件	程序步
MPS 进栈	进栈	MPS —(Y004)	无	1
MRD 读栈	读栈	MRD —(Y005)	无	1
MPP 出栈	出栈	MPP —(Y006)	无	1

1. 用法示例

简单 1 层栈、复杂 1 层栈分别如图 2-11 和图 2-12 所示,两者均为多重电路连接指令的应用示例。

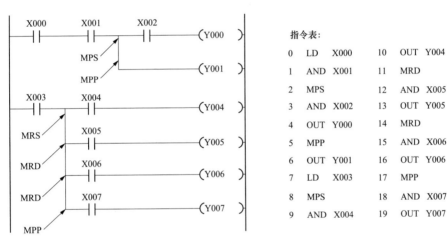

指令表:

0	LD X000	10	OUT	Y004
1	AND X001	11	MRD	
2	MPS	12	AND	X005
3	AND X002	13	OUT	Y005
4	OUT Y000	14	MRD	
5	MPP	15	AND	X006
6	OUT Y001	16	OUT	Y006
7	LD X003	17	MPP	
8	MPS	18	AND	X007
9	AND X004	19	OUT	Y007

图 2-11 简单 1 层栈

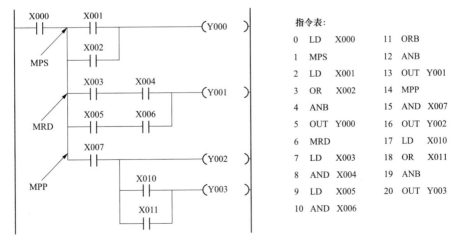

指令表:

0	LD X000	11	ORB	
1	MPS	12	ANB	
2	LD X001	13	OUT	Y001
3	OR X002	14	MPP	
4	ANB	15	AND	X007
5	OUT Y000	16	OUT	Y002
6	MRD	17	LD	X010
7	LD X003	18	OR	X011
8	AND X004	19	ANB	
9	LD X005	20	OUT	Y003
10	AND X006			

图 2-12 复杂 1 层栈

2. 使用注意事项

(1) MPS 指令可将多重电路的公共触点或电路块先存储起来,以便后面的多重支路使用。

多重电路的第一个支路前使用 MPS 进栈指令，多重电路的中间支路前使用 MRD 读栈指令，多重电路的最后一个支路前使用 MPP 出栈指令。该组指令没有操作元件。

（2）FX 系列 PLC 有 11 个存储中间运算结果的堆栈存储器，堆栈采用先进后出的数据存取方式。每使用一次 MPS 指令，当时的逻辑运算结果压入堆栈的第一层，堆栈中原来的数据依次向下一层推移。

（3）MRD 指令读取存储在堆栈最上层（即电路分支处）的运算结果，将下一个触点强制性地连接到该点。读栈后堆栈内的数据不会上移或下移。

（4）MPP 指令弹出堆栈存储器的运算结果，首先将下一触点连接到该点，然后从堆栈中去掉分支点的运算结果。使用 MPP 指令时，堆栈中各层的数据向上移动一层，最上层的数据在弹出后从栈内消失。

（5）处理最后一条支路时必须使用 MPP 指令，而不是 MRD 指令，且 MPS 和 MPP 的使用不得多于 11 次，并且要成对出现。

实训 4 基本逻辑指令（二）

一、实训目的

（1）掌握复杂逻辑指令的使用方法。

（2）会根据梯形图写指令。

（3）会使用 PLC 编程软件和仿真软件进行程序编辑和调试。

二、实训器材

实训器材与实训 3 相同。

三、实训内容与步骤

1. MPS/MRD/MPP 指令实训

（1）理解图 2-11 梯形图所对应的指令。

（2）通过计算机将指令输入 PLC 中，然后转换成梯形图的形式，观察计算机中的梯形图是否与图 2-11 所示相同。

（3）将 PLC 置于 RUN 运行模式。

（4）分别将 PLC 的输入信号置于 ON 或 OFF，观察 PLC 的输出结果，并做好记录。

（5）若将图 2-11 指令表中的 MPS、MRD、MPP 删除，再与上述梯形图比较，记录两者区别以及与 PLC 的输出结果的不同之处。

（6）整理实训操作结果，并分析其原因。

2. 复杂 1 层栈实训

（1）理解图 2-12 梯形图所对应的指令。

（2）通过计算机将指令输入 PLC 中，然后转换成梯形图的形式，观察计算机中的梯形图是否与图 2-12 所示相同。

（3）若将图 2-12 指令表中的 LD　X001 改为 AND　X001，再与上述梯形图比较，记录两者区别。

（4）若将图 2-12 指令表中的第 4 步 ANB 删除，再与上述梯形图比较，记录两者区别。

（5）若将图 2-12 指令表中的 AND　X007 改为 LD　X007，再与上述梯形图比较，记录两者区别。

（6）若将图 2-12 指令表中的第 19 步 ANB 删除，再与上述梯形图比较，记录两者区别。

3. 电动机正反转控制仿真实训 2（见图 2-13）

（1）理解图 2-13 所示梯形图，写出对应的指令表，并将程序输入 PLC 中。

（2）参照实训 3 的 "3. 电动机正反转控制仿真实训 1" 的（2）～（8）完成程序的调试与运行，观察仿真效果是否一致。

4. 电动机正反转控制实训 2（见图 2-13）

（1）将图 2-13 所示梯形图程序输入 PLC 中。

（2）参照实训 3 的 "4. 电动机正反转控制实训 1" 的（2）～（8）完成程序的调试与运行，观察电动机的运行情况是否一致。

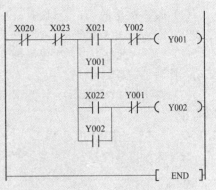

图 2-13　电动机正反转控制 2 梯形图

2.1.5　置位与复位指令 SET/RST

置位与复位指令见表 2-5。

表 2-5　　　　　　　　　　　　　　　　置位与复位指令表

符号及名称	功能	电路表示	操作元件	程序步
SET 置位	令元件置位并自保持 ON	⊢⊣├─[SET Y000]	Y、M、S	Y、M：1； S、特 M：2
RST 复位	令元件复位并自保持 OFF 或清除寄存器的内容	⊢⊣├─[RST Y000]	Y、M、S、C、D、V、Z、积 T	Y、M：1； S、特 M、C、积 T：2； D、V、Z：3

1. 用法示例

置位与复位指令应用如图 2-14 所示。

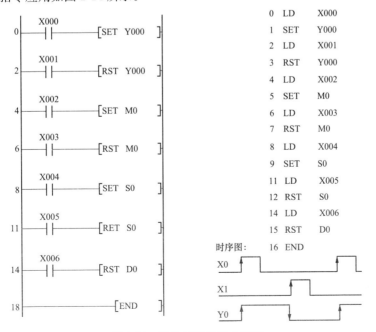

图 2-14　置位与复位指令应用

2. 使用注意事项

（1）图 2-14 中的 X0 一旦接通，即使再变成断开状态，Y0 也保持有电；X1 接通后，即使再变成断开状态，Y0 也保持无电。对于 M、S 也是同样。

（2）对同一元件可以多次使用 SET、RST 指令，顺序可任意选择，但对于输出结果，则只有驱动条件满足的指令才有效。

（3）要使数据寄存器 D、计数器 C、积算定时器 T 及变址寄存器 V、Z 的内容清零，也可用 RST 指令。

2.1.6 脉冲输出指令 PLS/PLF

脉冲输出指令见表 2-6。

表 2-6 　　　　　　　　　　　　　　　　　脉冲输出指令表

符号及名称	功能	电路表示	操作元件	程序步
PLS 上升沿脉冲	上升沿微分输出	X000 ──┤├──[PLS M0]	Y、M	2
PLF 下降沿脉冲	下降沿微分输出	X001 ──┤├──[PLF M1]	Y、M	2

1. 用法示例

脉冲输出指令应用如图 2-15 所示。

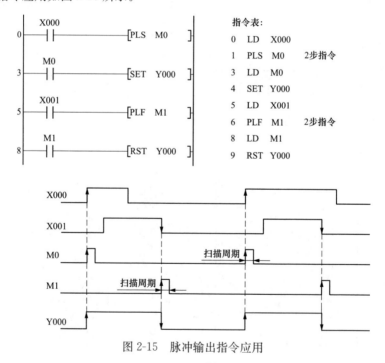

图 2-15　脉冲输出指令应用

2. 使用注意事项

（1）PLS 是脉冲上升沿微分输出指令，PLF 是脉冲下降沿微分输出指令。PLS 和 PLF 指令只能用于输出继电器 Y 和辅助继电器 M（不包括特殊辅助继电器）。

（2）图 2-15 中，M0 仅在 X0 的常开触点由断开变为接通（即 X0 的上升沿）时的一个扫描周期内为 ON，M1 仅在 X1 的常开触点由接通变为断开（即 X1 的下降沿）时的一个扫描周期内为 ON。

（3）图 2-15 中，在输入继电器 X0 接通的情况下，PLC 由停机状态变为运行状态时，PLS M0 指令将输出一个脉冲。然而，如果用电池后备/锁存辅助继电器代替 M0，其 PLS 指令在这种情况下不会输出脉冲。

2.1.7　运算结果脉冲化指令 MEP/MEF

运算结果脉冲化指令是 FX$_{3U}$ 和 FX$_{3UC}$ 系列 PLC 特有的指令，运算结果脉冲化指令见表 2-7。

表 2-7　　　　　　　　　　　　　　运算结果脉冲化指令表

符号及名称	功能	电路表示	操作元件	程序步
MEP 上升沿脉冲化	运算结果上升沿时输出脉冲	X000　X001　MEP　（M0）	无	1
MEF 下降沿脉冲化	运算结果下降沿时输出脉冲	X000　X001　MEF　（M0）	无	1

1. 用法示例

运算结果脉冲化指令应用如图 2-16 所示。

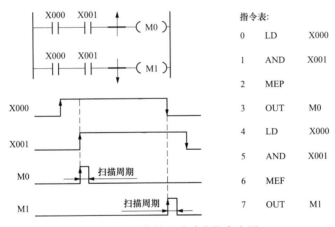

指令表：

0	LD	X000
1	AND	X001
2	MEP	
3	OUT	M0
4	LD	X000
5	AND	X001
6	MEF	
7	OUT	M1

图 2-16　运算结果脉冲化指令应用

2. 使用注意事项

（1）MEP（MEF）指令将使无该指令时的运算结果上升（下降）沿时输出脉冲。

（2）MEP（MEF）指令不能直接与母线相连，它在梯形图中的位置与 AND 指令相同。

2.1.8　脉冲式触点指令 LDP/LDF/ANDP/ANDF/ORP/ORF

脉冲式触点指令见表 2-8。

表 2-8　　　　　　　　　　　　　　脉冲式触点指令表

符号及名称	功能	电路表示	操作元件	程序步
LDP 取上升沿脉冲	上升沿脉冲逻辑运算开始	（M1）	X、Y、M、S、T、C	2
LDF 取下降沿脉冲	下降沿脉冲逻辑运算开始	（M1）	X、Y、M、S、T、C	2
ANDP 与上升沿脉冲	上升沿脉冲串联连接	（M1）	X、Y、M、S、T、C	2

符号及名称	功能	电路表示	操作元件	程序步
ANDF 与下降沿脉冲	下降沿脉冲串联连接	⊢⊢ ⊣↓⊢ ─(M1)	X、Y、M、S、T、C	2
ORP 或上升沿脉冲	上升沿脉冲并联连接	⊢⊢ ⊢↑⊢ ─(M1) / ⊢↑⊢	X、Y、M、S、T、C	2
ORF 或下降沿脉冲	下降沿脉冲并联连接	⊢⊢ ⊢↓⊢ ─(M1) / ⊢↓⊢	X、Y、M、S、T、C	2

1. 用法示例

脉冲式触点指令应用如图 2-17 所示。

2. 使用注意事项

（1）LDP、ANDP 和 ORP 指令用来作上升沿检测的触点指令，触点的中间有一个向上的箭头，对应的触点仅在指定位元件的上升沿（由 OFF 变为 ON）时接通一个扫描周期。

（2）LDF、ANDF 和 ORF 是用来作下降沿检测的触点指令，触点的中间有一个向下的箭头，对应的触点仅在指定位元件的下降沿（由 ON 变为 OFF）时接通一个扫描周期。

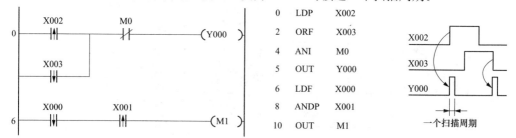

0	LDP	X002
2	ORF	X003
4	ANI	M0
5	OUT	Y000
6	LDF	X000
8	ANDP	X001
10	OUT	M1

图 2-17　脉冲式触点指令应用

2.1.9　主控触点指令 MC/MCR

在编程时，经常会遇到许多线圈同时受一个或一组触点控制的情况，如果在每个线圈的控制电路中都串入同样的触点，将占用很多存储单元，主控指令可以解决这一问题。使用主控指令的触点称为主控触点，它在梯形图中与一般的触点垂直，主控触点相当于控制一组电路的总开关。主控触点指令见表 2-9。

表 2-9　　　　　　　　　　　　　　　主控触点指令表

符号及名称	功能	电路表示及操作元件	程序步
MC 主控	主控电路块起点	⊢⊢ [MC N0 Y或M]	3
MCR 主控复位	主控电路块终点	N0 — Y或M不允许使用特M — [MCR N0]	2

1. 用法示例

主控触点指令应用如图 2-18 所示。

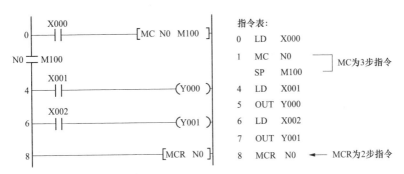

图 2-18　主控触点指令应用

2. 使用注意事项

（1）MC 是主控起点，操作数 N（0～7 层）为嵌套层数，操作元件为 M、Y，特殊辅助继电器不能用作 MC 的操作元件。MCR 是主控结束，主控电路块的终点，操作数 N（0～7）。MC 与 MCR 必须成对使用。

（2）与主控触点相连的触点必须用 LD 或 LDI 指令，即执行 MC 指令后，母线移到主控触点的后面，MCR 使母线回到原来的位置。

（3）图 2-18 中，X0 的常开触点接通时，执行从 MC 到 MCR 之间的指令；MC 指令的输入电路（X0）断开时，不执行上述区间的指令，其中的积算定时器、计数器、用复位/置位指令驱动的软元件保持其当时的状态，其余的元件被复位，非积算定时器和用 OUT 指令驱动的元件变为 OFF。

（4）在 MC 指令内再使用 MC 指令时，称为嵌套，嵌套层数 N 的编号就顺次增大；主控返回时用 MCR 指令，嵌套层数 N 的编号就顺次减小。

2.1.10　逻辑运算结果取反指令 INV

逻辑运算结果取反指令见表 2-10。

表 2-10　　　　　　　　　　　逻辑运算结果取反指令表

符号及名称	功能	电路表示	操作元件	程序步
INV 取反	逻辑运算结果取反	`X000 ──┤├── / ──(Y000)`	无	1

INV 指令在梯形图中用一条 45°的短斜线来表示，它将使无该指令时的运算结果取反，如运算结果为 0 时则将它变为 1，如运算结果为 1 时则将它变为 0。

逻辑运算结果取反指令应用如图 2-19 所示。图 2-19 中，如果 X0 为 ON，则 Y0 为 OFF；反之则 Y0 为 ON。

图 2-19　逻辑运算结果取反指令应用

2.1.11　空操作和程序结束指令 NOP/END

空操作和程序结束指令见表 2-11。

表 2-11   空操作和程序结束指令表

符号及名称	功　　能	电路表示	操作元件	程序步
NOP 空操作	无动作	无	无	1
END 结束	输入输出处理，程序回到第 0 步	┤├──────[END]	无	1

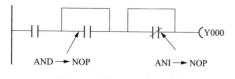

图 2-20　用 NOP 指令短路触点

1. 空操作指令 NOP

（1）若在程序中加入 NOP 指令，则改动或追加程序时，可以减少步序号的改变。

（2）若将 LD、LDI、ANB、ORB 等指令换成 NOP 指令，电路构成将有较大幅度的变化，用 NOP 指令短路触点如图 2-20 所示。

（3）执行程序全清除操作后，全部指令都变成 NOP。

2. 程序结束指令 END

PLC 按照循环扫描的工作方式，首先进行输入处理，然后进行程序处理，当处理到 END 指令时，即进行输出处理。若在程序中写入 END 指令，则 END 指令以后的程序就不再执行，直接进行输出处理；若不写入 END 指令，则从用户程序存储器的第 0 步执行到最后一步。因此，若将 END 指令放在程序结束处，则只执行第 0 步至 END 之间的程序，可以缩短扫描周期。在调试程序时，可以将 END 指令插在各段程序之后，从第一段开始分段调试，调试好以后必须删去程序中间的 END 指令，这种方法对程序的查错也很有用处，而且，执行 END 指令的同时也会刷新警戒时钟。

实训 5　基本逻辑指令（三）

一、实训目的

（1）掌握常用基本逻辑指令的使用方法。

（2）会根据梯形图写指令。

（3）理解 PLC 指令的含义。

（4）能熟练使用 PLC 编程软件和仿真软件进行程序编辑和调试。

二、实训器材

实训器材与实训 3 相同。

三、实训内容与步骤

1. SET/RST、PLS/PLF 指令实训

（1）理解图 2-15 梯形图所对应的指令。

（2）通过计算机或手持式编程器将指令输入 PLC 中。

（3）将 PLC 置于 RUN 运行模式。

（4）分别将输入信号 X0、X1 置于 ON 或 OFF，观察 PLC 的输出结果，并做好记录。

（5）分别将输入信号 X0、X1 置于 ON（瞬间），观察 PLC 的输出结果，并做好记录。

（6）比较上述第（4）、（5）步的输出结果，并分析其原因。

（7）画出 X0、X1、M0、M1 和 Y0 的时序图。

2. 脉冲式触点指令实训（见图 2-21）

（1）写出并理解图 2-21 梯形图所对应的指令。

（2）通过计算机或手持式编程器将指令输入 PLC 中，并将 PLC 置于 RUN 运行模式。

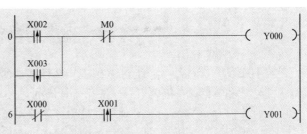

图 2-21　脉冲式触点指令实训梯形图

（3）分别将输入信号 X1、X2 和 X3 置于 ON 或 OFF，观察 PLC 的输出结果，并做好记录。

（4）分别将输入信号 X1、X2 和 X3 置于 ON（瞬间），观察 PLC 的输出结果，并做好记录。

（5）比较上述第（3）、（4）步的输出结果，并分析其原因。

（6）画出 X1、X2、X3、Y0 和 Y1 的时序图。

3. 电动机正反转控制仿真实训 3（见图 2-22）

（1）理解图 2-22（a）所示梯形图，写出对应的指令表，并将程序输入 PLC 中。

（2）参照实训 3 的"3. 电动机正反转控制仿真实训 1"的（2）～（8）完成程序的调试与运行，观察仿真效果是否一致。

（3）理解图 2-22（b）所示梯形图，写出对应的指令表，并将程序输入 PLC 中。

（4）参照实训 3 的"3. 电动机正反转控制仿真实训 1"的（2）～（8）完成程序的调试与运行，观察仿真效果是否一致。

（5）进入 PLC 仿真软件的 B-2 培训画面，按照"索引窗口区"的 Ch4～Ch5 进行学习。

（6）进入 PLC 仿真软件的 B-4 培训画面，按照"索引窗口区"的操作步骤进行学习。

（7）进入 PLC 仿真软件的 D-4 培训画面，按照"索引窗口区"的操作步骤进行学习。

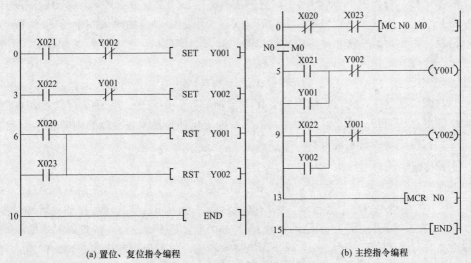

(a) 置位、复位指令编程　　　　　　　(b) 主控指令编程

图 2-22　电动机正反转控制 3 梯形图

4. 电动机正反转控制实训 3（见图 2-22）

（1）将图 2-22（a）所示梯形图程序输入 PLC 中。

（2）参照实训 3 的"4. 电动机正反转控制实训 1"的（2）～（8）完成程序的调试与运行，观察电动机的运行情况是否一致。

（3）将图 2-22（b）所示梯形图程序输入 PLC 中。

（4）参照实训 3 的"4. 电动机正反转控制实训 1"的（2）～（8）完成程序的调试与运行，观察电动机的运行情况是否一致。

2.2 程序的执行过程

PLC 有 RUN（运行）与 STOP（编程）两种基本的工作模式。当处于 STOP 模式时，PLC 只进行内部处理和通信服务等内容，一般用于程序的写入与修改。当处于 RUN 模式时，PLC 除了要进行内部处理、通信服务之外，还要执行反映控制要求的用户程序，即执行输入处理、程序处理、输出处理。程序整体扫描过程如图 2-23 所示，PLC 的这种周而复始的循环工作方式称为扫描工作方式。由于 PLC 执行指令的速度极高，从外部输入/输出关系来看，处理过程似乎是同时完成的，现就其循环扫描过程叙述如下。

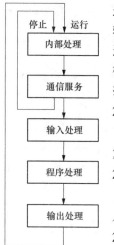

图 2-23　程序整体扫描过程

2.2.1 内部处理阶段

在内部处理阶段，PLC 首先诊断自身硬件是否正常，然后将监控定时器复位，并完成一些其他内部工作。

2.2.2 通信服务阶段

在通信服务阶段，PLC 要与其他的智能装置进行通信，如响应编程器键入的命令、更新编程器的显示内容。

2.2.3 输入处理阶段

输入处理又叫输入采样。在 PLC 的存储器中，设置了一片区域用来存放输入信号的状态，这片区域被称为输入映像寄存器；PLC 的其他软元件也有对应的映像存储区，它们统称为元件映像寄存器。外部输入信号接通时，对应的输入映像寄存器内容为 1，梯形图中对应的输入继电器的常开触点接通，常闭触点断开；外部输入信号断开时，对应的输入映像寄存器内容为 0，梯形图中对应的输入继电器的常开触点断开，常闭触点接通。因此，某一软元件对应的映像寄存器为 1 状态时，称该软元件为 ON；映像寄存器为 0 状态时，称该软元件为 OFF。

在输入处理阶段，PLC 顺序读入所有输入端子的通断状态，并将读入的信息存入内存所对应的输入元件映像寄存器中，此时，输入映像寄存器被刷新。接着进入程序执行阶段，在程序执行时，输入映像寄存器与外界隔离，即使输入信号发生变化，其映像寄存器的内容也不会发生变化，只有在下一个扫描周期的输入处理阶段才能被读入。

2.2.4 程序处理阶段

程序处理又叫程序执行，根据 PLC 梯形图扫描原则，按先上后下、先左后右的顺序，逐行逐句扫描，执行程序。但遇到程序跳转指令，则根据跳转条件是否满足来决定程序的跳转地址。当用户程序涉及输入/输出状态时，PLC 从输入映像寄存器中读取上一阶段输入处理时对应输入信号的状态，从输出映像寄存器中读取对应映像寄存器的当前状态，根据用户程序进行逻辑运算，再将运算结果存入有关元件映象寄存器中。因此，对每个元件（输入继电器除外）而言，元件映像寄存器中所寄存的内容会随着程序执行过程而发生变化。

2.2.5 输出处理阶段

输出处理又叫输出刷新，在输出处理阶段，CPU 将输出映像寄存器的 0/1 状态传送到输出锁存器，再经输出单元隔离和功率放大后送到输出端子。梯形图中某一输出继电器的线圈"通电"时，对应的输出映像寄存器为 1 状态，在输出处理阶段之后，输出单元中对应的继电器线圈通电或晶体管、晶闸管元件导通，外部负载即可通电工作。若梯形图中输出继电器的线圈"断电"，对应的输出映像寄存器为 0 状态，在输出处理阶段之后，输出单元中对应的继电器线圈断电或晶体管、晶闸管元件关断，外部负载停止工作。

PLC 的输入处理、程序处理和输出处理的工作过程如图 2-24 所示。

2.2.6　扫描周期

PLC 的扫描既可按固定的顺序进行，也可按用户程序所指定的可变顺序进行，因此有些程序无须每个扫描周期都执行一次，从而缩短了循环扫描的周期、提高了控制的实时响应性。

PLC 在 RUN 工作模式时，执行一次如图 2-23 所示的扫描操作所需的时间称为扫描周期，扫描周期与用户程序的长短、指令的种类和 CPU 执行指令的速度有很大的关系，通常为毫秒或微秒级。当用户程序较长时，指令执行时间在扫描周期中占相当大的比例。

循环扫描的工作方式是 PLC 的一大特点，也可以说 PLC 是"串行"工作的，这和传统的继电控制系统"并行"工作有质的区别，PLC 的串行工作方式避免了继电控制系统中触点竞争和时序失配的问题。

2.2.7　输入/输出滞后时间

输入/输出滞后时间又称系统响应时间，是指 PLC 的外部输入信号发生变化的时刻至它控制的有关外部输出信号发生变化的时刻之间的时间间隔，

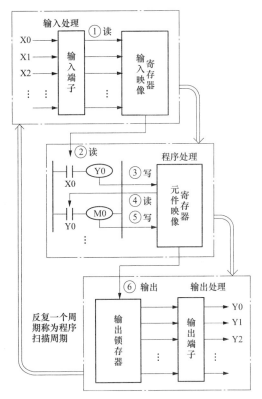

图 2-24　PLC 的输入处理、程序处理和输出处理的工作过程

它由输入电路滤波时间、输出电路的滞后时间和因扫描工作方式产生的滞后时间 3 部分组成。

输入单元的 RC 滤波电路用来滤除由输入端引入的干扰噪声，并消除因外接输入触点动作时产生的抖动引起的不良影响。滤波电路的时间常数决定了输入滤波时间的长短，其典型值约为 10ms。输出单元的滞后时间与输出单元的类型有关，继电器型输出电路的滞后时间一般约为 10ms；双向晶闸管型输出电路在负载通电时的滞后时间约为 1ms，负载由通电到断电时的最大滞后时间为 10ms；晶体管型输出电路的滞后时间一般低于 1ms。

因扫描工作方式引起的滞后时间最长可达两个多扫描周期。PLC 总的响应延时一般只有几十毫秒，对于一般的系统是无关紧要的，但对于要求输入/输出信号之间的滞后时间尽量短的系统，则可以选用扫描速度快的 PLC 或采取其他措施。

综上，影响输入/输出滞后的主要原因有输入滤波器的惯性、输出继电器触点的惯性、程序执行的时间、程序设计不当的附加影响等。对于用户来说，选择 PLC 后，合理的编制用户程序就成了缩短滞后时间的关键。

2.2.8　程序的执行过程

PLC 的工作过程就是循环扫描的过程，下面来分析图 2-25 所示 PLC 的程序执行过程。图 2-25 所示梯形图中，SB1 为接于 X000 端子的输入信号，X000 的时序表示对应的输入映象寄存器的状态，Y000、Y001、Y002 的时序表示对应的输出映象寄存器的状态，高电平表示"1"状态，低电平表示"0"状态，若输入信号 SB1 在第一个扫描周期的输入处理阶段之后出现，其扫描工作过程分析如下：

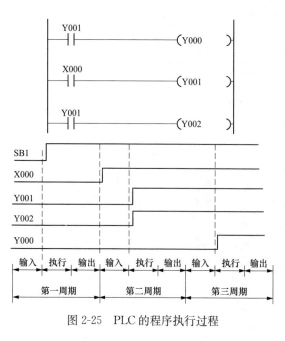

图 2-25　PLC 的程序执行过程

1. 第一个扫描周期

（1）输入处理阶段。因输入信号 SB1 尚未接通，输入处理的结果为 X000 为 OFF，因此写入 X000 输入映象寄存器的状态为"0"状态。

（2）程序处理阶段。程序按顺序执行，先读取 Y001 输出映象寄存器的内容（为"0"状态），因此逻辑处理的结果为 Y000 线圈为 OFF，其结果 0 写入 Y000 输出映象寄存器；接着读 X000 输入映象寄存器的内容（"0"状态），因此逻辑处理的结果为 Y001 线圈为 OFF，其结果 0 写入 Y001 输出映象寄存器；再读 Y001 输出映象寄存器的内容（"0"状态），因此逻辑处理的结果为 Y002 线圈为 OFF，其结果 0 写入 Y002 输出映象寄存器。所以在第一个扫描周期内各映象寄存器均为"0"状态。

（3）输出处理阶段。程序执行完毕，因 Y000、Y001 和 Y002 输出映象寄存器的状态均为"0"状态，所以，Y000、Y001 和 Y002 输出均为 OFF。

2. 第二个扫描周期

（1）输入处理阶段。因输入信号 SB1 已接通，输入处理的结果为 X000 为 ON，因此写入 X000 输入映象寄存器的状态为"1"状态。

（2）程序处理阶段。程序按顺序执行，先读取 Y001 输出映象寄存器的内容（为"0"状态），因此 Y000 为 OFF，其结果 0 写入 Y000 输出映象寄存器；接着又读 X000 输入映象寄存器的内容（为"1"状态），因此 Y001 为 ON，其结果 1 写入 Y001 输出映象寄存器；再读 Y001 输出映象寄存器的内容（为"1"状态），因此 Y002 为 ON，其结果 1 写入 Y002 输出映象寄存器。所以，在第二个扫描周期内，只有 Y000 输出映象寄存器为"0"状态，其余的 X000、Y001 和 Y002 映象寄存器均为"1"状态。

（3）输出处理阶段。程序执行完毕，因 Y000 输出映象寄存器为"0"状态，而 Y001 和 Y002 输出映象寄存器为"1"状态，所以，Y000 输出为 OFF，而 Y001 和 Y002 输出均为 ON。

3. 第三个扫描周期

（1）输入处理阶段。因输入信号 SB1 仍接通，输入处理的结果为 X000 为 ON，再次写入 X000 输入映象寄存器的状态为"1"状态。

（2）程序处理阶段。程序按顺序执行，先读取 Y001 输出映象寄存器的内容（为"1"状态），因此 Y000 为 ON，其结果 1 写入 Y000 输出映象寄存器；接着读 X000 输入映象寄存器的内容（为"1"状态），因此 Y001 为 ON，其结果 1 写入 Y001 输出映象寄存器；再读 Y001 输出映象寄存器的内容（为"1"状态），因此 Y002 为 ON，其结果 1 写入 Y002 输出映象寄存器。所以在第三个扫描周期内各映象寄存器均为"1"状态。

（3）输出处理阶段。程序执行完毕，因 Y000、Y001 和 Y002 输出映象寄存器的状态均为"1"状态，所以，Y000、Y001 和 Y002 输出均为 ON。

可见，虽外部输入信号 SB1 是在第一个扫描周期的输入处理之后接通的，但 X000 为 ON 在第二个扫描周期的输入处理阶段才被读入，因此，Y001、Y002 输出映象寄存器是在第二个扫描周期的程序执行阶段为 ON 的，而 Y000 输出映象寄存器是在第三个扫描周期的程序执行阶段为 ON 的。对于 Y001、Y002 所驱动的负载，则要到第二个扫描周期的输出刷新阶段才为 ON，而 Y000 所驱动的负载则要到第三个扫描周期的输出刷新阶段才为 ON。因此，Y001、Y002 所驱动的负载要滞后的时间最长可达 1 个多（约 2 个）扫描周期，而 Y000 所驱动的负载要滞后的时间最长可达 2 个多（约 3 个）扫描周期。

若交换图 2-25 梯形图中的第一行和第二行的位置，Y000 状态改变的滞后时间将减少一个扫描周期。由此可见，这种滞后时间可以通过程序优化的方法来减少。

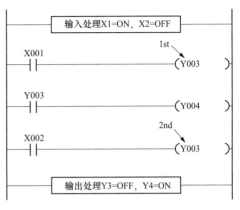

2.2.9　双线圈输出

驱动同一个线圈一般不能重复使用（重复使用即称双线圈输出），双线圈输出如图 2-26 所示，图中线圈 Y3 被多次使用。设 X1＝ON，X2＝OFF，在程序处理时，最初因 X1 为 ON，Y3 的映像寄存器为 ON，输出 Y4 也为 ON。然而，当程序执行到第 3 行时，又因 X2＝OFF，Y3 的映像寄存器改写为 OFF，因此，最终的输出 Y3 为 OFF，Y4 为 ON。所以，若输出线圈重复使用，则后面线圈的动作状态对外输出有效。

图 2-26　双线圈输出

实训 6　程序的执行过程

一、实训目的

(1) 掌握 PLC 程序的执行过程。

(2) 理解 PLC 的双线圈输出。

(3) 理解 PLC 程序的含义。

二、实训器材

实训器材与实训 1 相同。

三、实训内容与步骤

1. 双线圈输出实训（见图 2-27）

(1) 写出并理解图 2-27 梯形图所对应的指令。

(2) 通过计算机或手持式编程器将指令输入 PLC 中，并将 PLC 置于 RUN 运行模式。

(3) 将输入信号 X1 置于 ON，输入信号 X2 置于 OFF，观察 PLC 的输出结果，并做好记录。

(4) 进入程序运行监视状态，监视程序的运行情况，理解程序的运行情况。

(5) 将输入信号 X2 置于 ON，输入信号 X1 置于 OFF，观察 PLC 的输出结果，并做好记录。

(6) 进入程序运行监视状态，监视程序的运行情况，理解程序的运行情况。

(7) 将输入信号 X1 和 X2 置于 ON，观察 PLC 的输出结果，并做好记录。

(8) 进入程序运行监视状态，监视程序的运行情况，理解程序的运行情况。

(9) 整理实训操作结果，并用 PLC 的工作原理进行分析。

2. 两组彩灯顺序点亮实训（见图 2-28）

两组彩灯顺序点亮的控制要求：按下起动按钮 SB1(X1)，黄灯（Y1）点亮，5s 后黄灯熄灭红灯（Y2）点亮，按下停止按钮 SB2(X2) 系统停止运行。三位同学的程序如图 2-28 所示，请为其上机调试。

图 2-27　双线圈输出梯形图

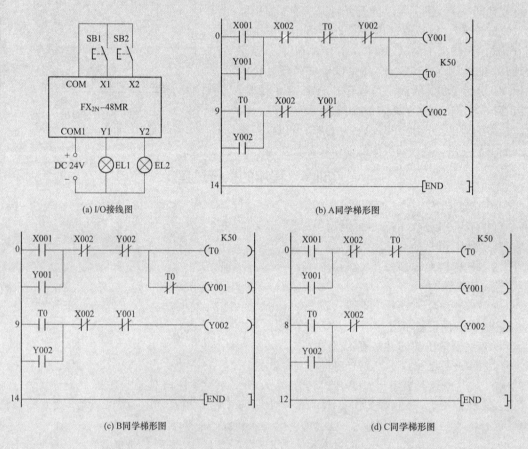

(a) I/O接线图

(b) A同学梯形图

(c) B同学梯形图

(d) C同学梯形图

图 2-28　两组彩灯顺序点亮实训

（1）写出并理解图 2-28（b）所示梯形图对应的指令表，并将程序输入 PLC 中。

（2）按图 2-28（a）I/O 接线图连接 PLC 的电路。

（3）将 PLC 置于 RUN 运行状态，按起动按钮 SB1，观察彩灯的运行情况。

（4）通过计算机监视程序的运行情况。

（5）参照上述步骤分别调试图 2-28（b）、（c）、（d）所示程序。

（6）请运用 PLC 仿真软件的 D-3 培训画面调试上述 3 位同学的程序，然后运行程序执行过程分析其正误。

2.3 常用基本电路的程序设计

为顺利掌握 PLC 程序设计的方法和技巧，尽快提升 PLC 的程序设计能力，本节介绍一些常用基本电路的程序设计。

2.3.1 起保停程序

起保停电路即起动、保持、停止电路，是梯形图中最典型的基本电路，它包含了如下因素：

(1) 驱动线圈。每一个梯形图逻辑行都必须针对驱动线圈，本节以输出线圈 Y0 作为驱动线圈。

(2) 线圈得电的条件。梯形图逻辑行中除了线圈外，还有触点的组合，即线圈得电的条件也就是使线圈为 ON 的条件，本例为起动按钮 X0 为 ON。

(3) 线圈保持驱动的条件。触点组合中使线圈得以保持有电的条件，本例为与 X0 并联的 Y0 自锁触点闭合。

(4) 线圈失电的条件。触点组合中使线圈由 ON 变为 OFF 的条件，本例为 X1 常闭触点断开。

因此，根据控制要求，其梯形图可描述为起动按钮 X0 和停止按钮 X1 串联，并在起动按钮 X0 两端并联自保触点 Y0，然后串接驱动线圈 Y0。当要起动时，按起动按钮 X0，使线圈 Y0 有输出并通过 Y0 自锁触点自锁；当要停止时，按停止按钮 X1，使输出线圈 Y0 失电，如图 2-29 (a) 所示。

若用 SET、RST 指令编程，起保停电路包含了梯形图程序的两个要素，一个是使线圈置位并保持的条件，本例为起动按钮 X0 为 ON；另一个是使线圈复位并保持的条件，本例为停止按钮 X1 为 ON。因此，其梯形图可描述为起动按钮 X0、停止按钮 X1 分别驱动 SET、RST 指令。当要起动时，按起动按钮 X0 使输出线圈置位并保持；当要停止时，按停止按钮 X1 使输出线圈复位并保持，如图 2-29 (b) 所示。

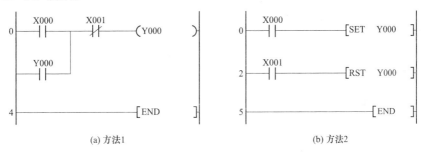

图 2-29 起保停电路梯形图 (停止优先)

由上可知，方法 2 的设计思路更简单明了，是最佳设计方案。

注意：

(1) 方法 1 中用 X1 的常闭触点，而方法 2 中用 X1 的常开触点，但它们的外部输入接线却完全相同，均为常开按钮。

(2) 上述的两个梯形图都为停止优先，即如果起动按钮 X0 和停止按钮 X1 同时被按下，则电动机停止；若要改为起动优先，则梯形图如图 2-30 所示。

2.3.2 定时器的应用程序

1. 得电延时闭合程序

按下起动按钮 X0，延时 2s 后输出 Y0 接通；当按下停止按钮 X2，输出 Y0 断开，得电延时闭合梯形图及时序图如图 2-31 所示。

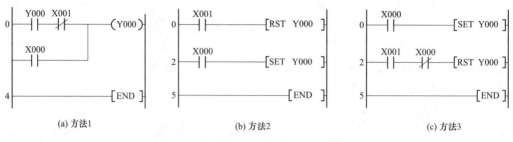

图 2-30　起保停电路梯形图（起动优先）

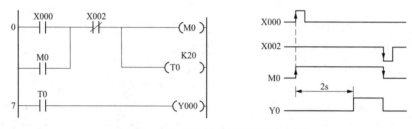

图 2-31　得电延时闭合梯形图及时序图

2. 失电延时断开程序

当 X0 为 ON 时，Y0 接通并自保；当 X0 断开时，定时器 T0 开始得电延时，当 X0 断开的时间达到定时器的设定时间 10s 时，Y0 才由 ON 变为 OFF，实现失电延时断开，失电延时断开梯形图及时序图如图 2-32 所示。

3. 长延时程序

FX$_{2N}$ 系列 PLC 的定时器最长定时时间为 3276.7s，因此，利用多个定时器组合可以实现大于 3276.7s 的定时，图 2-33（a）所示为 5000s 的延时程序。但几万秒甚至更长的定时，需用定时器与计数器组合来实现，图 2-33（b）所示为定时器与计数器组合的延时程序。

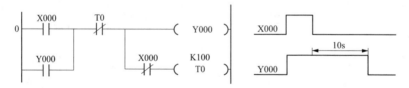

图 2-32　失电延时断开梯形图及时序图

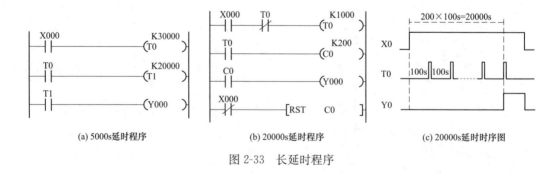

图 2-33　长延时程序

4. 顺序延时接通程序

当 X0 接通后，输出继电器 Y0、Y1、Y2 按顺序每隔 10s 输出，用两个定时器 T0、T1 设置不同的定时时间，可实现按顺序接通，当 X0 断开时同时停止，顺序延时接通电路及时序图如图 2-34 所示。

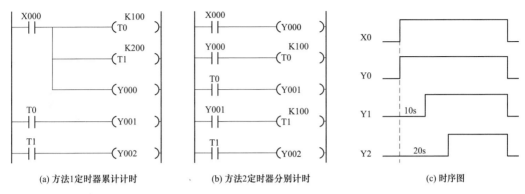

(a) 方法1定时器累计计时　　　　(b) 方法2定时器分别计时　　　　(c) 时序图

图 2-34　顺序延时接通电路及时序图

2.3.3　计数器的应用程序

计数器 C 的应用梯形图及时序图如图 2-35 所示。X3 使计数器 C0 复位，C0 对 X4 输入的脉冲计数，输入的脉冲数达到 6 个时，计数器 C0 的常开触点闭合，Y0 得电动作。X3 动作时，C0 复位，Y0 失电。

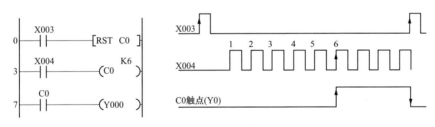

图 2-35　计数器 C 的应用梯形图及时序图

2.3.4　振荡程序

振荡电路可以产生特定的通断时序脉冲，它经常应用在脉冲信号源或闪光报警电路中。

1. 定时器振荡程序

定时器组成的振荡电路通常有三种形式，如图 2-36～图 2-38 所示。若改变定时器的设定值，可以调整输出脉冲的宽度。

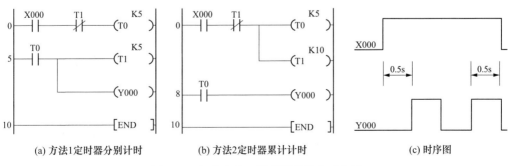

(a) 方法1定时器分别计时　　　　(b) 方法2定时器累计计时　　　　(c) 时序图

图 2-36　振荡电路一梯形图及输出时序图

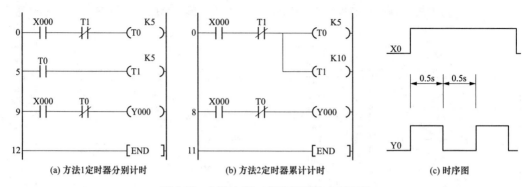

(a) 方法1定时器分别计时　　(b) 方法2定时器累计计时　　(c) 时序图

图 2-37　振荡电路二梯形图及输出时序图

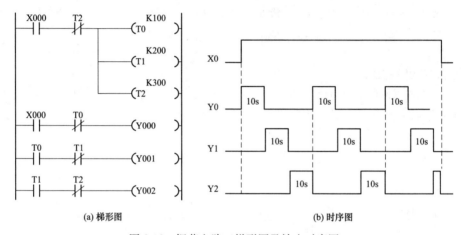

(a) 梯形图　　　　　　　　　(b) 时序图

图 2-38　振荡电路三梯形图及输出时序图

2. M8013 振荡程序

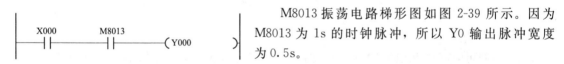

图 2-39　M8013 振荡电路梯形图

M8013 振荡电路梯形图如图 2-39 所示。因为 M8013 为 1s 的时钟脉冲，所以 Y0 输出脉冲宽度为 0.5s。

3. 二分频程序

若输入一个频率为 f 的方波，则在输出端得到一个频率为 $f/2$ 的方波，二分频电路及时序图如图 2-40 所示。由于 PLC 程序是按顺序执行的，所以当 X0 的上升沿到来时（设为第一个扫描周期），M0 映象寄存器为 ON（只接通一个扫描周期），此时 M1 线圈由于 Y0 常开触点断开而无电，Y0 线圈则由于 M0 常开触点接通而有电；下一个扫描周期，M0 映象寄存器为 OFF，虽然 Y0 常开触点是接通的，但此时 M0 已经断开，所以 M1 线圈仍无电，Y0 线圈则由于自锁触点而一直有电，直到下一次 X0 的上升沿到来时，M1 线圈才有电，并把 Y0 线圈断开，从而实现二分频。

2.3.5　电动机循环正反转控制仿真实训（一）

设计电动机循环正反转控制的梯形图，并使用仿真软件的 D-5 培训画面完成模拟调试。具体控制要求如下：电动机正转 3s，暂停 2s，反转 3s，暂停 2s，如此循环 5 个周期，然后自动停止。运行中，可按停止按钮停止，热继电器动作也应停止。

1. I/O 分配

PLC 的输入信号有停止按钮 PB1（X20）、起动按钮 PB2（X21）、热继电器常开触点 FR（使用

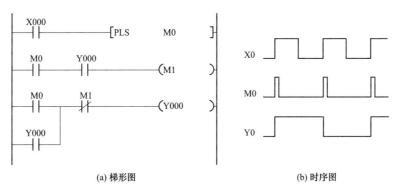

图 2-40　二分频电路及时序图

PB3 模拟替代，X22）。PLC 的输出信号有正转接触器 KM1（Y1）、反转接触器 KM2（Y2）。

2. 程序设计

根据控制要求，可采用定时器连续输出并累积计时的方法，这种方法可使电动机的运行由时间来控制，电动机循环的次数由计数器来控制，电动机的正反转循环可以使用定时器振荡电路来实现。定时器 T0、T1、T2、T3 的用途如下（设电动机运行时间 $t_1=3s$，电动机停止时间 $t_2=2s$）：

T0 为 t_1 的时间，所以 T0 置 30；

T1 为 t_1+t_2 的时间，所以 T1 置 50；

T2 为 $t_1+t_2+t_1$ 的时间，所以 T2 置 80；

T3 为 $t_1+t_2+t_1+t_2$ 的时间，所以 T3 置 100。

电动机的循环正反转控制的梯形图如图 2-41 所示。

3. 仿真实训

（1）打开 PLC 仿真软件，进入 D-5 仿真培训画面。

（2）在程序编辑区域输入图 2-41 所示梯形图，并核对无误后单击"PLC 写入"，即将编辑好的程序写入模拟的 PLC 中。

（3）由于仿真软件已经完成了模拟 PLC 的输入和输出接线，且 PLC 已处于"运行中"，若按起动按钮 PB2（即 X21），则可以看到输送带正转。

（4）输送带正转 3s 后停止运行，暂停 2s 后可以看到输送带反转。

（5）输送带反转 3s 后停止运行，暂停 2s 后又看到输送带正转，如此循环 5 个周期后自动停止。

（6）若在自动运行过程中，按停止按钮

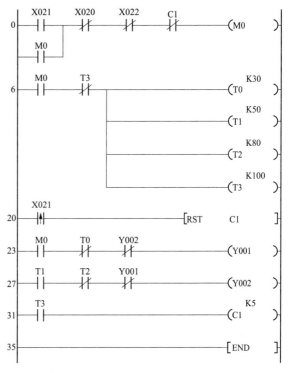

图 2-41　电动机的循环正反转控制的梯形图

PB1（即 X20）或热继电器动作（使用 PB3 模拟替代热继电器的常开触点），则可以看到输送带停止运行。

(7) 进入 PLC 仿真软件的 C-1 培训画面，按照"索引窗口区"的操作步骤进行学习。

(8) 进入 PLC 仿真软件的 C-2 培训画面，按照"索引窗口区"的操作步骤进行学习。

(9) 进入 PLC 仿真软件的 C-3 培训画面，按照"索引窗口区"的操作步骤进行学习。

(10) 进入 PLC 仿真软件的 C-4 培训画面，按照"索引窗口区"的操作步骤进行学习。

实训 7　基本逻辑指令的应用实训

一、实训任务

设计一个三相电动机正反转能耗制动的控制系统，并在实训室完成模拟调试。

控制要求：若按正转起动按钮 SB1，KM1 合，电动机正转；若按反转起动按钮 SB2，KM2 合，电动机反转；若按停止按钮 SB，KM1 或 KM2 断开，KM3 合，能耗制动（制动时间为 T）；只需必要的电气互锁，不需按钮互锁；当 FR 动作时，KM1 或 KM2 或 KM3 释放，电动机自由停车。

二、实训目的

(1) 进一步掌握编程工具的使用。

(2) 掌握 PLC 外围电路的设计。

(3) 掌握程序设计的方法。

三、实训步骤

1. I/O 分配

根据控制要求，其 I/O 分配为 X0：停止按钮，X1：正转起动按钮，X2：反转起动按钮，X3：热继电器常开触点；Y0：正转接触器，Y1：反转接触器，Y2：制动接触器。

2. 梯形图设计

根据控制要求，可以用 3 个起保停电路来实现，然后分别列出 3 个起保停电路的起动条件和停止条件，即可画出如图 2-42（a）所示梯形图。

3. 系统接线图

根据系统控制要求，其 I/O 接线图及主电路图如图 2-42（b）、图 2-42（c）所示。

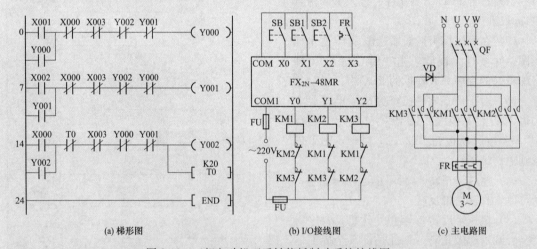

(a) 梯形图　　　　　(b) I/O 接线图　　　　　(c) 主电路图

图 2-42　三相电动机正反转能耗制动系统接线图

4. 实训器材

根据系统控制要求、I/O 分配及系统接线图，完成本实训需要配备如下器材：

(1) 可编程控制器实训装置 1 台。

(2) PLC 主机模块 1 个。

(3) 交流接触器模块 1 个。

(4) 交流接触器、热继电器模块 1 个。

(5) 开关、按钮板模块 1 个（可用常开按钮来代替热继电器的常开触头，下同）。

(6) 三相电动机 1 台。

(7) 手持式编程器 1 个（或计算机 1 台，下同）。

(8) 电工常用工具 1 套。

(9) 导线若干。

5. 系统调试

(1) 输入程序。按前面介绍的程序输入方法，用计算机或手持式编程器正确输入程序。

(2) 静态调试。按图 2-42 (b) 所示 I/O 接线图正确连接好输入设备，进行 PLC 的模拟静态调试（按下正转起动按钮 SB1 时，Y0 亮，按下停止按钮 SB 时，Y0 灭，同时 Y2 亮，2s 后 Y2 灭；按下反转起动按钮 SB2 时，Y1 亮，按下停止按钮 SB 时，Y1 灭，同时 Y2 亮，2s 后 Y2 灭；系统正在工作时，若热继电器动作，则 Y0、Y1、Y2 都灭），并通过计算机或手持式编程器监视，观察其是否与指示一致，否则，检查并修改程序，直至输出指示正确。

(3) 动态调试。按图 2-42 (b) 所示 I/O 接线图正确连接好输出设备，进行系统的空载调试，观察交流接触器能否按控制要求动作（按下正转起动按钮 SB1 时，KM1 闭合，按下停止按钮 SB 时，KM1 断开，同时 KM3 闭合，2s 后 KM3 也断开；按下反转起动按钮 SB2 时，KM2 闭合，按下停止按钮 SB 时，KM2 断开，同时 KM3 闭合，2s 后 KM3 断开；系统正在工作时，若热继电器动作，则 KM1、KM2、KM3 都断开），并通过计算机或手持式编程器监视，观察其是否与动作一致，否则，检查电路接线或修改程序，直至交流接触器能按控制要求动作。然后按图 2-42 (c) 所示主电路图连接好电动机，进行带载动态调试。

(4) 修改程序。动态调试正确后，练习读出、删除、插入、监视程序等操作。

四、实训报告

1. 分析与总结

(1) 根据三相电动机正反转能耗制动的梯形图，写出指令表。

(2) 总结 PLC 外围电路设计的思路与方法。

(3) 总结 PLC 程序设计的思路与方法。

2. 巩固与提高

(1) 若热继电器采用常闭触点，设计本实训的梯形图。

(2) 用 SET、RST 指令设计本实训的梯形图。

(3) 利用 PLC 仿真软件的 D-5 仿真培训画面，设计一个用 PLC 控制的电动机正反转能耗制动的控制系统，并完成模拟调试。

(4) 设计一个三相电动机的控制系统，要求电动机正转时有能耗制动，反转时无能耗制动，并且具有点动功能。

2.4　PLC 程序设计

如何根据控制要求设计出符合要求的程序，是 PLC 程序设计人员要解决的问题。PLC 程序设计是指根据被控对象的控制要求和现场信号，对照 PLC 的软元件，画出梯形图（或状态转移图），进而写出指令表程序的过程。要想设计出满足要求的 PLC 程序需要编程人员熟练掌握程序设计的规则、方法和技巧，并在此基础上积累一定的编程经验。

2.4.1 梯形图的基本规则

梯形图作为 PLC 程序设计的一种最常用的编程语言，被广泛应用于工程现场的系统设计。为更好地使用梯形图语言，下面介绍梯形图的一些基本规则。

（1）线圈右边无触点。梯形图中每一逻辑行从左到右排列，以触点与左母线连接开始，以线圈、功能指令与右母线（可允许省略右母线）连接结束。触点不能接在线圈的右边，线圈也不能直接与左母线连接，必须通过触点连接，线圈右边无触点的梯形图如图2-43所示。

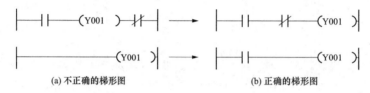

图 2-43　线圈右边无触点的梯形图

（2）触点可串可并无限制。触点可用于串行电路，也可用于并行电路，且使用次数不受限制，所有输出继电器也都可以作为辅助继电器使用。

（3）触点水平不垂直。触点应画在水平线上，不能画在垂直线上。触点水平不垂直的梯形图如图 2-44 所示，其中图 2-44（a）中的 X3 触点被画在垂直线上，所以很难正确地识别它与其他触点的逻辑关系，因此，应根据其逻辑关系改为图 2-44（b）或图 2-44（c）所示的梯形图。

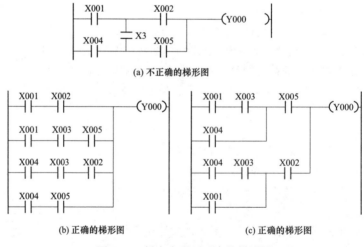

图 2-44　触点水平不垂直的梯形图

（4）多个线圈可并联输出。两个或两个以上的线圈可以并联输出，但不能串联输出，多个线圈可并联输出的梯形图如图 2-45 所示。

（5）线圈不能重复使用。在同一个梯形图中，如果同一元件的线圈使用两次或多次，这时前面的输出线圈对外输出无效，只有最后一个输出线圈有效，所以，程序中一般不出现双线圈输出。线圈不能重复使用的梯形图如图 2-46 所示，其中图 2-46（a）所示的梯形图必须改为图 2-46（b）所示的梯形图。

2.4.2 梯形图程序设计的技巧

设计梯形图程序时，一方面要掌握梯形图程序设计的基本规则；另一方面，为了减少指令的条数，节省内存和提高运行速度，还应该掌握设计的技巧。

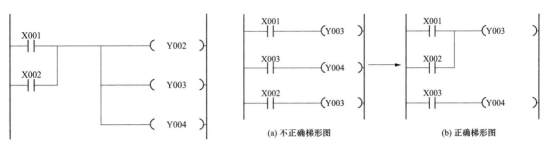

图 2-45　多个线圈可并联输出的梯形图　　　　图 2-46　线圈不能重复使用的梯形图

（1）如果有串联电路块并联，最好将串联触点多的电路块放在最上面，这样可以使编制的程序简洁，指令语句少，如图 2-47 所示。

（2）如果有并联电路块串联，最好将并联电路块移近左母线，这样可以使编制的程序简洁，指令语句少，如图 2-48 所示。

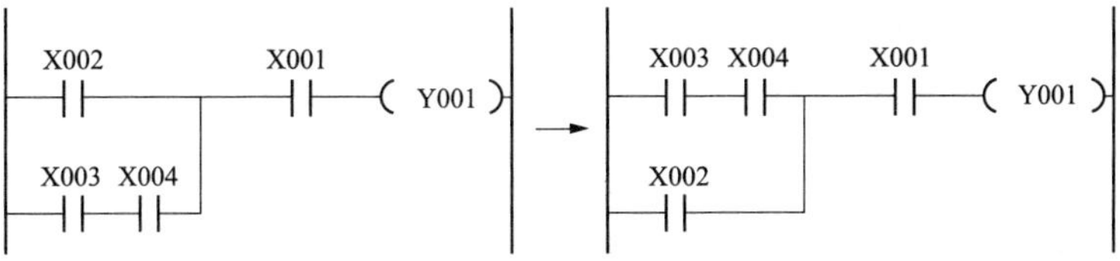

图 2-47　技巧 1 梯形图

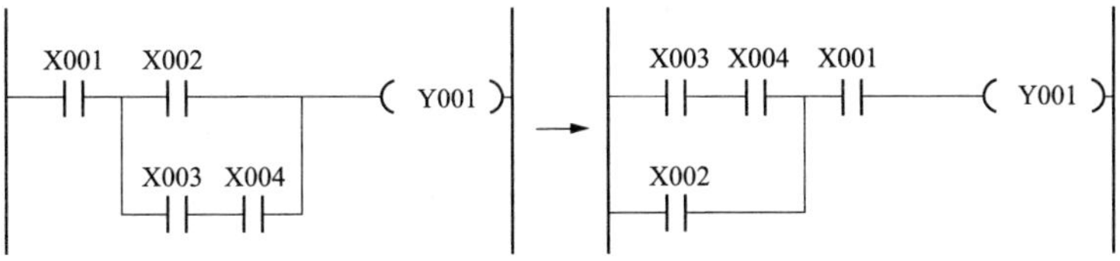

图 2-48　技巧 2 梯形图

（3）如果有多重输出电路，最好将串联触点多的电路放在下面，这样可以不使用 MPS、MPP 指令，如图 2-49 所示。

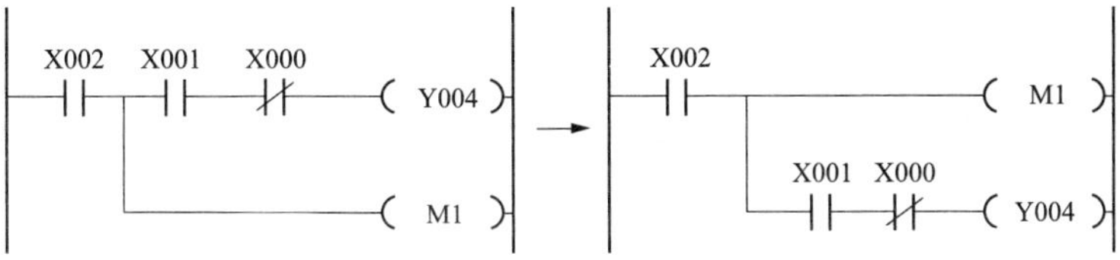

图 2-49　技巧 3 梯形图

（4）如果电路复杂，采用 ANB、ORB 等指令实现比较困难时，可以重复使用一些触点改成等效电路，再进行编程，如图 2-50 所示。

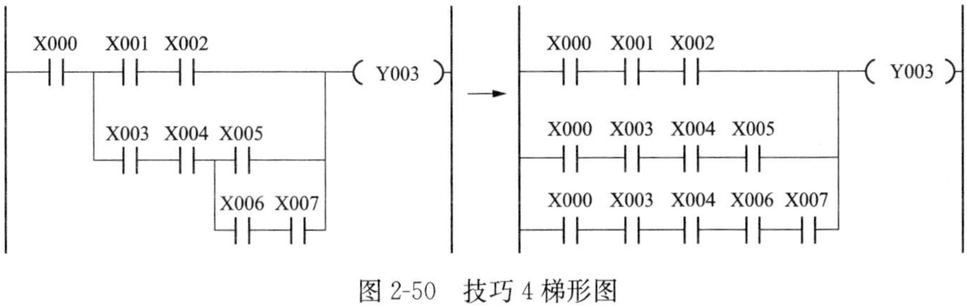

图 2-50　技巧 4 梯形图

2.4.3 程序设计的方法

PLC 程序设计有许多种方法，常用的有经验法、转换法、逻辑法及步进顺控法等。

1. 经验法

经验法也叫试凑法，这种方法没有普遍的规律可以遵循，具有很大的试探性和随意性，最后的结果也不唯一，设计所用的时间、设计的质量与设计者的经验有很大的关系，一般用于较简单的程序设计。

（1）基本方法。经验法是设计者在掌握了大量典型电路的基础上，充分理解实际控制要求，将实际的控制问题分解成若干典型控制电路，再在典型控制电路的基础上不断修改拼凑而成的，需要经过多次反复地调试、修改和完善，最后才能得到一个较为满意的结果。用经验法设计时，可以参考一些基本电路的梯形图或以往的编程经验。

（2）设计步骤。用经验法设计程序虽然没有普遍的规律，但通常按以下步骤进行：

1）在准确了解控制要求后，合理地为控制系统中的信号分配 I/O 接口，并画出 I/O 分配图。

2）对于一些控制要求比较简单的输出信号，可直接写出它们的控制条件，然后依起保停电路的编程方法完成相应输出信号的编程；对于控制条件较复杂的输出信号，可借助辅助继电器来编程。

3）对于较复杂的控制，要正确分析控制要求，确定各输出信号的关键控制点。在以时间为主的控制中，关键点为引起输出信号状态改变的时间点（即时间原则）；在以空间位置为主的控制中，关键点为引起输出信号状态改变的位置点（即空间原则）。

4）确定了关键点后，用起保停电路的编程方法或常用基本电路的梯形图，画出各输出信号的梯形图。

5）在完成关键点梯形图的基础上，针对系统的控制要求，画出其他输出信号的梯形图。

6）在此基础上，检查所设计的梯形图，更正错误并补充遗漏的功能，进行最后的优化。

2. 转换法

转换法就是将继电器电路图转换成与原有功能相同的 PLC 内部的梯形图。这种等效转换是一种简便快捷的编程方法，原因如下：

（1）原继电控制系统经过长期使用和考验，已经被证明能完成系统要求的控制功能。

（2）继电器电路图与 PLC 的梯形图在表示方法和分析方法上有很多相似之处，因此根据继电器电路图来设计梯形图简便快捷。

（3）这种设计方法一般不需要改动控制面板，保持了原有系统的外部特性，操作人员不用改变长期形成的操作习惯。

3. 逻辑法

逻辑法就是应用逻辑代数以逻辑组合的方法和形式设计程序。逻辑法的理论基础是逻辑函数，逻辑函数就是逻辑运算与、或、非的逻辑组合。因此，从本质上来说，PLC 梯形图程序就是与、或、非的逻辑组合，也可以用逻辑函数表达式来表示。

4. 步进顺控法

对于复杂的控制系统，特别是复杂的顺序控制系统，一般采用步进顺控的编程方法。步进顺控法是一种先进的设计方法，很容易被初学者接受，对于有经验的工程师，也会提高设计的效率，并且程序的调试、修改和阅读也很方便。有关步进顺控的编程方法将在第 4 章中介绍。

2.4.4 程序设计实例

1. 起保停电路的应用

用经验法设计三相异步电动机正反转控制的梯形图。其控制要求如下：若按正转按钮 SB1，正转接触器 KM1 得电，电动机正转；若按反转按钮 SB2，反转接触器 KM2 得电，电动机反转；若按停止按钮 SB 或热继电器动作，正转接触器 KM1、反转接触器 KM2 均失电，电动机停止；只有电气互锁，没有按钮互锁。

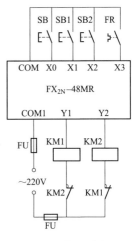

解：（1）根据以上控制要求，可画出其 I/O 分配图，三相电动机正反转控制的 I/O 分配图如图 2-51 所示。

（2）根据以上控制要求可知：正转接触器 KM1 得电的条件为按下正转按钮 SB1，正转接触器 KM1 失电的条件为按下停止按钮 SB 或热继电器动作；反转接触器 KM2 得电的条件为按下反转按钮 SB2，反转接触器 KM2 失电的条件为按下停止按钮 SB 或热继电器动作。因此，可有两种设计方法。

方法 1：可用两个起保停电路叠加，在此基础上再在线圈前增加对方的常闭触点作电气软互锁，如图 2-52（a）所示。

图 2-51　三相电动机正反转控制的 I/O 分配图

方法 2：可用 SET、RST 指令进行编程，若按正转按钮 X1，正转接触器 Y1 置位并自保持；若按反转按钮 X2，反转接触器 Y2 置位并自保持；若按停止按钮 X0 或热继电器 X3 动作，正转接触器 Y1 或反转接触器 Y2 复位并自保持；在此基础上再增加对方的常闭触点作电气软互锁，如图 2-52（b）所示。

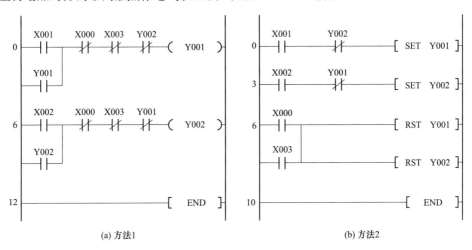

图 2-52　三相电动机正反转控制梯形图

2．时间顺序控制

用经验法设计 3 台电动机顺序起动的梯形图。其控制要求如下：电动机 M1 起动 5s 后电动机 M2 起动，电动机 M2 起动 5s 后电动机 M3 起动；按下停止按钮时，电动机无条件全部停止运行。

解：（1）根据以上控制要求，其 I/O 分配为 X1：起动按钮；X0：停止按钮；Y1：电动机 M1；Y2：电动机 M2；Y3：电动机 M3。

（2）根据以上控制要求可知，引起输出信号状态改变的关键点为时间，即采用定时器进行计时，计时时间到则相应的电动机动作，而计时又可以采用分别计时和累计计时的方法，其梯形图分别如图 2-53（a）、（b）所示。

3．空间位置控制

图 2-54 所示为行程开关控制的正反转电路，图中行程开关 SQ1、SQ2 用于往复控制，而行程开关 SQ3、SQ4 用于极限保护，试用经验法设计其梯形图。

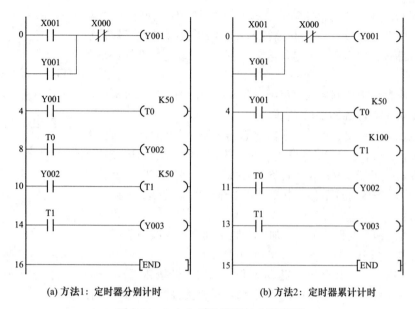

(a) 方法1：定时器分别计时   (b) 方法2：定时器累计计时

图 2-53   3 台电动机顺序起动梯形图

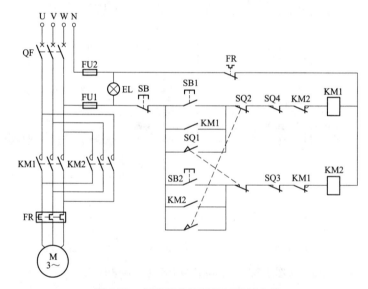

图 2-54   行程开关控制的正反转电路

解：（1）根据以上控制要求，可画出其 I/O 分配图，如图 2-55 所示。

（2）根据以上控制要求可知，正转接触器 KM1 得电的条件为按下正转按钮 SB1 或闭合行程开关 SQ1，正转接触器 KM1 失电的条件为按下停止按钮 SB 或热继电器动作或行程开关 SQ2、SQ4 动作；反转接触器 KM2 得电的条件为按下反转按钮 SB2 或闭合行程开关 SQ2，反转接触器 KM2 失电的条件为按下停止按钮 SB 或热继电器动作或行程开关 SQ1、SQ3 动作。由此可知，除起停按钮及热继电器以外，引起输出信号状态改变的关键点为空间位置（空间原则），即行程开关的动作。因此，可用两个起保停电路叠加，在此基础上再在线圈前增加对方的常闭触点作电气软互锁，如图 2-56 所示。

用经验法设计时，也可以将图 2-52（a）作为基本电路，再在此基础上增加相应的行程开关即可。另外，也可用 SET、RST 指令来设计，其梯形图由读者自行完成。

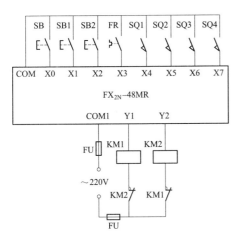

图 2-55　行程开关控制正反转的 I/O 分配图

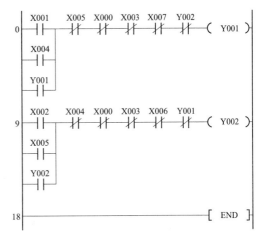

图 2-56　行程开关控制正反转的梯形图

4. 振荡电路的应用

设计一个数码管从 0、1、2、…、9 依次循环显示的控制系统。其控制要求如下：程序开始后显示 0，延时 1s，显示 1，延时 1s，显示 2，……，显示 9，延时 1s，再显示 0，如此循环不止；按停止按钮时，程序无条件停止运行（数码管为共阴极）。

解：（1）根据控制要求，其 I/O 分配为 X0：停止按钮，X1：起动按钮；Y1～Y7：数码管的 a～g，数码管循环点亮 I/O 分配图如图 2-57 所示。

（2）根据控制要求，可采用定时器连续输出并累计计时的方法，这样可使数码管的显示由时间来控制，使编程的思路变得简单。数码管的显示是通过输出点来控制，显示的数字与各输出点的对应关系如图 2-58 所示。根据控制要求中的时间与图 2-58 的对应关系，其梯形图如图 2-59 所示。

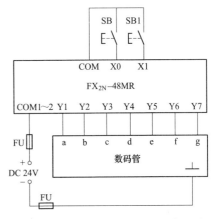

图 2-57　数码管循环点亮 I/O 分配图

通过前面的基本逻辑指令、常用基本电路的程序设计及梯形图基本规则等内容的学习，现在我们来设计实训 1 的程序。根据控制要求可知，引起输出信号状态改变的关键点为时间，因此，首先通过起动按钮（X1）和停止按钮（X0）以及辅助继电器 M0 组成一个起保停电路；然后将 3 个定时器（T0、T1、T2）累计计时，通过 T2 的延时断开触点组成一个振荡电路；最后通过 3 个定时器来分别控制黄（Y0）、绿（Y1）、红（Y2）三组彩灯的亮和灭。将上述 3 部分组合起来，就得到了如图 1-27 所示的梯形图，再根据梯形图与指令的对应关系，就得到了如表 1-2 所示的指令表。

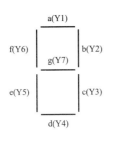

(a) 数码管

输出点 \ 数字		0	1	2	3	4	5	6	7	8	9
a	(Y1)	1	0	1	1	0	1	0	1	1	1
b	(Y2)	1	1	1	1	1	0	0	1	1	1
c	(Y3)	1	1	0	1	1	1	1	1	1	1
d	(Y4)	1	0	1	1	0	1	1	0	1	0
e	(Y5)	1	0	1	0	0	0	1	0	1	0
f	(Y6)	1	0	0	0	1	1	1	0	1	1
g	(Y7)	0	0	1	1	1	1	1	0	1	1

(b) 数字与输出点的对应关系

图 2-58　数字与输出点的对应关系

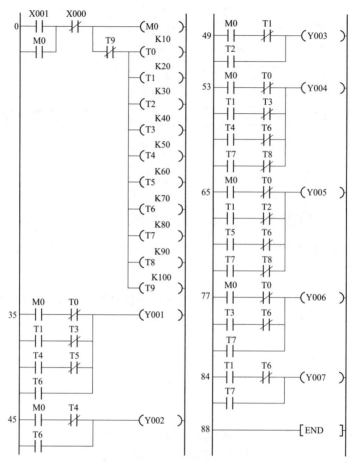

图 2-59 数码管循环点亮的梯形图

实训 8 基本逻辑指令的复杂应用实训

一、实训任务

设计一个三相电动机星形/三角形起动的控制系统，并在实训室完成模拟调试。

1. 控制要求

按下起动按钮，KM2（星形接触器）先闭合，KM1（主接触器）再闭合，3s 后 KM2 断开，KM3（三角形接触器）闭合，起动期间要有闪光信号，闪光周期为 1s；具有热保护和停止功能。

2. 实训目的

（1）进一步掌握程序设计的方法和技巧。

（2）会根据控制要求设计 PLC 外围电路和梯形图。

（3）会根据系统调试出现的情况，修改相关设计。

二、实训步骤

1. I/O 分配

根据控制要求，其 I/O 分配为 X0：停止按钮，X1：起动按钮，X2：热继电器常开触点；Y0：KM1，Y1：KM2，Y2：KM3，Y3：信号闪烁显示。

2. 梯形图设计

根据控制要求，起动期间的闪光信号可用定时器组成的振荡电路来完成，其他电路可采用经验法用起保停电路来实现，然后分别列出起保停电路的起动条件和停止条件即可得出如图 2-60 所示梯形图。

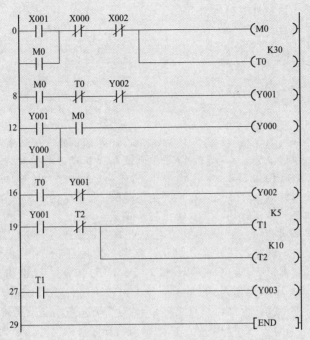

图 2-60　星形/三角形起动的梯形图

3. 系统接线图

根据系统控制要求，其系统接线图如图 2-61 所示。

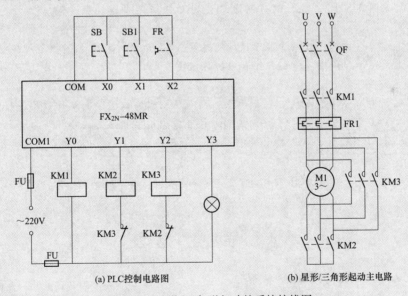

(a) PLC控制电路图　　　(b) 星形/三角形起动主电路

图 2-61　星形/三角形起动的系统接线图

4. 实训器材

根据系统控制要求、I/O 分配及系统接线图，完成本实训需要配备如下器材：

(1) 可编程控制器实训装置 1 台。

(2) PLC 主机模块 1 个。

(3) 开关、按钮板模块 1 个。

（4）交流接触器模块1个。

（5）交流接触器、热继电器模块1个。

（6）三相电动机1台。

（7）指示灯模块1个。

（8）计算机1台。

（9）电工常用工具1套。

（10）导线若干。

5. 系统调试

（1）输入程序。按前面介绍的程序输入方法，用计算机正确输入程序。

（2）静态调试。按图2-61（a）所示PLC控制电路图正确连接好输入设备，进行PLC的模拟静态调试（按下起动按钮SB1时，Y1、Y0亮，3s后Y1灭、Y2亮，在Y1亮期间Y3闪烁3次；若按停止按钮或热继电器动作时，将全部熄灭），并通过计算机监视，观察其是否与指示一致，否则，检查并修改程序，直至输出指示正确。

（3）动态调试。按图2-61（a）所示PLC控制电路图正确连接好输出设备（若无AC 220V的指示灯，Y3可不接），进行系统的空载调试，观察交流接触器能否按控制要求动作（按起动按钮SB1时，KM2、KM1闭合，3s后KM2断开、KM3闭合，KM2闭合期间指示灯闪烁3次；若按停止按钮SB或热继电器FR动作时，则KM1、KM2、KM3断开），并通过计算机监视，观察其是否与动作一致，否则，检查电路接线或修改程序，直至交流接触器能按控制要求动作；然后按图2-61（b）所示的起动主电路图连接好电动机，进行带载动态调试。

三、实训报告

1. 分析与总结

（1）提炼出适合编程的控制要求，并叙述其梯形图设计的思路。

（2）比较采用M8013产生的时序脉冲和定时器组成的多谐振荡电路产生的时序脉冲的异同。

（3）按下起动按钮后，数码管显示1，延时 T_1，显示2，延时 T_2，显示3；按停止按钮后，程序停止无显示。请设计控制程序和系统接线图。

2. 巩固与提高

（1）进入PLC仿真软件的C-1培训画面，按照"索引窗口区"的操作步骤进行学习。

（2）进入PLC仿真软件的D-6培训画面，按照"索引窗口区"的操作步骤进行学习。

（3）分别进入PLC仿真软件的E-1～E-6培训画面，按照"索引窗口区"的操作步骤进行学习。

（4）分别进入PLC仿真软件的F-1～F-7培训画面，按照"索引窗口区"的操作步骤进行学习。

思 考 题

1. 写出图2-62所示梯形图的指令表程序。

2. 写出图2-63所示梯形图的指令表程序。

3. 写出图2-64所示梯形图的指令表程序。

4. 画出图2-65中M0的时序图，交换上下两行电路的位置，M0的时序有什么变化？为什么？

5. 画出图2-66指令对应的梯形图。

6. 画出图2-67指令对应的梯形图。

7. 有一条生产线，用光电感应开关X1检测传送带上通过的产品，有产品通过时X1为ON；如果连续10s内没有产品通过，则发出灯光报警信号；如果连续20s内没有产品通过，则灯光报警的同时发出声音报警信号；用 X0 输入端的开关解除报警信号，请设计其梯形图，并写出其指令表程序。

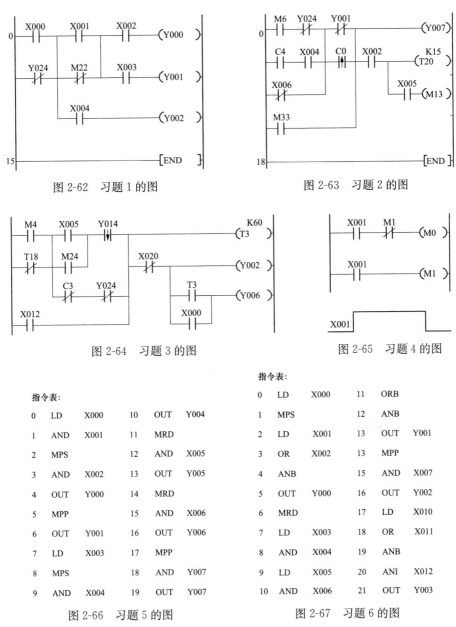

图 2-62　习题 1 的图

图 2-63　习题 2 的图

图 2-64　习题 3 的图

图 2-65　习题 4 的图

指令表：

0	LD	X000	10	OUT	Y004
1	AND	X001	11	MRD	
2	MPS		12	AND	X005
3	AND	X002	13	OUT	Y005
4	OUT	Y000	14	MRD	
5	MPP		15	AND	X006
6	OUT	Y001	16	OUT	Y006
7	LD	X003	17	MPP	
8	MPS		18	AND	Y007
9	AND	X004	19	OUT	Y007

图 2-66　习题 5 的图

指令表：

0	LD	X000	11	ORB	
1	MPS		12	ANB	
2	LD	X001	13	OUT	Y001
3	OR	X002	13	MPP	
4	ANB		15	AND	X007
5	OUT	Y000	16	OUT	Y002
6	MRD		17	LD	X010
7	LD	X003	18	OR	X011
8	AND	X004	19	ANB	
9	LD	X005	20	ANI	X012
10	AND	X006	21	OUT	Y003

图 2-67　习题 6 的图

8. 洗手间小便池在有人使用时，光电开关（X0）为 ON，此时冲水控制系统使电磁阀（Y0）为 ON，冲水 2s，4s 后电磁阀又为 ON，又冲水 2s，使用者离开时再冲水 3s，请设计其梯形图程序。

9. 利用 PLC 仿真软件的 D-5 仿真培训画面，设计一个工件上料和传输的程序并完成仿真调试，控制要求如下：按下起动按钮 PB1(X20) 时，机械手的供给指令 Y0 就动作，将工件搬运到输送带后返回原点位置；机械手开始工作 5s 后起动输送带正转，当工件到达输送带末端时，检测传感器 X3 对检测到的工件数量进行统计；当工件掉落输送带后机械手又开始搬运工件，当系统完成 4 个工件的上料和传输后自动停止运行。

10. 利用 PLC 仿真软件的 D-5 仿真培训画面，设计一个报警程序并完成仿真调试，控制要求如下：当按下上料按钮 PB1(X20) 时，机械手的供给指令 Y0 就动作，将工件搬运到输送带后返回原点位置；当按下输送带起动按钮 PB2(X21) 时，输送带即起动并连续正转；当工件到达输送带末端时，检测传感器 X3 检测输送带上通过的产品，有工件通过时 X3 为 ON，如果连续 10s 内没有工件通过，则发出灯光报警信号（Y5），如果连续 20s 内没有工件通过，则灯光报警（Y5）的同时发出声音报警信号（Y3）；转换开关 X24 闭合时可解除和屏蔽声音报警信号。

第 3 章 PLC 步进顺控指令及其应用

学习情景引入

　　实训 1 的彩灯循环点亮实际上是一个顺序控制，整个控制过程可分为复位、黄灯亮、绿灯亮、红灯亮 4 个阶段（或叫工序），每个阶段又分别完成如下的工作（也叫动作）：初始及停止复位，亮黄灯、延时，亮绿灯、延时，亮红灯、延时；各个阶段之间只要延时时间到就可以过渡（也叫转移）到下一阶段。因此，可以很容易地画出其工作流程图，流程图如图 3-1 所示。流程图对大家来说并不陌生，那么，如何让 PLC 来识别大家所熟悉的流程图呢？这就要将流程图 "翻译" 成如图 3-2 所示的状态转移图，完成 "翻译" 的过程（即 "汉译英"）就是本章要解决的问题。

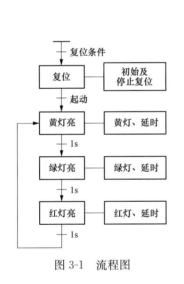

图 3-1 流程图

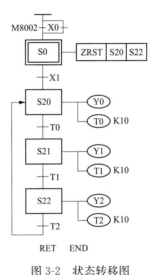

图 3-2 状态转移图

3.1 状 态 转 移 图

　　用梯形图或指令表编程固然为广大电气技术人员接受，但对于一些复杂的控制程序，尤其是顺序控制程序，由于其内部的联锁、互动关系极其复杂，在程序的编制、修改和可读性等方面都存在许多缺陷。因此，近年来，许多新生产的 PLC 都增加了符合 IEC 1131-3 标准的专门用于编制顺序控制程序的顺序功能图，即状态转移图（见图 3-2）。

　　三菱 FX 系列 PLC 在基本逻辑指令之外增加了两条简单的步进顺控指令，同时辅之以大量的状态继电器，可以用类似于 SFC 语言的状态转移图来编制顺序控制程序。

3.1.1 状态转移图

　　状态转移图（见图 3-2）又称状态流程图，它是一种用状态继电器来表示的顺序功能图，是 FX 系列 PLC 专门用于编制顺序控制程序的一种编程语言。将流程图转化为状态转移图只需进行如下的变换（即 "汉译英"）：①将流程图中的每一个阶段（或工序）用 PLC 的一个状态继电器来表示；②将流程图中的每个阶段要完成的工作（或动作）用 PLC 的线圈指令或功能指令来实现；③将流程图中各个阶段之间的转移条件用 PLC 的触点或电路块来替代；④流程图中的箭头方向就是 PLC 状态转移图中的转移方向。

1. 设计状态转移图的方法和步骤

下面以实训 1 的彩灯循环点亮控制系统为例，说明设计 PLC 状态转移图的方法和步骤。

（1）将整个控制过程按任务要求分解成若干个工序，其中每一个工序对应一个状态（即一步），并分配状态继电器。

彩灯循环点亮控制系统的状态继电器分配如下：复位→S0，黄灯亮→S20，绿灯亮→S21，红灯亮→S22。

（2）搞清楚每个状态的功能。状态的功能是通过状态元件驱动各种负载（即线圈或功能指令）来完成的，负载可由状态元件直接驱动，也可由其他软触点的逻辑组合驱动。

彩灯循环点亮控制系统的各状态功能如下：①S0：PLC 初始及停止复位（驱动 ZRST S20 S22 区间复位指令）；②S20：亮黄灯、延时（驱动 Y0、T0 的线圈，使黄灯亮 1s）；③S21：亮绿灯、延时（驱动 Y1、T1 的线圈，使绿灯亮 1s）；④S22：亮红灯、延时（驱动 Y2、T2 的线圈，使红灯亮 1s）。

（3）找出每个状态的转移条件和方向，即在什么条件下将下一个状态"激活"。状态的转移条件可以是单一的触点，也可以是多个触点串、并联电路的组合。

彩灯循环点亮控制系统的各状态转移条件如下：①S0：初始脉冲 M8002、停止按钮（常开触点）X0，并且这两个条件是或的关系；②S20：一个是起动按钮 X1，另一个是从 S22 来的定时器 T2 的延时闭合触点；③S21：定时器 T0 的延时闭合触点；④S22：定时器 T1 的延时闭合触点。

（4）根据控制要求或工艺要求，画出状态转移图。经过以上步骤可画出彩灯循环点亮控制系统的状态转移图（见图 3-2）。

2. 状态的三要素

状态转移图中的状态有驱动负载、指定转移方向和转移条件三个要素，其中指定转移方向和转移条件是必不可少的，驱动负载则要视具体情况，也可能不进行实际负载的驱动。图 3-2 中，ZRST S20 S22 区间复位指令，Y0、T0 的线圈，Y1、T1 的线圈和 Y2、T2 的线圈，分别为状态 S0、S20、S21 和 S22 驱动的负载；X1、T0、T1、T2 的触点分别为状态 S0、S20、S21、S22 的转移条件；S20、S21、S22、S0 分别为 S0、S20、S21、S22 的转移方向。

3. 状态转移和驱动的过程

当某一状态被"激活"成为活动状态时，它右边的电路被处理，即该状态的负载可以被驱动。当该状态的转移条件满足时，就执行转移，即后续状态对应的状态继电器被 SET 或 OUT 指令驱动，后续状态变为活动状态，同时原活动状态对应的状态继电器被系统程序自动复位，其后面的负载复位（SET 指令驱动的负载除外）。每个状态一般具有对负载的驱动处理、指定转移条件和指定转移方向 3 个功能。

图 3-2 中 S0 为初始状态，用双线框表示；其他状态为普通状态，用单线框表示；垂直线段中间的短横线表示转移的条件（例如：X1 常开触点为 S0～S20 的转移条件，T0 常开触点为 S20 到 S21 的转移条件），若为常闭触点，则在软元件的正上方加一短横线表示，如 $\overline{X2}$、$\overline{T5}$ 等；状态方框右侧的水平横线及线圈表示该状态驱动的负载。图 3-2 所示状态转移图的驱动过程如下：

（1）当 PLC 开始运行时，M8002 产生一初始脉冲使初始状态 S0 置 1，进而使 ZRST（ZRST 是一条区间复位指令，将在第 4 章介绍）指令有效，使 S20～S22 复位。

（2）当按下起动按钮 X1 时，状态转移到 S20，使 S20 置 1，同时 S0 在下一扫描周期自动复位，S20 马上驱动 Y0、T0（亮黄灯、延时）。当延时时间截至即转移条件 T0 闭合时，状态从 S20 转移到 S21，使 S21 置 1，同时驱动 Y1、T1（亮绿灯、延时），而 S20 则在下一扫描周期自动复位，

Y0、T0 线圈也就断电。

（3）当转移条件 T1 闭合时，状态从 S21 转移到 S22，使 S22 置 1，同时驱动 Y2、T2（亮红灯、延时），而 S21 则在下一扫描周期自动复位，Y1、T1 线圈断电。当转移条件 T2 闭合时，状态转移到 S20，使 S20 又置位，同时驱动 Y0、T0（亮黄灯、延时），而 S22 则在下一扫描周期自动复位，Y2、T2 线圈断电，开始下一个循环。

在上述过程中，若按下停止按钮 X0，则随时可以使状态 S20～S22 复位，同时 Y0～Y2、T0～T2 的线圈也复位，彩灯熄灭。

4. 状态转移图的特点

由以上分析可知，状态转移图就是由状态、状态转移条件及转移方向构成的流程图。步进顺控的编程过程就是设计状态转移图的过程，其一般思路为将一个复杂的控制过程分解为若干个工作状态，弄清楚各状态的工作细节（即各状态的功能、转移条件和转移方向），再依据总的控制要求将这些状态连接起来，就形成了状态转移图。状态转移图和流程图一样，具有如下特点：

（1）可以将复杂的控制任务或控制过程分解成若干个状态。无论多么复杂的过程都能分解为若干个状态，有利于程序的结构化设计。

（2）相对某一个具体的状态来说，控制任务简单了，给局部程序的编制带来了方便。

（3）整体程序是局部程序的综合，只要搞清楚各状态需要完成的动作、状态转移的条件和转移的方向，就可以进行状态转移图的设计。

（4）图形容易理解，可读性强，能清楚地反映整个控制的工艺过程。

3.1.2　状态转移图的理解

若对应状态"有电"（即"激活"），则状态的负载驱动和转移处理才有可能执行；若对应状态"无电"（即"未激活"），则状态的负载驱动和转移处理就不可能执行。因此，除初始状态外，其他所有状态只有在其前一个状态处于"激活"且转移条件成立时才可能被"激活"；同时，一旦下一个状态被"激活"，上一个状态就自动变成"无电"。

从 PLC 程序的循环扫描角度来分析，在状态转移图中，所谓的"有电"或"激活"可以理解为该段程序被扫描执行；而"无电"或"未激活"则可以理解为该段程序被跳过，未能扫描执行。这样状态转移图的分析就变得条理清楚，无须考虑状态间繁杂的联锁关系。也可以将状态转移图理解为"接力赛跑"，只要跑完自己这一棒，接力棒传给下一个人，就由下一个人去跑，自己就可以不跑了；或者理解为"只干自己需要干的事，无须考虑其他"。

3.2　步进顺控指令及其编程方法

状态转移图画好后，接下来的工作是如何将它变成指令表程序，即写出指令清单，以便通过编程工具将程序输入 PLC。

3.2.1　步进顺控指令

FX 系列 PLC 仅有两条步进顺控指令，其中 STL(step ladder) 是步进开始指令，以使该状态的负载可以被驱动；RET 是步进返回（也叫步进结束）指令，使步进顺控程序执行完毕时，非步进顺控程序的操作在主母线上完成。为防止出现逻辑错误，步进顺控程序的结尾必须使用 RET 步进返回指令。利用这两条指令，可以很方便地编制状态转移图的指令表程序。

3.2.2　状态转移图的编程方法

对状态转移图进行编程的实质是如何使用 STL 和 RET 指令的问题。状态转移图的编程原则为先进行负载的驱动处理，然后进行状态的转移处理。图 3-2 的指令表程序见表 3-1，状态梯形图如图 3-3 所示。

表 3-1   **图 3-2 的指令表程序**

步序号	指令	步序号	指令	步序号	指令
0	LD M8002	14	OUT Y000	27	SET S22
1	OR X000	15	OUT T0 K10	29	STL S22
2	SET S0	18	LD T0	30	OUT Y002
4	STL S0	19	SET S21	31	OUT T2 K10
5	ZRST S20 S22	21	STL S21	34	LD T2
10	LD X001	22	OUT Y001	35	OUT S20
11	SET S20	23	OUT T1 K10	37	RET
13	STL S20	26	LD T1	38	END

从表 3-1 可知，负载驱动及转移处理必须在 STL 指令之后进行，负载的驱动通常使用 OUT 指令（也可以使用 SET、RST 及功能指令，还可以通过触点及其组合来驱动）；状态的转移必须使用 SET 指令。但是若为向上游转移、向非相邻的下游转移或向其他流程转移（称为不连续转移），一般不能使用 SET 指令，而用 OUT 指令。

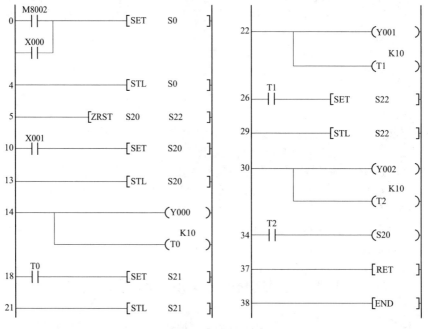

图 3-3 状态梯形图

3.2.3 编程注意事项

（1）与 STL 指令相连的触点应使用 LD 或 LDI 指令。下一条 STL 指令的出现意味着当前 STL 程序区的结束和新的 STL 程序区的开始，最后一个 STL 程序区结束时（即步进程序的最后），一定要使用 RET 指令，这就意味着整个 STL 程序区的结束，否则将出现"程序语法错误"提示，PLC 不能执行用户程序。

（2）初始状态必须预先做好驱动，否则状态流程不可能向下进行。一般用控制系统的初始条件，若无初始条件，可用 M8002 或 M8000 进行驱动。

M8002 是一个初始脉冲特殊辅助继电器，只在 PLC 运行开关由 STOP→RUN 时，其常开触点闭合一个扫描周期，故初始状态 S0 就只被它"激活"一次，因此，初始状态 S0 只有初始置位和复位的功能。M8000 是运行监视特殊辅助继电器，在 PLC 的运行开关由 STOP→RUN 后，其常开

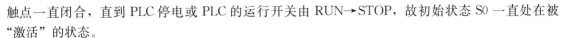

触点一直闭合，直到 PLC 停电或 PLC 的运行开关由 RUN→STOP，故初始状态 S0 一直处在被"激活"的状态。

（3）STL 指令后可以直接驱动或通过别的触点来驱动 Y、M、S、T、C 等元件的线圈和功能指令。若同一线圈需要在连续多个状态下驱动，则可在各个状态下分别使用 OUT 指令，也可以使用 SET 指令将其置位，等到不需要驱动时，再用 RST 指令将其复位。

（4）允许双线圈输出。由于 CPU 只执行活动（即有电）状态对应的程序，因此，在状态转移图中允许双线圈输出，即在不同的 STL 程序区可以驱动同一软元件的线圈，但是同一元件的线圈不能在同时为活动状态的 STL 程序区内出现。在有并行流程的状态转移图中，应特别注意这一问题。另外，状态软元件 S 在状态转移图中不能重复使用，否则会引起程序执行错误。

（5）在状态的转移过程中，相邻两个状态的状态继电器会同时 ON 一个扫描周期，可能会引发瞬时的双线圈问题。所以，要特别注意如下两个问题：①定时器在下一次运行之前，应将它的线圈"断电"复位，否则将导致定时器非正常运行。所以，同一定时器的线圈可以在不同的状态中使用，但是同一定时器的线圈不可以在相邻的状态使用。若同一定时器的线圈用于相邻的两个状态，在状态转移时，该定时器的线圈还没有来得及断开，又被下一活动状态起动并开始计时，这样会导致定时器的当前值不能复位，从而导致定时器的非正常运行。②为了避免不能同时动作的两个输出（如控制三相电动机正反转的交流接触器线圈）出现同时动作，除了在程序中设置软件互锁电路外，还应在 PLC 外部设置由常闭触点组成的硬件互锁电路。

（6）若为顺序不连续的转移（即跳转），不能使用 SET 指令进行状态转移，应改用 OUT 指令进行状态转移。

（7）需要在停电恢复后继续维持停电前的运行状态时，可使用 S500～S899 停电保持型状态继电器。

3.2.4　彩灯循环点亮仿真实训

使用 PLC 仿真软件完成实训 1 的彩灯循环点亮的仿真实训。

（1）进入仿真软件的 D-3 培训画面，按照表 3-1 的指令表程序在程序编辑区输入状态梯形图程序，如图 3-3 所示。由于仿真软件没有提供输入信号 X000、X001，因此请将起动信号 X001 改为 X021（即 PB2）、停止信号 X000 改为 X020（即 PB1）。

（2）按下控制面板的起动按钮 PB2（即 X021），则红灯 Y0 点亮；1s 后熄灭，同时黄灯 Y1 点亮；1s 后熄灭，同时绿灯 Y2 点亮；1s 后熄灭，同时红灯 Y0 点亮；如此循环。

（3）任何时候按下控制面板的停止按钮 PB1（即 X020），彩灯则立即熄灭。

3.3　单流程的程序设计

单流程是指状态转移只有一个流程，没有其他分支。如实训 1 的彩灯循环点亮就只有一个流程，是典型的单流程程序。由单流程构成的状态转移图就叫单流程状态转移图。当然，现实中并非所有的顺序控制都为一个流程，含有多个流程（或路径）的叫分支流程，分支流程将在后面介绍。

3.3.1　设计方法和步骤

单流程控制的程序设计比较简单，其设计方法和步骤如下：

（1）根据控制要求，列出 PLC 的 I/O 分配表，画出 I/O 分配图。

（2）将整个工作过程按工作步序进行分解，每个工作步序对应一个状态，将其分为若干个状态。

（3）理解每个状态的功能和作用，即设计驱动程序。

（4）找出每个状态的转移条件和转移方向。

（5）根据以上分析，画出控制系统的状态转移图。

（6）根据状态转移图写出指令。

3.3.2 电动机循环正反转控制仿真实训（二）

用步进顺控指令设计一个三相电动机循环正反转的控制系统，并完成仿真调试。其控制要求如下：按下起动按钮，电动机正转 3s，暂停 2s，反转 3s，暂停 2s，如此循环 5 个周期，然后自动停止；运行中，可按停止按钮停止，热继电器动作也应停止。

（1）根据控制要求，其 I/O 分配为 X20：停止按钮 PB1，X21：起动按钮 PB2，X22：热继电器常开触点 PB3；Y1：电动机正转接触器，Y2：电动机反转接触器。PLC 的 I/O 分配图如图 3-4 所示。

（2）根据控制要求可知，这是一个单流程控制程序，其工作流程图如图 3-5 所示；再根据其工作流程图，将其"翻译"成对应的状态转移图，如图 3-6 所示。

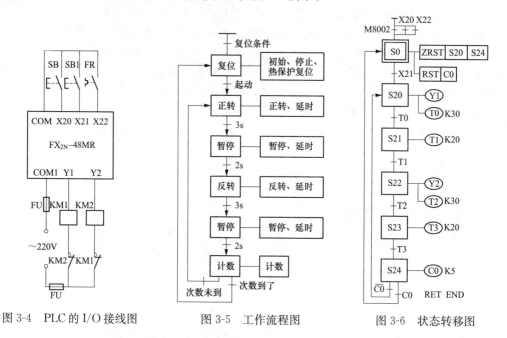

图 3-4　PLC 的 I/O 接线图　　图 3-5　工作流程图　　图 3-6　状态转移图

（3）写出图 3-6 对应的指令表，见表 3-2。

表 3-2　　　　　　　　　　　　　图 3-6 的指令表

序号	指令	序号	指令	序号	指令
1	LD　M8002	13	LD　T0	25	OUT　T3　K20
2	OR　X20	14	SET　S21	26	LD　T3
3	OR　X22	15	STL　S21	27	SET　S24
4	SET　S0	16	OUT　T1　K20	28	STL　S24
5	STL　S0	17	LD　T1	29	OUT　C0　K5
6	ZRST　S20　S24	18	SET　S22	30	LDI　C0
7	RST　C0	19	STL　S22	31	OUT　S20
8	LD　X021	20	OUT　Y002	32	LD　C0
9	SET　S20	21	OUT　T2　K30	33	OUT　S0
10	STL　S20	22	LD　T2	34	RET
11	OUT　Y001	23	SET　S23	35	END
12	OUT　T0　K30	24	STL　S23		

（4）打开 PLC 仿真软件，进入 D-5 仿真培训画面。

（5）在程序编辑区域输入表 3-2 的指令，并核对无误后单击 "PLC 写入"，即将编辑好的程序写入模拟的 PLC 中。

（6）由于仿真软件已经完成了模拟 PLC 的输入和输出接线，且 PLC 已处于 "运行中"，若按起动按钮 PB2（即 X21），则可以看到输送带正转。

（7）输送带正转 3s 后停止运行，暂停 2s 后可以看到输送带反转。

（8）输送带反转 3s 后停止运行，暂停 2s 后又看到输送带正转，如此循环 5 个周期后自动停止。

（9）若在自动运行过程中，按停止按钮 PB1（即 X20）或热继电器动作（使用 PB3 模拟替代热继电器的常开触点），则可以看到输送带停止运行。

3.3.3　程序设计实例

用步进顺控指令设计一个彩灯自动循环闪烁的控制系统。其控制要求如下：3 盏彩灯 HL1、HL2、HL3，按下起动按钮后 HL1 亮，1s 后 HL1 灭、HL2 亮，1s 后 HL2 灭、HL3 亮，1s 后 HL3 灭，1s 后 HL1、HL2、HL3 全亮，1s 后 HL1、HL2、HL3 全灭，1s 后 HL1、HL2、HL3 全亮，1s 后 HL1、HL2、HL3 全灭，1s 后 HL1 亮……如此循环；随时可按停止按钮停止系统运行。

解：（1）根据控制要求，其 I/O 分配为 X20：停止按钮，X21：起动按钮；Y1：HL1，Y2：HL2，Y3：HL3。彩灯闪烁的 I/O 分配图如图 3-7 所示。

（2）根据上述控制要求，可将整个工作过程分为 9 个状态，每个状态的功能分别为 S0（初始复位及停止复位）、S20（HL1 亮）、S21（HL2 亮）、S22（HL3 亮）、S23（HL1、HL2、HL3 全灭）、S24（HL1、HL2、HL3 全亮）、S25（HL1、HL2、HL3 全灭）、S26（HL1、HL2、HL3 全亮）、S27（HL1、HL2、HL3 全灭）；状态的转移条件分别为起动按钮 X1 以及 T0～T7 的延时闭合触点；而初始状态 S0 则由 M8002 与停止按钮 X0 来驱动。彩灯闪烁的状态转移图如图 3-8 所示。

（3）写出图 3-8 所对应的指令表，见表 3-3。

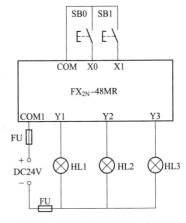

图 3-7　彩灯闪烁的 I/O 分配图

表 3-3　　　　　　　　　　　　**图 3-8 的指令表**

序号	指令	序号	指令	序号	指令
1	LD　X000	18	STL　S22	35	OUT　T5　K10
2	OR　M8002	19	OUT　Y003	36	LD　T5
3	SET　S0	20	OUT　T2　K10	37	SET　S26
4	STL　S0	21	LD　T2	38	STL　S26
5	ZRST　S20 S27	22	SET　S23	39	OUT　Y001
6	LD　X001	23	STL　S23	40	OUT　Y002
7	SET　S20	24	OUT　T3　K10	41	OUT　Y003
8	STL　S20	25	LD　T3	42	OUT　T6　K10
9	OUT　Y001	26	SET　S24	43	LD　T6
10	OUT　T0　K10	27	STL　S24	44	SET　S27
11	LD　T0	28	OUT　Y001	45	STL　S27
12	SET　S21	29	OUT　Y002	46	OUT　T7　K10
13	STL　S21	30	OUT　Y003	47	LD　T7
14	OUT　Y002	31	OUT　T4　K10	48	OUT　S20
15	OUT　T1　K10	32	LD　T4	49	RET
16	LD　T1	33	SET　S25	50	END
17	SET　S22	34	STL　S25		

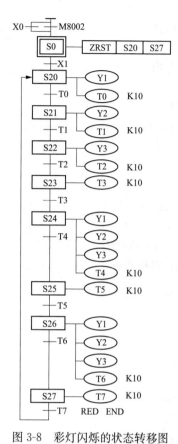

图 3-8 彩灯闪烁的状态转移图

（4）应用 PLC 仿真软件，并选择一个合适的仿真培训画面完成上述程序的仿真调试。

3.3.4 编程软件的 SFC 程序

对于状态转移图，可以梯形图方式编制程序（见图 3-3），也可以指令表方式编制程序（见表 3-1），此外，还可以 SFC 方式编制程序，下面以图 3-2 所示状态转移图为例介绍 SFC 方式的编程方法。

1. 创建新工程

启动 GX Develop 编程软件，单击"工程"菜单，单击"创建新工程"菜单项或单击创建新工程按钮"□"，弹出图 1-16 所示的创建新工程对话框。在程序类型选项中，选择 SFC（不要选梯形图逻辑），其余按图 1-16 所示步骤进行设置和选择，最后单击确认，弹出块列表窗口，块列表窗口如图 3-9 所示。

2. 块信息设置及梯形图编制

双击第 1 行的第 0 块，弹出块信息设置对话框，在块标题文本框中可以填入相应的块标题（也可以不填），在块类型中选择梯形图块。单击"执行"按钮，弹出梯形图编辑窗口，在右边梯形图编辑窗口中输入驱动初始状态的梯形图，输入完成后，单击"变换"菜单，选择"变换"或按"F4"快捷键完成梯形图的变换，梯形图编辑窗口如图 3-10 所示。

需要说明的是，在每一个 SFC 程序中至少有一个初始状态，且初始状态必须在 SFC 程序的最前面。在 SFC 程序的编制过程中，每一个状态中的梯形图编制完成后必须进行变换，才能进行下一步工作，否则会弹出出错信息。

图 3-9 块列表窗口

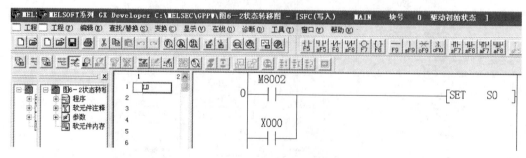

图 3-10 梯形图编辑窗口

3. 单流程 SFC 程序编制

在完成了程序的第 0 块（即梯形图块）后，双击工程数据列表窗口中的"程序"下边的"MAIN"，返回到图 3-9 所示的块列表窗口。双击第 2 行的第 1 块，在弹出的块信息设置对话框中，填入相应的块标题（也可以不填），在块类型中选择 SFC 块，单击"执行"按钮，弹出如图 3-11 所示的 SFC 程序编辑窗口，然后按如下步骤进行操作：

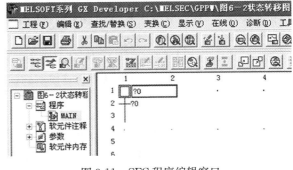

图 3-11　SFC 程序编辑窗口

（1）输入 SFC 的状态。在屏幕左侧的 SFC 程序编辑窗口中，把光标下移到方向线底端，双击图 3-12 所示的长方形框，或按工具栏中的工具按钮或单击"F5"快捷键，弹出状态输入设置对话框，在对话框中输入图标号 20，然后单击"确认"。这时光标将自动向下移动，此时可以看到状态图标号前面有一个"？"，这表示对此状态还没有进行梯形图编辑，右边的梯形图编辑窗口是灰色的不可编辑状态。

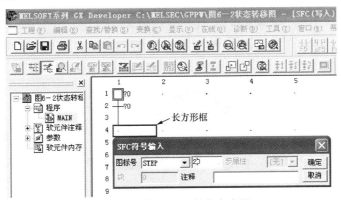

图 3-12　输入 SFC 的状态步骤

（2）输入状态转移方向线。在 SFC 程序编辑窗口中，将光标移到状态图标的正下方（即图 3-13 中的长方形框处）双击，出现 SFC 符号输入对话框，采用默认设置，然后单击"确认"。

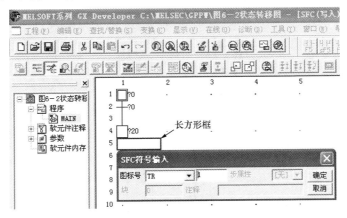

图 3-13　输入 SFC 的转移方向

按照上述的步骤分别输入状态 S21、S22 及其转移方向线。

（3）输入状态的跳转方向。在 SFC 程序中，用 JUMP 加目标状态号进行返回操作，输入方法是在 SFC 程序编辑窗口中，将光标移到方向线的最下端，按"F8"快捷键或者单击工具栏中的工具按钮或双击（本例为双击状态 22 转移方向线的正下方，即图 3-14 所示的蓝色长方形处），出现图 3-14 所示的 SFC 符号输入对话框，然后在图标号文本框中选择"JUMP"，并输入跳转的目的状态号 20，然后单击"确认"。当输入完跳转目的状态号后，在 SFC 编辑窗口中，可以看到在跳转返回的状态符号的方框中多了一个小黑点，这说明此状态是跳转返回的目标状态，这为阅读 SFC 程序提供了方便。

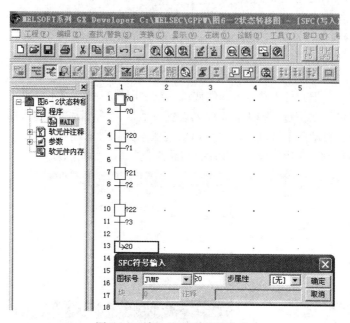

图 3-14　输入 SFC 的跳转方向

（4）输入状态的驱动负载。将光标移到 SFC 程序编辑窗口中图 3-14 所示的状态 0 右边的"?"处单击，此时再看右边的梯形图编辑窗口为白色可编辑状态，在梯形图编辑窗口中输入梯形图，此处的梯形图是指程序运行到此状态时要驱动的线圈或功能指令（状态 20 的驱动负载为 ZRST S20 S22），然后进行变换，输入状态的驱动负载变换如图 3-15 所示。然后用类似的方法输入其他状态的驱动负载。

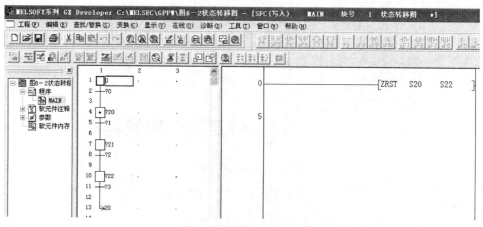

图 3-15　输入状态的驱动负载变换

（5）输入状态的转移条件。输入使状态发生转移的条件，在 SFC 程序编辑窗口中，将光标移到转移条件 0 处，在右侧梯形图编辑窗口输入使状态转移的梯形图。在 SFC 程序中所有的转移（transfer）用 TRAN 表示，不可以用"SET＋S＋元件号"表示，输入梯形图后 SFC 程序编辑窗口中转移条件 0 前面的"?"不见了。本例为单击图 3-15 所示的转移条件 0，在出现的对话框的右边编辑区域输入如图 3-16 所示的梯形图，然后进行变换，其他状态的转移条件的输入与此类似。

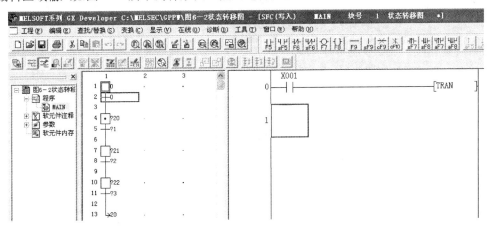

图 3-16　输入状态的转移条件

4. 多流程 SFC 程序编制

对于分支流程 SFC 程序编制可按如下步骤进行：

（1）双击图 3-17 所示转移条件 0 下面的长方形，在出现的对话框中选择图标号文本框中的分支类型，然后单击"确认"即可。对于汇合流程 SFC 程序编制可参照执行。

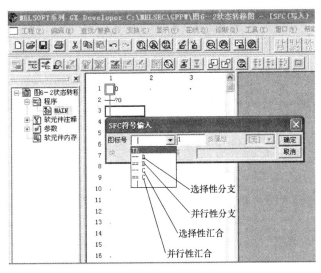

图 3-17　多流程 SFC 程序编制

（2）所有的 SFC 程序编制完后，单击"变换"按钮进行 SFC 程序的变换（编译），如果在变换时弹出块信息设置对话框不用理会，单击"执行"按钮即可，变换后的程序就可以进行仿真实训或写入 PLC 进行调试。如果想观看 SFC 程序对应的步进梯形图，可以单击"工程""编辑数据""改变程序类型"，进行数据改变。改变后可以看到由 SFC 程序（见图 3-2）变换成的步进梯形图程序（见图 3-3）。

实训 9　单流程的程序设计

一、实训任务

设计一个用 PLC 控制的将工件从 A 点移到 B 点的机械手的控制系统，并在实训室完成模拟调试。

1. 控制要求

手动操作时，每个动作均能单独操作，用于将机械手复归至原点位置；连续运行时，在原点位置按起动按钮，机械手按图 3-18 所示动作连续工作一个周期。一个周期的工作过程如下：原点→放松（T）→下降→夹紧（T）→上升→右移→下降→放松（T）→上升→左移（同时夹紧）到原点，时间 T 由教师现场规定。

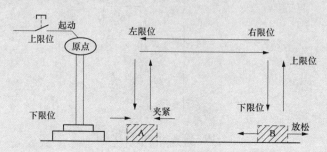

图 3-18　机械手的动作示意图

说明：①机械手的工作是从 A 点将工件移到 B 点；②原点位机械夹钳处于夹紧位，机械手处于左上角位；
③机械夹钳为有电放松，无电夹紧。

2. 实训目的

（1）熟悉步进顺控指令的编程方法。

（2）会使用 PLC 编程软件编制 SFC 程序。

（3）掌握复杂单流程程序的编制。

二、实训步骤

1. I/O 分配

根据控制要求，其 I/O 分配为 X0：自动/手动转换，X1：停止，X2：自动位起动，X3：上限位，X4：下限位，X5：左限位，X6：右限位，X7：手动向上，X10：手动向下，X11：手动向左，X12：手动向右，X13：手动夹紧/放松；Y0：夹紧/放松，Y1：上升，Y2：下降，Y3：左移，Y4：右移，Y5：原点指示。

2. 程序设计

根据机械手的动作示意图，可以画出其动作流程图，然后再将流程图"翻译"成单流程的状态转移图即可，手动操作程序可以加到初始状态 S0 的后面，而 S0 用 M8000 来驱动，机械手的状态转移图如图 3-19 所示。

3. 系统接线图

根据系统控制要求，机械手的控制系统接线图如图 3-20 所示（PLC 的输出负载都用指示灯代替）。

4. 实训器材

根据系统控制要求、I/O 分配及系统接线图，完成本实训需要配备如下器材：

（1）可编程控制器实训装置 1 台。

（2）PLC 主机模块 1 个。

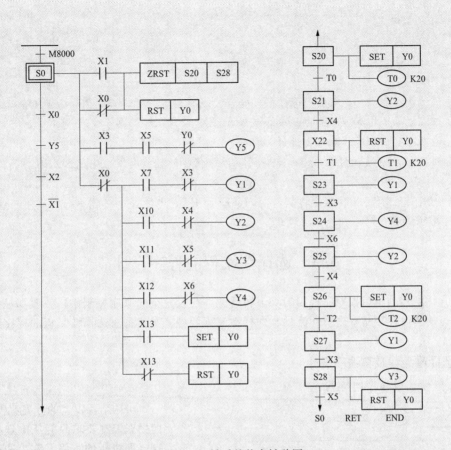

图 3-19　机械手的状态转移图

（3）机械手模拟显示模块 1 个。

（4）开关、按钮板模块 1 个。

（5）手持式编程器 1 个（或安装了编程软件的计算机 1 台，下同）。

（6）电工常用工具 1 套。

（7）导线若干。

5. 系统调试

（1）输入程序。按图 3-19 所示的状态转移图正确输入程序。

（2）静态调试。按图 3-20 所示的系统接线图正确连接好输入设备，进行 PLC 的模拟静态调试，观察 PLC 的输出指示灯是否按要求指示，否则，检查并修改程序，直至指示正确。

（3）动态调试。按图 3-20 所示的系统接线图正确连接好输出设备，进行系统的动态调试，先调试

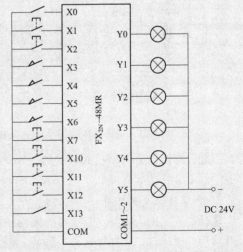

图 3-20　机械手的控制系统接线图

手动程序，后调试自动程序，观察机械手能否按控制要求动作，否则，检查线路或修改程序，直至机械手按控制要求动作。

三、实训报告

1. 分析与总结

（1）画出机械手工作流程图。

（2）描述机械手的动作情况，总结操作要领。

2. 巩固与提高

（1）机械手在原点时，哪些信号必须闭合？要求自动运行时，哪些信号必须闭合？

（2）若在右限位增加一个光电检测，检测 B 点是否有工件，若无工件则下降，若有工件则不下降，请在本实训程序的基础上设计其程序。

（3）利用 PLC 仿真软件的 D-6 培训画面，按照 Ch1 的控制要求，完成 SFC 程序的设计和仿真调试。

（4）分别利用 PLC 仿真软件的 E-3、E-4、E-5、E-6、F-1、F-2 培训画面，按照 Ch1 的控制要求，完成 SFC 程序的设计和仿真调试。

3.4 选择性流程的程序设计

前面介绍的均为单流程顺序控制的状态转移图，在较复杂的顺序控制中，一般都是多流程的控制，常见的多流程控制有选择性流程和并行性流程两种。本节将对选择性流程的程序设计做全面的介绍。

3.4.1 选择性流程及其程序设计

1. 选择性流程程序的特点

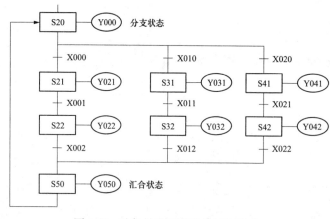

图 3-21 选择性流程程序的结构形式

由两个及以上的分支流程组成的，但根据控制要求只能从中选择一个分支流程执行的程序，称为选择性流程程序。图 3-21 所示是具有 3 个支路的选择性流程程序，其特点如下：

（1）从 3 个流程中选择执行哪一个流程由转移条件 X0、X10、X20 决定。

（2）分支转移条件 X0、X10、X20 不能同时接通，哪个先接通，就执行哪条分支。

（3）当 S20 已动作时，一旦 X0 接通，程序就向 S21 转移，则 S20 就复位。因此，即使以后 X10 或 X20 接通，S31 或 S41 也不会动作。

（4）汇合状态 S50 可由 S22、S32、S42 中任意一个驱动。

2. 选择性分支的编程

选择性分支的编程与一般状态的编程一样，先进行驱动处理，然后进行转移处理，所有的转移处理按顺序执行，简称先驱动后转移。因此，首先对 S20 进行驱动处理（OUT Y000），然后按 S21、S31、S41 的顺序进行转移处理。选择性分支程序见表 3-4。

3. 选择性汇合的编程

选择性汇合的编程是先进行汇合前状态的驱动处理，然后按顺序向汇合状态进行转移处理。因此，首先对第一分支（S21 和 S22）、第二分支（S31 和 S32）、第三分支（S41 和 S42）进行驱动处理，然后按 S22、S32、S42 的顺序向 S50 转移。选择性汇合程序见表 3-5。

表 3-4　　　　　　　　　　　　　　　　选择性分支程序

指令	说明	指令	说明
STL　S20	步进开始指令	说明	第二分支的转移条件
OUT　Y000	驱动处理	SET　S31	转移到第二分支
LD　X000	第一分支的转移条件	LD　X020	第三分支的转移条件
SET　S21	转移到第一分支	SET　S41	转移到第三分支

表 3-5　　　　　　　　　　　　　　　　选择性汇合程序

指令	说明	指令	说明
STL　S21	第一分支驱动处理	LD　X021	第三分支驱动处理
OUT　Y021		SET　S42	
LD　X001		STL　S42	
SET　S22		OUT　Y042	
STL　S22		STL　S22	由第一分支转移到汇合点
OUT　Y022		LD　X002	
STL　S31	第二分支驱动处理	SET　S50	
OUT　Y031		STL　S32	由第二分支转移到汇合点
LD　X011		LD　X012	
SET　S32		SET　S50	
STL　S32		STL　S42	由第三分支转移到汇合点
OUT　Y032		LD　X022	
STL　S41	第三分支驱动处理	SET　S50	
OUT　Y041		STL　S50　　OUT　Y50	

3.4.2　程序设计实例

用步进指令设计三相电动机正反转的控制程序。其控制要求如下：按正转起动按钮 SB1，电动机正转，按停止按钮 SB，电动机停止；按反转起动按钮 SB2，电动机反转，按停止按钮 SB，电动机停止；且热继电器具有保护功能。

解：（1）根据控制要求，其 I/O 分配为 X0：SB（常开），X1：SB1，X2：SB2，X3：热继电器 FR（常开）；Y1：正转接触器 KM1，Y2：反转接触器 KM2。

（2）根据控制要求，三相电动机的正反转控制是一个具有两个分支的选择性流程，分支转移的条件是正转起动按钮 X1 和反转起动按钮 X2，汇合的条件是热继电器 X3 或停止按钮 X0，而初始状态 S0 可由初始脉冲 M8002 来驱动。其状态转移图如图 3-22（a）所示。

（3）根据图 3-22（a）所示的状态转移图，其指令表如图 3-22（b）所示。

3.4.3　部件分检仿真实训

设计一个大小不同的部件分检系统，并使用仿真软件的 E-2 培训画面完成模拟调试。具体控制要求如下：按下起动按钮 PB1（X20）时，机械手 Y0 供给指令开始搬运部件至 Y1 输送带，3s 后 Y1 输送带 1 起动正转；当部件经过传感器 X1（检测大部件）、X2（检测中部件）、X3（检测小部件）检测后延时 1s 后 Y2 输送带 2 起动正转；当检测为大部件时，Y5 分检器向前动作使大部件流向里面的输送带，当传感器 X5 检测到有部件时，延时 2s 停止 Y2 输送带，同时开始下一个部件的搬运；当检测为中或小部件时，Y5 分检器不动作使中或小部件流向外面的输送带，当传感器 X4

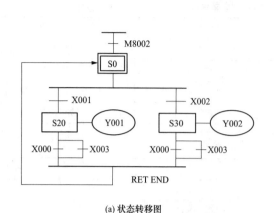

(a) 状态转移图

(b) 指令表

图 3-22　三相电动机正反转控制的状态转移图和指令表

检测到有部件时，延时 2s 停止 Y2 输送带，同时开始下一个部件的搬运；当部件运行到 Y2 输送带 2 时请及时（通过时间来控制）停止 Y1 输送带的运行；当运行中按下停止按钮 PB2 时，系统要求处理完在线部件后停止；当运行中按下急停按钮 PB3 时，系统无条件立即停止。

1. I/O 分配

PLC 的输入信号有停止按钮 PB1(X20)，起动按钮 PB2(X21)，急停按钮 PB3(X22)，机械手原点（X0），检测大部件（X1），检测中部件（X2），检测小部件（X3），中或小部件到达（X4），大部件到达（X5）。PLC 的输出信号有机械手搬运（Y0），输送带 1(Y1)，输送带 2(Y2)，分检器（Y5）。

2. 程序设计

根据控制要求，这是一个选择性分支与汇合程序，因此，可以先画出其工作流程图，再画状态转移图，然后根据状态转移图写出其指令表程序。

3. 仿真实训

(1) 打开 PLC 仿真软件，进入 E-2 仿真培训画面。

(2) 在程序编辑区域输入状态梯形图，并核对无误后单击"PLC 写入"，即将编辑好的程序写入了模拟的 PLC 中。

(3) 由于仿真软件已经完成了模拟 PLC 的输入和输出接线，且 PLC 已处于"运行中"，按起动按钮 PB2（即 X21）则自动运行。

(4) 若在自动运行过程中，按停止按钮 PB1（即 X20），则可以看到输送带要处理完在线部件后才停止运行。

(5) 若在自动运行过程中，按急停按钮 PB3（即 X22），则可以看到输送带立即停止运行。

实训 10　选择性流程的程序设计

一、实训任务

设计一个三相电动机正反转能耗制动的控制系统，并在实训室完成模拟调试。

1. 控制要求

按正转起动按钮 SB1，KM1 合，电动机正转；按反转起动按钮 SB2，KM2 合，电动机反转；按停止按钮 SB，KM1 或 KM2 断开，KM3 合，能耗制动（制动时间为 T）；要求有必要的电气互锁，不需按钮互锁；FR 动作，KM1 或 KM2 或 KM3 释放，电动机自由停车；要求用步进顺控指令设计程序。

2. 实训目的

(1) 掌握选择性流程程序的用法。

(2) 掌握设计选择性流程状态转移图的基本方法和技巧。

(3) 会用状态转移图设计选择性流程程序。

二、实训步骤

1. I/O 分配

其 I/O 分配与第 2 章实训 7 相同。

2. 状态转移图

根据控制要求，电动机的正反转是一个选择性分支流程，三相电动机正反转能耗制动的状态转移图如图 3-23 所示。其系统接线图、实训器材、系统调试均与第 2 章实训 7 相同。

三、实训报告

1. 分析与总结

(1) 根据三相电动机正反转能耗制动的状态转移图，写出其指令表。

(2) 比较用基本逻辑指令和步进顺控指令编程的异同，并说明各自的优缺点。

(3) 画出三相电动机正反转能耗制动主电路的接线图。

2. 巩固与提高

(1) 用另外的方法编制程序。

(2) 从安全的角度分析状态 S22 的作用，并说明原因。

(3) 若要在本实训功能的基础上增加手动正、反转功能，试设计其状态转移图。

(4) 分别利用 PLC 仿真软件的 F-3、F-4、F-5、F-6、F-7 培训画面，按照 Ch1 的控制要求，完成 SFC 程序的设计和仿真调试。

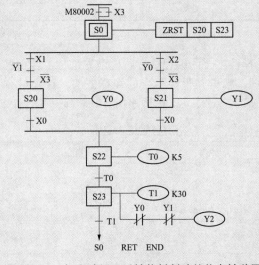

图 3-23　三相电动机正反转能耗制动的状态转移图

3.5　并行性流程的程序设计

3.5.1　并行性流程及其程序设计

1. 并行性流程程序的特点

由两个及以上的分支流程组成的，但必须同时执行各分支的程序，称为并行性流程程序。图 3-24 所示是具有 3 个支路的并行性流程程序，其特点如下：

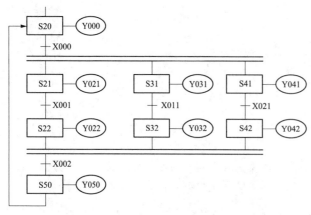

图 3-24 并行性流程程序的结构形式

（1）若 S20 已动作，则只要分支转移条件 X0 成立，3 个流程（S21、S22，S31、S32，S41、S42）同时并列执行，没有先后之分。

（2）当各流程的动作全部结束时（先执行完的流程要等待全部流程动作完成），一旦 X2 为 ON，则汇合状态 S50 动作，S22、S32、S42 全部复位。若其中一个流程没执行完，则 S50 就不可能动作。另外，并行性流程程序在同一时间可能有两个及两个以上的状态处于"激活"状态。

2. 并行性分支的编程

并行性分支的编程与选择性分支的编程一样，先进行驱动处理，然后进行转移处理，所有的转移处理按顺序执行。根据并行性分支的编程方法，首先对 S20 进行驱动处理（OUT Y000），然后按第一分支（S21、S22）、第二分支（S31、S32）、第三分支（S41、S42）的顺序进行转移处理。并行性分支程序见表 3-6。

表 3-6　　　　　　　　　　　　　　　　并行性分支程序

指令	说明	指令	说明
STL　S20	步进开始指令	SET　S21	转移到第一分支
OUT　Y000	驱动处理	SET　S31	转移到第二分支
LD　X000	转移条件	SET　S41	转移到第三分支

3. 并行性汇合的编程

并行性汇合的编程与选择性汇合的编程一样，也是先进行汇合前状态的驱动处理，然后按顺序向汇合状态进行转移处理。根据并行性汇合的编程方法，首先对 S21、S22、S31、S32、S41、S42 进行驱动处理，然后按 S22、S32、S42 的顺序向 S50 转移。并行性汇合程序见表 3-7。

表 3-7　　　　　　　　　　　　　　　　并行性汇合程序

指令	说明	指令	说明
STL　S21		STL　S41	
OUT　Y21		OUT　Y041	
LD　X001	第一分支驱动处理	LD　X021	第三分支驱动处理
SET　S22		SET　S42	
STL　S22		STL　S42	
OUT　Y022		OUT　Y042	
STL　S31		STL　S22	由第一分支汇合
OUT　Y031		STL　S32	由第二分支汇合
LD　X011	第二分支驱动处理	STL　S42	由第三分支汇合
SET　S32		LD　X002	汇合条件
STL　S32		SET　S50	汇合状态
OUT　Y32		STL　S50　　　OUT　Y50	

4. 编程注意事项

（1）并行性流程的汇合最多能实现 8 个流程的汇合。

（2）在并行性分支、汇合流程中，不允许有如图 3-25（a）所示的转移条件，必须将其转化为图 3-25（b）后，再进行编程。

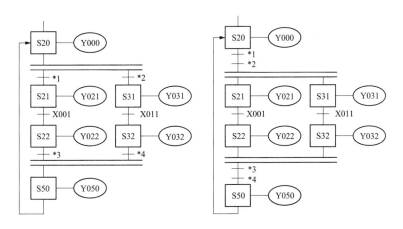

(a) 转化前　　　　　　　　　　　　　　　(b) 转化后

图 3-25　并行性分支、汇合流程的转化

3.5.2　程序设计实例

用步进指令设计一个按钮式人行横道指示灯的控制系统。其控制要求如下：按 X0 或 X1 按钮，人行道和车道指示灯按图 3-26 所示点亮。

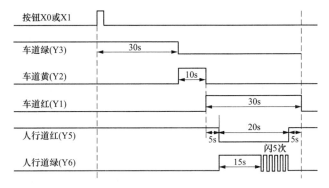

图 3-26　按钮式人行横道指示灯的示意图

解：（1）根据控制要求，其 I/O 分配为 X0：左起动，X1：右起动；Y1：车道红灯，Y2：车道黄灯，Y3：车道绿灯，Y5：人行道红灯，Y6：人行道绿灯。

（2）PLC 的外部接线图如图 3-27 所示。

（3）根据控制要求，当未按下 X0 或 X1 按钮时，人行道红灯和车道绿灯亮；当按下 X0 或 X1 按钮时，人行道指示灯和车道指示灯同时开始运行，是具有两个分支的并行性流程。按钮式人行横道指示灯的状态转移图如图 3-28 所示。

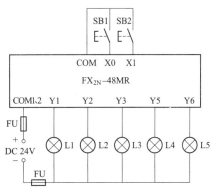

图 3-27　PLC 的外部接线图

状态转移图说明：

1）PLC 从 STOP→RUN 时，初始状态 S0 动作，车道信号为绿灯，人行道信号为红灯。

2）按下人行横道按钮 X0 或 X1，则状态转移到 S20 和 S30，车道为绿灯，人行道为红灯。

3）30s 后车道为黄灯，人行道仍为红灯。

4）再过 10s 后车道变为红灯，人行道仍为红灯，同时定时器 T2 起动，5s 后 T2 触点接通，人行道变为绿灯。

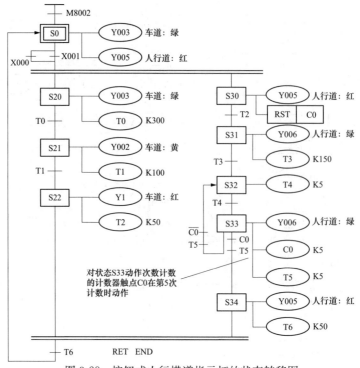

图 3-28　按钮式人行横道指示灯的状态转移图

5）15s 后人行道绿灯开始闪烁（S32 人行道绿灯灭，S33 人行道绿灯亮）。

6）闪烁中 S32、S33 反复循环动作，计数器 C0 设定值为 5，当循环次数达到 5 次时，C0 常开触点就接通，动作状态向 S34 转移，人行道变为红灯，期间车道仍为红灯，5s 后返回初始状态，完成一个周期的动作。

7）在状态转移过程中，即使按动人行横道按钮 X0、X1 也无效。

（4）指令表程序。根据并行性分支的编程方法，并行性程序对应的指令表程序见表 3-8。

表 3-8　　　　　　　　　　　　　　并行性程序对应的指令表程序

序号	指令	序号	指令	序号	指令
1	LD　M8002	20	STL　S22	39	OUT　C0　K5
2	SET　S0	21	OUT　Y001	40	OUT　T5　K5
3	STL　S0	22	OUT　T2　K50	41	LD　T5
4	OUT　Y003	23	STL　S30	42	ANI　C0
5	OUT　Y005	24	OUT　Y005	43	OUT　S32
6	LD　X000	25	RST　C0	44	LD　C0
7	OR　X001	26	LD　T2	45	AND　T5
8	SET　S20	27	SET　S31	46	SET　S34
9	SET　S30	28	STL　S31	47	STL　S34
10	STL　S20	29	OUT　Y006	48	OUT　Y005
11	OUT　Y003	30	OUT　T3　K150	49	OUT　T6　K50
12	OUT　T0　K300	31	LD　T3	50	STL　S22
13	LD　T0	32	SET　S32	51	STL　S34
14	SET　S21	33	STL　S32	52	LD　T6
15	STL　S21	34	OUT　T4　K5	53	OUT　S0
16	OUT　Y002	35	LD　T4	54	RET
17	OUT　T1　K100	36	SET　S33	55	END
18	LD　T1	37	STL　S33		
19	SET　S22	38	OUT　Y006		

实训 11　并行性流程的程序设计

一、实训任务

设计一个用 PLC 控制的十字路口交通灯的控制系统，并在实训室完成模拟调试。

1. 控制要求

自动运行时，按下起动按钮，信号灯系统按图 3-29 所示要求开始工作（绿灯闪烁的周期为 1s）；按下停止按钮，所有信号灯都熄灭；手动运行时，两方向的黄灯同时闪动，周期是 1s。

| 南北向 | 红灯亮10s | | 绿灯亮5s | 绿灯闪3s | 黄灯亮2s |

| 东西向 | 绿灯亮5s | 绿灯闪3s | 黄灯亮2s | 红灯亮10s | |

图 3-29　交通灯自动运行的动作要求

2. 实训目的

(1) 掌握并行性流程程序的用法。

(2) 掌握设计并行性流程状态转移图的基本方法和技巧。

(3) 会用状态转移图设计并行性流程控制程序。

二、实训步骤

1. I/O 分配

根据控制要求，其 I/O 分配为 X0：自动位起动按钮，X1：手动开关（带自锁型），X2：停止按钮；Y0：东西向绿灯，Y1：东西向黄灯，Y2：东西向红灯，Y4：南北向绿灯，Y5：南北向黄灯，Y6：南北向红灯。

2. 程序设计

根据交通灯的控制要求，可画出其控制时序图，交通灯控制时序图如图 3-30 所示。由控制

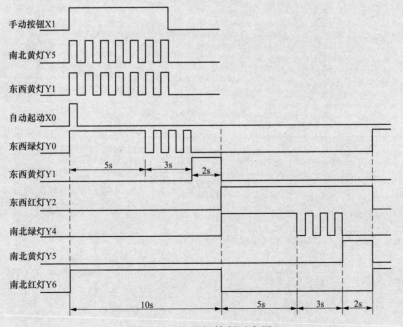

图 3-30　交通灯控制时序图

时序图可知，东西方向和南北方向信号灯的动作过程可以看成是两个独立的顺序控制过程，可以采用并行性分支与汇合的编程方法，是一个典型的并行性流程控制程序，交通灯控制的状态转移图如图 3-31 所示。

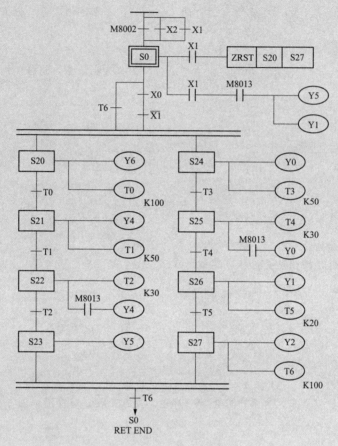

图 3-31　交通灯控制的状态转移图

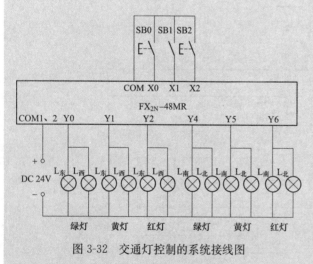

图 3-32　交通灯控制的系统接线图

3. 系统接线图

根据系统控制要求，交通灯控制的系统接线图如图 3-32 所示。

4. 实训器材

根据系统控制要求、I/O 分配及系统接线图，完成本实训需要配备如下器材：

（1）可编程控制器实训装置 1 台。

（2）PLC 主机模块 1 个。

（3）交通灯模拟显示模块 1 个。

（4）计算机 1 台。

（5）电工常用工具 1 套。

（6）导线若干。

5. 系统调试

（1）输入程序。按图 3-31 所示状态转移图正确输入程序。

（2）静态调试。按图 3-32 所示的系统接线图正确连接好输入设备，进行 PLC 的模拟静态调试，观察 PLC 的输出指示灯是否按要求指示，否则，检查并修改程序，直至指示正确。

（3）动态调试。按图 3-32 所示的系统接线图正确连接好输出设备，进行系统的动态调试，观察交通灯能否按控制要求动作，否则，检查线路或修改程序，直至交通灯按控制要求动作。

三、实训报告

1. 分析与总结

（1）根据图 3-31 所示状态转移图写出其对应的指令表。

（2）对照图 3-31 所示的状态转移图理解计算机中的状态梯形图，并给梯形图加必要的设备注释。

（3）比较选择性流程和并行性流程的异同。

2. 巩固与提高

（1）在图 3-31 所示的状态转移图的基础上，将 M8013 改为由定时器和计数器组成的振荡电路。

（2）请用单流程设计本实训程序。

（3）描述该交通灯的动作情况，并与实际的交通灯进行比较，在此基础上设计一个功能更完善的控制程序。

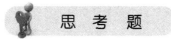

思 考 题

1. 写出图 3-33 所示状态转移图所对应的指令表程序。

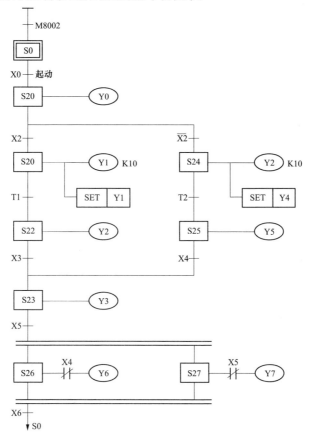

图 3-33　习题 1 的图

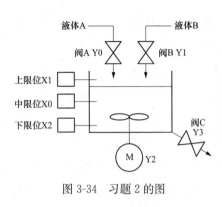

图 3-34 习题 2 的图

2. 液体混合装置如图 3-34 所示，上限位、下限位和中限位液位传感器被液体淹没时为 ON，阀 A、阀 B 和阀 C 为电磁阀，线圈通电时打开，线圈断电时关闭。开始时容器是空的，各阀门均关闭，各传感器均为 OFF。按下起动按钮后，打开阀 A，液体 A 流入容器；中限位开关变为 ON 时，关闭阀 A，打开阀 B，液体 B 流入容器；当液面到达上限位开关时，关闭阀 B，电动机 M 开始运行，搅动液体，60s 后停止搅动，打开阀 C，放出混合液；当液面降至下限位开关之后再过 5s，容器放空，关闭阀 C，打开阀 A，又开始下一周期的工作。按下停止按钮，在当前工作周期的工作结束后，才停止工作（停在初始状态）。试设计 PLC 的外部接线图和控制系统的程序（包括状态转移图、顺控梯形图）。

3. 根据表 3-9 所示的指令表画出其对应的状态转移图。

表 3-9 习题 3 的表

序号	指令	序号	指令	序号	指令	序号	指令
1	LD M8002	8	STL S21	15	OUT Y4	22	LD X2
2	SET S0	9	OUT Y1	16	LD X4	23	SET S23
3	STL S0	10	LD X1	17	SET S25	24	STL S23
4	OUT Y0	11	SET S22	18	STL S25	25	OUT Y3
5	LD X0	12	STL S22	19	OUT Y5	26	LD X3
6	SET S21	13	OUT Y2	20	STL S22	27	OUT S0
7	SET S24	14	STL S24	21	STL S25	28	RET

4. 设计一个用 PLC 控制的自动焊锡机的控制系统。其控制要求如下：起动机器，除渣机械手电磁阀得电上升，机械手上升到位碰 SQ7，停止上升；左行电磁阀得电，机械手左行到位碰 SQ5，停止左行；下降电磁阀得电，机械手下降到位碰 SQ8，停止下降；右行电磁阀得电，机械手右行到位碰 SQ6，停止右行。托盘电磁阀得电上升，上升到位碰 SQ3，停止上升；托盘右行电磁阀得电，托盘右行到位碰 SQ2，托盘停止右行；托盘下降电磁阀得电，托盘下降到位碰 SQ4，停止下降，工件焊锡，焊锡时间到；托盘上升电磁阀得电，托盘上升到位碰 SQ3，停止上升；托盘左行电磁阀得电，托盘左行到位碰 SQ1，托盘停止左行；托盘下降电磁阀得电，托盘下降到位碰 SQ4，托盘停止下降，工件取出，延时 5s 后自动进入下一循环。自动焊锡机动作示意图如图 3-35 所示，其 I/O 分配为 X0：自动位起动，X1：左限 SQ1，X2：右限 SQ2，X3：上限 SQ3，X4：下限 SQ4，X5：左限 SQ5，X6：右限 SQ6，X7：上限 SQ7，X10：下限 SQ8，X11：停止；Y0：除渣上行，Y1：除渣下行，Y2：除渣左行，Y3：除渣右行，Y4：托盘上行，Y5：托盘下行，Y6：托盘左行，Y7：托盘右行。

5. 利用 PLC 仿真软件的 D-5 培训画面，设计一个工件上料和传输的 SFC 程序并完成仿真调试，控制要求如下：按下起动按钮 PB1（X20）时，机械手的供给指令 Y0 就动作，将工件搬运到输送带后返回原点位置；机械手开始工作 5s 后起动输送带正转，当工件到达输送带末端时，检测传感器 X3 对检测到的工件数量进行统计；当工件掉落输送带后机械手又开始搬运工件，当系统完成 4 个工件的上料和传输后自动停止运行。

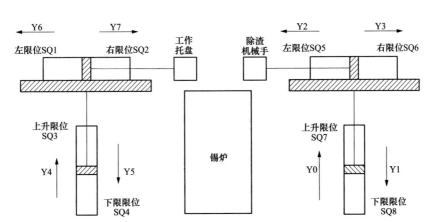

图 3-35　自动焊锡机动作示意图

第4章 PLC功能指令、特殊模块及其应用

学习情景引入

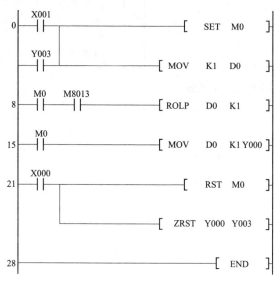

图4-1 彩灯循环点亮的梯形图

在第2章、第3章中，我们已经学习了使用基本逻辑指令和步进顺控指令来设计程序，那么，还有没有其他的方法呢？图4-1所示的彩灯循环点亮的梯形图就是用功能指令来设计的，该梯形图中出现了我们未曾使用过的软元件，如D0、K1Y0等；也出现了我们未曾学过的指令，如MOV、ROLP等。此外，该梯形图的设计方法也与前面的完全不一样，用基本逻辑指令设计时，是利用定时器的逻辑组合进行编程的；用步进顺控指令设计时，是以时间流程进行编程的；而该梯形图则是利用循环移位指令，将不同时刻的不同数据传送给由输出继电器Y0～Y3组成的字元件，从而实现3组彩灯的循环点亮。本章将主要讲解应用功能指令设计PLC程序的方法。

4.1 功能指令的基本规则

基本逻辑指令和步进顺控指令主要用于逻辑处理。作为工业控制用的计算机，仅仅进行逻辑处理是不够的，现代工业控制在许多场合仍需进行数据处理，因此，本章将介绍功能指令（functional instruction），也称应用指令。功能指令主要用于数据的运算、转换及其他控制功能，使PLC成为真正意义上的工业计算机。许多功能指令有很强大的功能，往往一条指令就可以实现几十条基本逻辑指令才可以实现的功能，还有很多功能指令具有基本逻辑指令难以实现的功能，如RS指令、FROM指令等。实际上，功能指令是许多功能不同的子程序。

4.1.1 功能指令的表达形式

图4-1有功能指令MOV K1 D0，也有ROLP D0 K1，这些功能指令不仅助记符不同，操作数也不一样。那么，功能指令是否就没有一定的规则呢？其实不然，功能指令都遵循一定的规则，其通常的表达形式也是一致的。一般功能指令都按功能编号（FNC00～FNC□□□）编排，每条功能指令都有一个助记符。有的只有一个助记符，有的则还需要操作数（通常由1～4个组成），其通常的表达形式如下：

该指令是一条求平均值的功能指令，D0为源操作数的首元件；K3为源操作数的个数（3个）；

D4 为目标地址，即存放运算的结果。该功能指令中的 [S.]、[D.]、[n.] 所表达的意义如下：

（1）[S.] 叫作源操作数，其内容不随指令执行而变化。若具有变址功能，则用加 "." 的符号 [S.] 表示；源的数量多时，用 [S1.]、[S2.] 等表示。

（2）[D.] 叫作目标操作数，其内容随指令执行而改变。若具有变址功能，则用加 "." 的符号 [D.] 表示；目标的数量多时，用 [D1.]、[D2.] 等表示。

（3）[n.] 叫作其他操作数，既不作源操作数，又不作目标操作数，常用来表示常数或者作为源操作数或目标操作数的补充说明。它可用十进制（K）、十六进制（H）和数据寄存器 D 来表示。在需要表示多个这类操作数时，可用 [n1]、[n2] 等表示。若具有变址功能，则用加 "." 的符号 [n.] 表示。此外，还可用 [m] 或 [m.] 来表示。

功能指令的功能号和指令助记符占 1 个程序步，操作数占 2 个或 4 个程序步（16 位操作时占 2 个程序步，32 位操作时占 4 个程序步）。需要注意的是，某些功能指令在整个程序中只能出现一次，即使使用跳转指令使其处于两段不可能同时执行的程序中也不允许，但可利用变址寄存器多次改变其操作数。

4.1.2　数据长度和指令类型

1. 数据长度

功能指令可处理 16 位数据和 32 位数据，举例如下：

功能指令中用符号 D 表示处理 32 位数据，如 DMOV、FNC（D）12 等。处理 32 位数据时，用元件号相邻的两个元件组成元件对，元件对的首地址用奇数、偶数均可，但建议元件对的首地址统一用偶数编号，以免在编程时弄错。

特别要说明的是，32 位计数器 C200～C255 的当前值寄存器不能用作 16 位数据的操作数，只能用作 32 位数据的操作数。

2. 指令类型

FX 系列 PLC 的功能指令有连续执行型和脉冲执行型两种形式。

（1）连续执行型。举例如下：

```
      X001
   ┤├────────────[DMOV    D20      D22  ]
```

对于该指令，当 X001 为 ON 时，上述指令在每个扫描周期都被重复执行一次。

（2）脉冲执行型。举例如下：

```
      X000
   ┤├────────────[MOVP    D10      D12  ]
```

该脉冲执行指令仅在 X000 由 OFF 变为 ON 时有效，助记符后附的符号 P 表示脉冲执行方式。在不需要每个扫描周期都执行时，用脉冲执行方式可缩短程序处理时间。

图 4-1 的 ROLP　D0　K1 就是一条典型的脉冲执行方式的功能指令，其余的如 MOV　K1 D0、MOV　D0　K1Y0 等都是连续执行方式的功能指令。

P 和 D 可同时使用，如 DMOVP 表示 32 位数据的脉冲执行方式。另外，某些指令如 XCH、INC、DEC、ALT 等，用连续执行方式时要特别留心。

4.1.3 操作数的类型

操作数按功能分有源操作数、目标操作数和其他操作数；按组成形式分有位元件、字元件和常数。

1. 位元件和字元件

只处理 ON/OFF 状态的元件称为位元件，例如 X、Y、M 和 S。处理数据的元件称为字元件，例如 T、C 和 D 等。

2. 位元件的组合

位元件的组合就是由 4 个位元件作为一个基本单元进行组合，如 K1Y0 就是位元件的组合。通常的表现形式为 KnM□、KnS□、KnY□，其中的 n 表示组数，M□、S□、Y□表示位元件组合的首元件，16 位操作时 n 为 1～4，32 位操作时 n 为 1～8。例如，K2M0 表示由 M0～M7 组成的 8 位数据，M0 是最低位，M7 是最高位；K4M10 表示由 M10～M25 组成的 16 位数据，M10 是最低位，M25 是最高位；K1Y0 表示由 Y0～Y3 组成的 4 位数据，Y0 是最低位，Y3 是最高位。

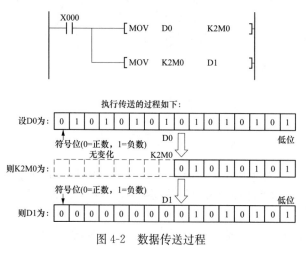

图 4-2 数据传送过程

当一个 16 位的数据传送到一个少于 16 位的目标元件（如 K2M0）时，只传送相应的低位数据，较高位的数据不传送（32 位数据传送也一样）。在作 16 位操作时，参与操作的源操作数由 K4 指定，若仅由 K1～K3 指定，则目标操作数中不足部分的高位均作 0 处理，这意味着只能处理正数（符号位为 0）（在作 32 位数操作时也一样）。数据传送过程如图 4-2 所示。

字元件 D、T、C 向位元件组合的字元件传送数据时，若位元件组合成的字元件小于 16 位（32 位指令的小于 32 位），只传送相应的低位数据，其他高位数据被忽略。位元件组合成的字元件向字元件 D、T、C 传送数据时，若位元件组合不足 16 位（32 位指令的不足 32 位）时，高位不足部分补 0。因此，源数据为负数时，数据传送后负数将变为正数。被组合的位元件的首元件号可以是任意的，但习惯上常采用以 0 结尾的元件，如 X0、X10 等。

3. 变址寄存器

变址寄存器在传送、比较指令中用来修改操作对象的元件号，其操作方式与普通数据寄存器一样。对于 32 位指令，V、Z 自动组对使用，V 作高 16 位，Z 作低 16 位，其用法如下：

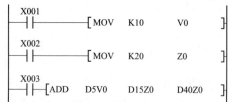

上述指令中，K10 传送到 V0，K20 传送到 Z0，所以 V0、Z0 的内容分别为 10、20。当执行 (D5V0)＋(D15Z0)→(D40Z0) 时，即执行 (D15)＋(D35)→(D60)。若改变 Z0、V0 的值，则可完成不同数据寄存器的求和运算，这样，使用变址寄存器可以使编程简化。

4.2　常用功能指令简介

4.2.1　程序流程指令

程序流程指令是与程序流程控制相关的指令，下面仅介绍 CJ 和 FEND 两条常用指令。

1. 跳转指令 CJ（FNC00）

CJ 指令不对软元件进行操作，指令的表现形式为 CJ 和 CJP，为 16 位指令，占用 3 个程序步。跳转指令的跳转指针编号为 P0～P127，它用于跳过顺序程序中的某一部分，这样可以减少扫描时间，并使双线圈或多线圈成为可能。它常与主程序结束指令 FEND 配合使用。

2. 主程序结束指令 FEND（FNC06）

FEND 指令不对软元件进行操作，不需要触点驱动，占用 1 个程序步。FEND 指令表示主程序结束，执行此指令时与 END 的作用相同，即执行输入处理、输出处理、警戒时钟刷新、向第 0 步程序返回。

CJ 和 FEND 指令的执行过程如图 4-3 所示。

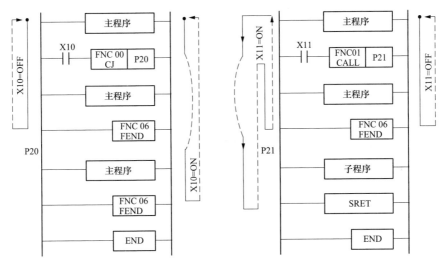

图 4-3　CJ 和 FEND 指令的执行过程

调用子程序和中断子程序必须在 FEND 指令之后，且必须有 SRET（子程序返回）或 IRET（中断返回）指令。FEND 指令可以重复使用，但必须注意，子程序必须安排在最后一个 FEND 指令和 END 指令之间供 CALL 指令调用。

4.2.2　传送与比较指令

传送与比较指令包含了数据的传送与比较的指令，下面仅介绍 CMP、ZCP 和 MOV 3 条常用指令。

1. 比较指令 CMP（FNC10）

比较指令的表现形式有 CMP、CMPP、DCMP 和 DCMPP 4 种。16 位指令占用 7 步，32 位指令占用 13 步。

CMP 指令是将两个操作数的大小进行比较，然后将比较的结果送给指定的目标元件（即位元件 M、Y 或 S，占用连续的 3 个点）的指令，CMP 指令的使用说明如图 4-4 所示。

CMP 指令的目标操作数 [D.] 假如指定为 M0，则 M0、M1、M2 将被占用。若 X0 为 ON，

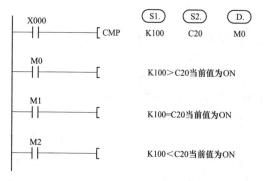

图 4-4　CMP 指令的使用说明

则比较的结果通过目标元件 M0、M1、M2 输出；若 X0 为 OFF，则指令不执行，M0、M1、M2 的状态保持不变；若要清除比较的结果，则可以使用复位指令或区间复位指令。

外两个源操作数（［S1.］、［S2.］）进行比较，将比较的结果送给指定的目标元件（即位元件 M、Y 或 S，占用连续的 3 个点）的指令。源操作数［S1.］的值不能大于［S2.］的值，若［S1.］的值大于［S2.］的值，则执行 ZCP 指令时，将［S2.］看作等于［S1.］。ZCP 指令的使用说明如图 4-5 所示。

2. 区间比较指令 ZCP(FNC11)

区间比较指令的表现形式有 ZCP、ZCPP、DZCP 和 DZCPP 4 种，16 位指令占用 9 步，32 位指令占用 17 步。

ZCP 指令是将一个源操作数［S］与另

图 4-5 中，若 X0 为 ON，则执行 ZCP 指令，当 C30＜K100 时，M3 为 ON；当 K100≤C30≤K120 时，M4 为 ON；当 C30＞K120 时，M5 为 ON。若 X0 为 OFF，则不执行 ZCP 指令，但 M3、M4、M5 的状态保持不变。

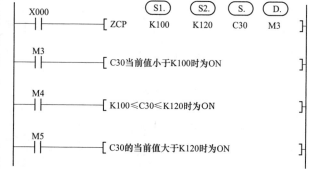

图 4-5　ZCP 指令的使用说明

3. 传送指令 MOV(FNC12)

传送指令的表现形式有 MOV、MOVP、DMOV 和 DMOVP 4 种，16 位指令占用 5 步，32 位指令占用 9 步。

MOV 指令的使用说明如下：

上述程序的功能：当 X0 为 ON 时，将常数 100 送入 D10；当 X0 变为 OFF 时，该指令不执行，但 D10 内的数据不变。

常数可以传送到数据寄存器，寄存器与寄存器之间也可以传送。此外，定时器或计数器的当前值也可以被传送到寄存器，如：

```
      X001
       |⊢────────[MOV      T0      D20  ]
```

上述程序的功能：当 X1 变为 ON 时，T0 的当前值被传送到 D20 中。

图 4-1 的 MOV　K1　D0 就是将常数 1 传送到数据寄存器 D0，MOV　D0　K1Y0 就是将数据寄存器 D0 的内容传送到 Y3、Y2、Y1、Y0 中，以便控制 3 组彩灯的亮和灭。

MOV 指令除了进行 16 位数据传送外，还可以进行 32 位数据传送，但必须在 MOV 指令前加 D，如：

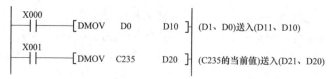

4.2.3　流水灯控制仿真实训（一）

试设计一个 8 盏流水灯循环顺序点亮的控制系统。具体要求如下：系统上电后所有灯均不亮，按下起动按钮时，第一盏灯点亮，1s 后熄灭并点亮第二盏，以此类推，并实现循环点亮，运行中，若按下停止按钮随时停止系统运行。

1. I/O 分配

PLC 的输入信号有停止按钮 PB1（X20）、起动按钮 PB2（X21）。PLC 的输出信号有 8 盏流水灯（Y0～Y7）。

2. 程序设计

根据控制要求，8 盏流水灯的控制可以使用基本逻辑指令，也可以使用步进顺控指令来设计其控制程序，这里我们使用功能指令 MOV 指令来设计其控制程序。根据控制要求可列出输出继电器 Y 与传送数据的对照表，见表 4-1，用"1"表示灯亮，用"0"表示灯熄灭。由于输出端是 8 盏灯，所以用 K2Y0 表示 Y0～Y7 的 8 盏灯。所传送的 8 位数据可以用十进制数来表示，也可以用十六进制数来表示，这里用十六进制数表示较为方便。8 盏灯的循环，则可以使用定时器振荡电路来实现，其梯形图如图 4-6 所示。

表 4-1　　　　　　　　　　　　输出继电器 Y 与传送数据的对照表

序号	输出继电器 Y 组合的 K2Y0								传送数据
	Y7	Y6	Y5	Y4	Y3	Y2	Y1	Y0	
1	0	0	0	0	0	0	0	1	H1
2	0	0	0	0	0	0	1	0	H2
3	0	0	0	0	0	1	0	0	H4
4	0	0	0	0	1	0	0	0	H8
5	0	0	0	1	0	0	0	0	H10
6	0	0	1	0	0	0	0	0	H20
7	0	1	0	0	0	0	0	0	H40
8	1	0	0	0	0	0	0	0	H80

3. 仿真实训

（1）打开 PLC 仿真软件，进入 D-3 仿真培训画面。

（2）在程序编辑区域输入图 4-6 所示梯形图，并核对无误后单击"PLC 写入"，即将编辑好的程序写入了模拟的 PLC 中。

（3）由于仿真软件已经完成了模拟 PLC 的输入和输出接线，且 PLC 已处于"运行中"，若按起动按钮 PB2（即 X21），则可以看到 8 盏流水灯每隔 1s 顺序点亮并不断循环。

（4）若在自动运行过程中，按停止按钮 PB1（即 X20），则可以看到流水灯熄灭。

4.2.4　算术与逻辑运算指令

算术与逻辑运算指令包括算术运算指令和逻辑运算指令，下面介绍 ADD、SUB、MUL、DIV、INC 和 DEC 6 条常用指令。

1. BIN 加法运算指令 ADD（FNC20）

加法指令的表现形式有 ADD、ADDP、DADD 和 DADDP 4 种，16 位指令占用 7 步，32 位指令占用 13 步。

ADD 指令的使用说明如下：

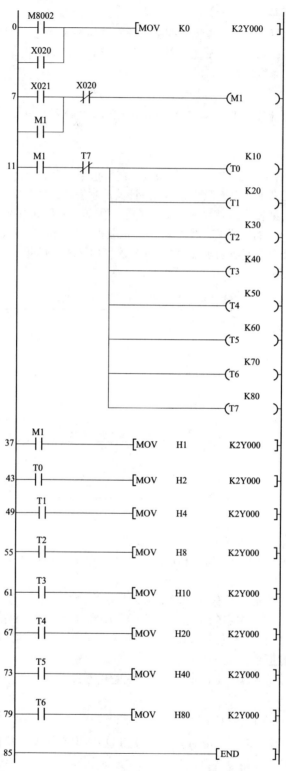

图 4-6　流水灯控制仿真实训（一）的梯形图

　　当 X0 为 ON 时，将 D10 与 D12 的二进制数相加，其结果送到指定目标 D14 中。数据的最高位为符号位（0 为正，1 为负），符号位也以代数形式进行加法运算。

当运算结果为 0 时，0 标志 M8020 动作；当运算结果超过 32767（16 位运算）或 2147483647（32 位运算）时，进位标志 M8022 动作；当运算结果小于－32768（16 位运算）或 －2147483648（32 位运算）时，借位标志 M8021 动作。

进行 32 位运算时，字元件的低 16 位被指定，紧接着该元件编号后的软元件将作为高 16 位。在指定软元件时，注意软元件不要重复使用。

源和目标元件可以指定为同一元件，在这种情况下必须注意，如果使用连续执行的指令（ADD、DADD），则每个扫描周期运算结果都会变化，因此，可以根据需要使用脉冲执行的形式加以解决，如：

```
 X001
 ─┤├─────────[ADDP    D0        K1        D0        ]
```

2. BIN 减法运算指令 SUB（FNC21）

减法指令的表现形式有 SUB、SUBP、DSUB 和 DSUBP 4 种，16 位指令占用 7 步，32 位指令占用 13 步。

SUB 指令的使用说明如下：

```
 X001                     [S1.]     [S2.]     [D.]
 ─┤├─────────[SUB         D10       D12       D14       ]
```

当 X1 为 ON 时，将 D10 与 D12 的二进制数相减，其结果送到指定目标 D14 中。

标志位的动作情况、32 位运算时软元件的指定方法、连续与脉冲执行的区别等都与 ADD 指令的解释相同。

3. BIN 乘法运算指令 MUL（FNC22）

乘法指令的表现形式有 MUL、MULP、DMUL 和 DMULP 4 种，16 位指令占用 7 步，32 位指令占用 13 步。

MUL 指令 16 位运算的使用说明如下：

```
 X000             [S1.]   [S2.]     [D.]        BIN    BIN     BIN
 ─┤├──────[MUL    D0      D2        D4     ]   (D0) × (D2) → (D5,D4)
                                               16位    16位    32位
```

参与运算的两个 16 位源操作数内容的乘积，以 32 位数据的形式存入指定的目标，其中低 16 位存放在指定的目标元件中，高 16 位存放在指定目标的下一个元件中，结果的最高位为符号位。

MUL 指令 32 位运算的使用说明如下：

```
 X001             [S1.]   [S2.]     [D.]        BIN      BIN        BIN
 ─┤├──────[DMUL   D0      D2        D4     ]   (D1,D0) × (D3,D2) → (D7,D6,D5,D4)
                                               32位      32位        64位
```

两个 32 位的源操作数内容的乘积，以 64 位数据的形式存入目标指定的元件（低位）和紧接其后的 3 个元件中，结果的最高位为符号位。但必须注意，目标元件为位元件组合时，只能得到低 32 位的结果，不能得到高 32 位的结果。解决的办法是先把运算结果存入由 4 个寄存器组成的字元件中，再将字元件的内容通过传送指令送到位元件组合中。

4. BIN 除法运算指令 DIV（FNC23）

除法指令的表现形式有 DIV、DIVP、DDIV 和 DDIVP 4 种，16 位指令占用 7 步，32 位指令占用 13 步。

DIV 指令 16 位运算的使用说明如下：

```
 X001             [S1.]   [S2.]     [D.]        BIN   BIN    BIN    BIN
 ─┤├──────[DIV    D0      D2        D4     ]   (D0) ÷ (D2) → (D4) … (D5)
                                               16位   16位   16位   余数
```

〔S1.〕指定元件的内容是被除数，〔S2.〕指定元件的内容是除数，〔D.〕所指定元件的内容为运算结果，〔D.〕的后一元件的内容为余数。

DIV 指令 32 位运算的使用说明如下：

```
X001
 ┤├────[DDIV   D0    D2    D4    ]   BIN        BIN        BIN       BIN
          (S1.)  (S2.)  (D.)         (D1,D0)÷(D3,D2)→(D5,D4)···(D7,D6)
                                     32位       32位       32位      32位
```

被除数是〔S1.〕指定的元件和与其相邻的下一元件组成的元件对的内容，除数是〔S2.〕指定的元件和与其相邻的下一元件组成的元件对的内容，其商和余数存入〔D.〕指定元件开始的连续 4 个元件中，运算结果的最高位为符号位。

DIV 指令的〔S2.〕不能为 0，否则运算会出错。目标〔D.〕指定为位元件组合时，对于 32 位运算，将无法得到余数。

5. BIN 加 1 运算指令 INC(FNC24) 和 BIN 减 1 运算指令 DEC(FNC25)

加 1 指令的表现形式有 INC、INCP、DINC 和 DINCP 4 种，减 1 指令的表现形式有 DEC、DECP、DDEC 和 DDECP 4 种，16 位指令占用 3 步，32 位指令占用 5 步。

（1）INC 指令。INC 指令的使用说明如下：

```
X000
 ┤├────────────────[INCP   D10   ]
                            (D.)
                      D10+1→D10
```

X0 每 ON 一次，〔D.〕所指定元件的内容就加 1，如果是连续执行的指令，则每个扫描周期都将执行加 1 运算，所以使用时应当注意。

16 位运算时，如果目标元件的内容为＋32767，则执行加 1 指令后将变为－32768，但标志位不动作；32 位运算时，如果＋2147483647 执行加 1 指令，则变为－2147483648，标志位也不动作。

（2）DEC 指令。DEC 指令的使用说明如下：

```
X000
 ┤├────────────────[DECP   D10   ]
                            (D.)
                      D10-1→D10
```

X0 每 ON 一次，〔D.〕所指定元件的内容就减 1，如果是连续执行的指令，则每个扫描周期都将执行减 1 运算。

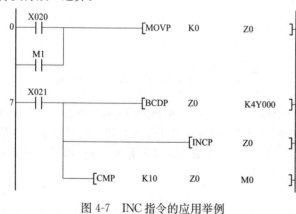

图 4-7　INC 指令的应用举例

16 位运算时，如果－32768 执行减 1 指令，则变为＋32767，但标志位不动作；32 位运算时，如果－2147483648 执行减 1 指令，则变为＋2147483647，标志位也不动作。INC 指令的应用举例如图 4-7 所示。

图 4-7 种，X20 为 ON 时清除 Z0 的值；X21 每 ON 一次，依次将 Z0 的当前值转化为 BCD 码向 K4Y000 输出；当 Z0 的值为 10 时，M1 动作，自动复位 Z0，这样可将 Z0 的当前值以 BCD 码循环输出。

4.2.5　循环与移位指令

循环与移位指令是使字数据、位元件组合的字数据向指定方向循环、移位的指令，下面仅介绍 ROR、ROL、RCR 和 RCL 4 条常用指令。

1. 右循环移位指令 ROR(FNC30) 和左循环移位指令 ROL(FNC31)

ROR、ROL 是使 16 位数据的各位向右、左循环移位的指令，循环移位指令的执行过程如图

4-8 所示（对于 32 位数据的操作与此相似）。

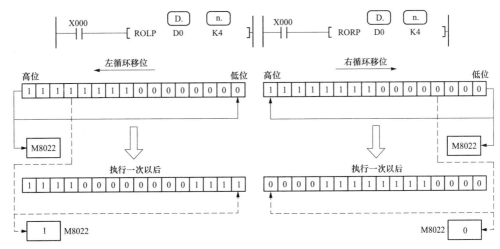

图 4-8　循环移位指令的执行过程

在图 4-8 中，每当 X0 由 OFF→ON（脉冲）时，D0 的各位向左或右循环移动 4 位，最后移出位的状态存入进位标志 M8022。执行完该指令后，D0 的各位发生相应的移位，但奇偶校验并不发生变化。

对于连续执行的指令，在每个扫描周期都会进行循环移位动作，所以一定要注意。对于位元件组合的情况，位元件前的 K 值为 4（16 位）或 8（32 位）才有效，如 K4M0、K8M0。

图 4-1 的 ROLP　D0　K1 指令就是将数据寄存器 D0 的内容向左循环移动 1 位。

2. 带进位的右循环 RCR（FNC32）和带进位的左循环 RCL（FNC33）

适合带进位的右循环 RCR 和带进位的左循环 RCL 的软元件与 ROR 的相同。RCL/RCR 是使 16 位数据连同进位位一起向左/向右循环移位的指令（32 位数据的操作与此相似），其指令的表达形式如下：

上述指令中，每当 X0 由 OFF→ON（脉冲）时，D0 的各位连同进位位向左或右循环移动 4 位。执行完该指令后，D0 的各位和进位位发生相应的移位，奇偶校验也会发生变化。指令的执行过程与图 4-8 所示的过程相似，所不同的是进位位 M8022 也要参与一起移动。

对于连续执行的指令在每个扫描周期都会进行循环移位动作，所以一定要注意。

4.2.6　数据处理指令

数据处理指令是可以进行复杂的数据处理和实现特殊用途的指令，下面仅介绍 ZRST、DECO 和 ENCO 3 条常用指令。

1. 区间复位指令 ZRST（FNC40）

区间复位指令的表现形式有 ZRST、ZRSTP 2 种，占用 5 个程序步，其使用说明如下：

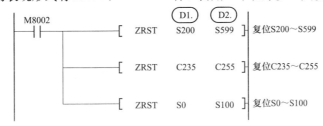

在 ZRST 指令中，[D1.] 和 [D2.] 应该是同一类元件，而且 [D1.] 的编号要比 [D2.] 小，如果 [D1.] 的编号比 [D2.] 大，则只有 [D1.] 指定的元件复位。

至此，图 4-1 可以理解为第 0 步序行的功能为起动和置循环初始值；第 8 步序行的功能为 D0 的内容每隔 1s 向左循环移动 1 位；第 15 步序行的功能是将 D0 的内容通过 K1Y0 输出使相应彩灯点亮，若 Y3 位 ON 时，D0 的内容又置 1，实现彩灯的循环点亮；第 21 步序行的功能为停止复位功能。

2. 解（译）码指令 DECO（FNC41）

解（译）码指令的表现形式有 DECO、DECOP 2 种，占用 7 个程序步。DECO 指令的执行过程如图 4-9 所示。

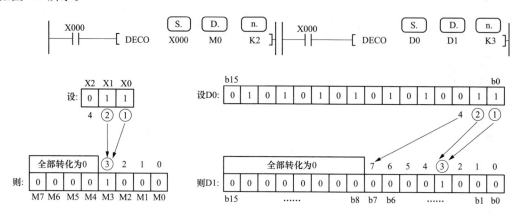

图 4-9　DECO 指令的执行过程

在图 4-9 中，[n.] 为指定源操作数 [S.] 中译码的位数。如果 [D.] 为位元件，则 $n \leqslant 8$；如果 [D.] 为字元件，则 $n \leqslant 4$；如果 [S.] 中的数为 0，则执行的结果在目标中为 1。

应该注意的是，在使用目标元件为位元件时，该指令会占用大量的位元件（$n=8$ 时占用 256 点），所以在使用时不要重复使用这些元件。

3. 编码指令 ENCO（FNC42）

编码复位指令的表现形式有 ENCO、ENCOP 2 种，占用 7 个程序步。ENCO 指令的执行过程如图 4-10 所示。

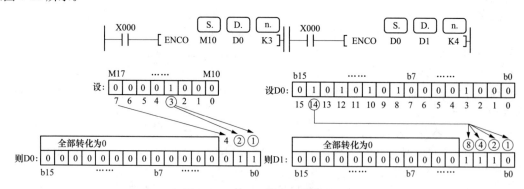

图 4-10　ENCO 指令的执行过程

在图 4-10 中，[n.] 为指定目标操作数 [D.] 中编码后的位数。如果 [S.] 为位元件，则 $n \leqslant 8$；如果 [S.] 为字元件，则 $n \leqslant 4$；如果 [S.] 有多个位为 1，则只有高位有效，忽略低位；如果 [S.] 全为 0，则运算出错。

4.2.7　流水灯控制仿真实训（二）

根据"4.2.3 流水灯控制仿真实训（一）"及表 4-1 可知，8 盏流水灯的循环点亮是依靠给 K2Y0 分别传送 H1、H2、H4、H8、H10、H20、H40、H80，而这些数值刚好是乘 2 的关系，因此，可以使用乘法指令 MULP 来实现；每隔 1s 顺序点亮采用定时器 T0 的振荡电路，循环控制采用比较指令 CMP，故改进的梯形图如图 4-11 所示。此外，这些数值也刚好是将数值"1"向左循环移动一位，因此，可以使用左循环移位指令 ROLP 来实现，每隔 1s 顺序点亮采用定时器 T0 的振荡电路，循环控制采用 ON 位判断指令 BON，故使用以上指令改进后的梯形图如图 4-12 所示。请参照"4.2.3 流水灯控制仿真实训（一）"的要求完成仿真实训。

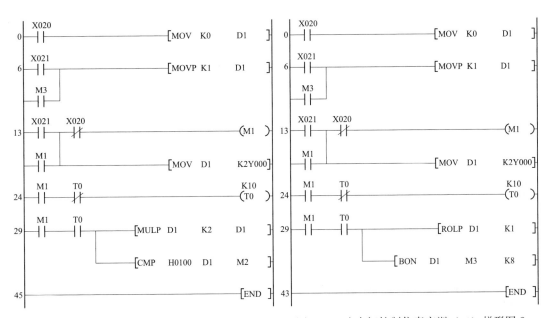

图 4-11　流水灯控制仿真实训（二）梯形图 1　　　　图 4-12　流水灯控制仿真实训（二）梯形图 2

4.2.8　外部设备 I/O 指令

外部设备 I/O 指令是可编程控制器的输入输出与外部设备进行数据交换的指令，这些指令可以通过简单的处理，进行较复杂的控制，因此具有方便指令的特点，下面仅介绍 SEGD、FROM 和 TO 3 条常用指令。

1. 七段译码显示指令 SEGD（FNC73）

七段译码显示指令的表现形式有 SEGD、SEGDP 2 种，占用 5 个程序步。SEGD 指令的使用说明如下：

当 X0 为 ON 时，将［S.］的低 4 位指定的 0～F（16 进制）的数据译成七段码，显示的数据存入［D.］的低 8 位，［D.］的高 8 位不变；当 X0 为 OFF 后，［D.］输出不变。

2. BFM 读出指令 FROM（FNC78）

BFM 读出指令的表现形式有 FROM、FROMP、DFROM 和 DFROMP 4 种，16 位指令占用 9 个程序步，32 位指令占用 17 个程序步。

FROM 指令是将特殊模块中缓冲寄存器（BFM）的内容读到可编程控制器的指令，其使用说明如下：

```
   X002         m₁         m₂        ( D. )      n
   ──┤├──[FROM   K1         K29       K4M0        K1         ]
                模块号      BFM#      接收地址     传送点数
```

当 X2 为 ON 时，将 1 号模块的 29 号缓冲寄存器（BFM）的内容读出传送到可编程控制器的 K4M0。上图中的 m_1 表示模块号，m_2 表示模块的缓冲寄存器（BFM）号，n 表示传送数据的个数。

3. BFM 写入指令 TO(FNC79)

BFM 写入指令的表现形式有 TO、TOP、DTO 和 DTOP 4 种，16 位指令占用 9 个程序步，32 位指令占用 17 个程序步。

TO 指令是将可编程控制器的数据写入特殊模块的缓冲寄存器（BFM）的指令，其使用说明如下：

```
   X000         m₁         m₂        ( S. )      n
   ──┤├──[TO    K1         K12       D0          K2         ]
                模块号      BFM#      传送地址     传送点数
```

当 X0 为 ON 时，将 PLC 数据寄存器 D1、D0 的内容写到 1 号模块的 13 号、12 号缓冲寄存器中。上图中的 m_1 表示特殊模块编号，m_2 表示特殊模块的缓冲寄存器（BFM）号，n 表示传送数据的个数。

对 FROM、TO 指令中的 m_1、m_2、n 的理解如下：

（1）m_1 特殊模块编号。它是连接在可编程控制器上的特殊模块的编号（简称模块号），模块号是从最靠近基本单元的那个开始，按从 0 到 7 的顺序排列，其范围为 0～7，用模块号可以指定 FROM、TO 指令对哪一个模块进行读写。

（2）m_2 缓冲寄存器（BFM）号。在特殊模块内设有 16 位 RAM，这些 RAM 就叫作缓冲寄存器（BFM），缓冲寄存器号为 0～32767，其内容根据模块的不同来决定。对于 32 位操作，指定的 BFM 为低 16 位，其下一个编号的 BFM 为高 16 位。

（3）n 传送数据个数。用 n 指定传送数据的个数，16 位操作时 $n=2$ 和 32 位操作时 $n=1$ 的含义相同。在特殊辅助继电器 M8164（FROM/TO 指令传送数据个数可变模式）为 ON 时，特殊数据寄存器 D8164（为 FROM/TO 指令传送数据个数指定的数据寄存器）的内容作为传送数据个数 n 进行处理。

4.2.9 触点比较指令

触点比较指令是由 LD、AND、OR 与关系运算符组合而成，通过对两个数值的关系运算来实现触点通和断的指令，总共有 18 个，触点比较指令见表 4-2。

表 4-2　　　　　　　　　　　触点比较指令

FNC NO.	指令记号	导通条件	FNC NO.	指令记号	导通条件
224	LD=	S1=S2 导通	236	AND<>	S1≠S2 导通
225	LD>	S1>S2 导通	237	AND≤	S1≤S2 导通
226	LD<	S1<S2 导通	238	AND≥	S1≥S2 导通
228	LD<>	S1≠S2 导通	240	OR=	S1=S2 导通
229	LD≤	S1≤S2 导通	241	OR>	S1>S2 导通
230	LD≥	S1≥S2 导通	242	OR<	S1<S2 导通
232	AND=	S1=S2 导通	244	OR<>	S1≠S2 导通
233	AND>	S1>S2 导通	245	OR≤	S1≤S2 导通
234	AND<	S1<S2 导通	246	OR>=	S1≥S2 导通

1. 触点比较指令 LD□（FNC224～FNC230）

LD□是连接到母线的触点比较指令，它又可以分为 16 位触点比较指令 LD＝、LD＞、LD＜、LD＜＞、LD≥、LD≤和 32 位触点比较指令 LDD＝、LDD＞、LDD＜、LDD＜＞、LDD≥、LDD≤。LD□触点比较程序如图 4-13 所示。

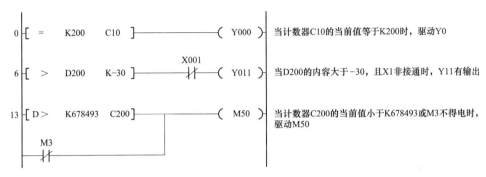

图 4-13　LD□触点比较程序

LD□触点比较指令的最高位为符号位（16 位操作时为 b15，32 位操作时为 b31），最高位为 1 则作为负数处理。C200 及以后的计数器的触点比较，都必须使用 32 位指令，若指定为 16 位指令，则程序会出错。其他的触点比较指令与此相似。

2. 触点比较指令 AND□（FNC232～FNC238）

AND□是串联连接的触点比较指令，它又可以分为 16 位触点比较指令 AND＝、AND＞、AND＜、AND＜＞、AND≥、AND≤和 32 位触点比较指令 ANDD＝、ANDD＞、ANDD＜、ANDD＜＞、ANDD≥、ANDD≤。AND□触点比较程序如图 4-14 所示。

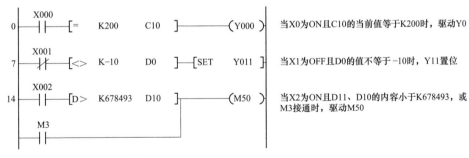

图 4-14　AND□触点比较程序

3. 触点比较指令 OR□（FNC240～FNC246）

OR□是并联连接的触点比较指令，它又可以分为 16 位触点比较指令 OR＝、OR＞、OR＜、OR＜＞、OR≥、OR≤和 32 位触点比较指令 ORD＝、ORD＞、ORD＜、ORD＜＞、ORD≥、ORD≤。OR□触点比较程序如图 4-15 所示。

4.2.10　程序设计实例

用功能指令设计一个数码管循环点亮的控制系统，其控制要求如下：

（1）手动时，每按一次按钮数码管显示数值加 1，由 0～9 依次点亮，并实现循环。

（2）自动时，每隔一秒数码管显示数值加 1，由 0～9 依次点亮，并实现循环。

解：（1）根据控制要求，其 I/O 分配为 X0：手动按钮，X1：手动/自动开关；Y0～Y6：数码管 a b c d e f g。

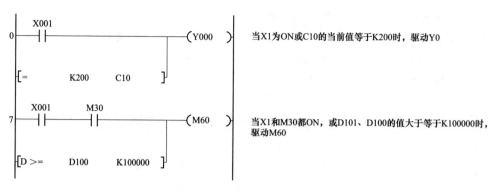

图 4-15   OR□触点比较程序

（2）根据系统控制要求，系统接线图如图 4-16（a）所示。

（3）根据系统的控制要求，数码管由 0～9 依次点亮，可用 INC 指令实现；数码管的循环点亮，可用 CMP 比较指令实现；数码管由 0～9 显示，可用 SEGD 指令实现；因此，其 PLC 程序如图 4-16（b）所示。

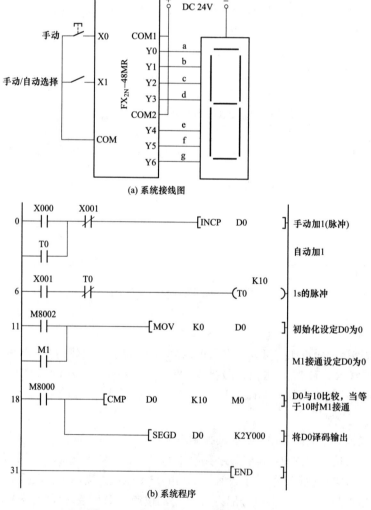

图 4-16   数码管循环点亮的控制系统

4.2.11　自动交通灯仿真实训

用功能指令设计一个交通灯的控制系统，其控制要求如下：自动运行时，按下起动按钮，信号系统按图 4-17 所示要求开始工作（绿灯闪烁周期为 1s），按下停止按钮，所有信号灯都熄灭。手动运行时，2 个方向的黄灯同时闪烁，周期为 1s。

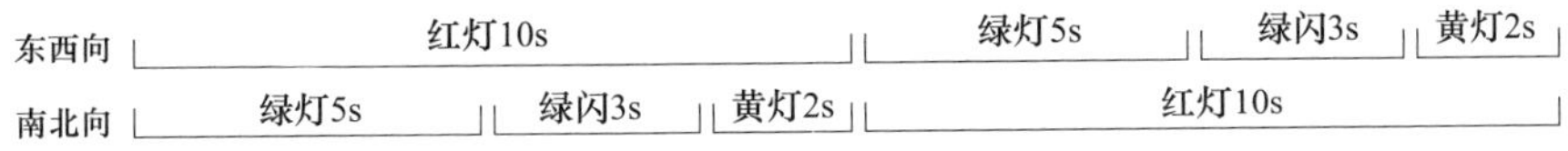

东西向	红灯10s		绿灯5s	绿闪3s	黄灯2s
南北向	绿灯5s	绿闪3s 黄灯2s	红灯10s		

图 4-17　自动交通灯控制时序图

1. I/O 分配

X20：起动/停止按钮，X24：手动开关（带自锁型）；Y0：东西向绿灯，Y1：东西向黄灯，Y2：东西向红灯，Y4：南北向绿灯，Y5：南北向黄灯，Y6：南北向红灯。

2. 程序设计

根据系统的控制要求及 I/O 分配，其梯形图如图 4-18 所示。

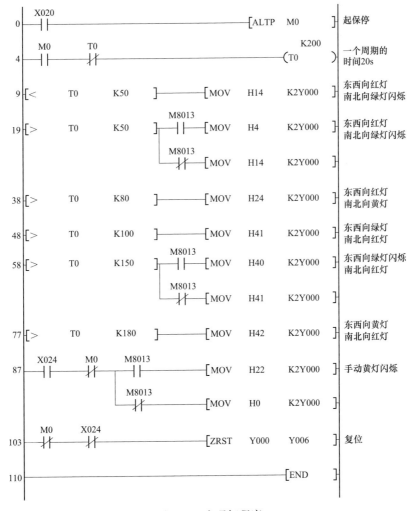

图 4-18　交通灯程序

3. 仿真实训

（1）打开 PLC 仿真软件，进入 D-3 仿真培训画面。

（2）在程序编辑区域输入图 4-18 所示梯形图，并核对无误后单击"PLC 写入"，即将编辑好的程序写入了模拟的 PLC 中。

（3）手动运行，将手动开关 X24 置于 ON，观察交通灯的动作情况是否正确，如不正确则检查程序，直到正确为止。

（4）自动运行，将手动开关 X24 置于 OFF，并按起动/停止按钮 X20 使系统起动，观察交通灯的动作情况是否正确，如不正确则检查程序，直到正确为止，再按一次按起动/停止按钮 X20 系统停止运行。

<h2 style="text-align:center">实训 12　功能指令应用实训</h2>

一、实训任务

用功能指令设计一个 8 站小车呼叫的控制系统，并在实训室完成模拟调试。

1. 控制要求

小车所停位置号小于呼叫号时，小车右行至呼叫号处停车；小车所停位置号大于呼叫号时，小车左行至呼叫号处停车；小车所停位置号等于呼叫号时，小车原地不动；小车运行时呼叫无效；具有左行、右行定向指示；具有小车行走位置的七段数码管显示。8 站小车呼叫的示意图如图 4-19 所示。

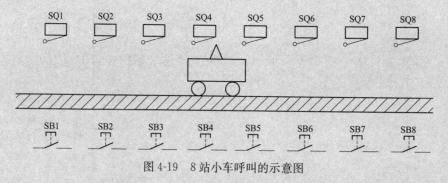

图 4-19　8 站小车呼叫的示意图

2. 实训目的

（1）掌握功能指令的基本用法。

（2）会应用功能指令编写较复杂的控制程序。

二、实训步骤

1. I/O 分配

根据系统控制要求，其 I/O 分配为 X0：1 号位呼叫 SB1，X1：2 号位呼叫 SB2，X2：3 号位呼叫 SB3，X3：4 号位呼叫 SB4，X4：5 号位呼叫 SB5，X5：6 号位呼叫 SB6，X6：7 号位呼叫 SB7，X7：8 号位呼叫 SB8，X10：SQ1，X11：SQ2，X12：SQ3，X13：SQ4，X14：SQ5，X15：SQ6，X16：SQ7，X17：SQ8；Y0：正转 KM1，Y1：反转 KM2，Y4：右行指示，Y5：左行指示，Y10～Y16：数码管 a～g。

2. 梯形图设计

根据系统控制要求及 I/O 分配，8 站小车呼叫的控制程序如图 4-20 所示。

3. 系统接线图

根据系统控制要求及 PLC 的 I/O 分配，8 站小车呼叫的系统接线图如图 4-21 所示。

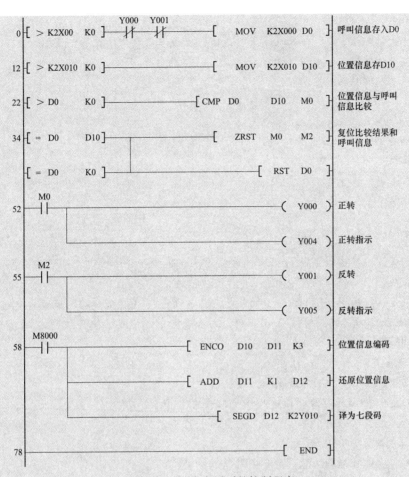

图 4-20　8 站小车呼叫的控制程序

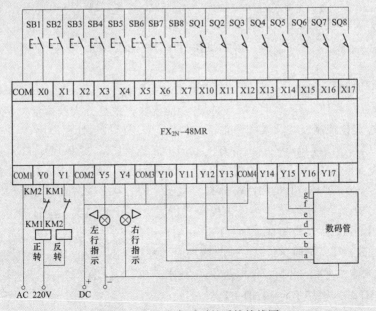

图 4-21　8 站小车呼叫的系统接线图

4. 实训器材

根据系统控制要求、I/O 分配及系统接线图，完成本实训需要配备如下器材：

(1) 可编程控制器实训装置 1 台。

(2) PLC 主机模块 1 个。

(3) 8 站小车呼叫模拟显示模块 1 个。

(4) 交流接触器模块 1 个。

(5) 数码管模块 1 个。

(6) 计算机 1 台。

(7) 电工常用工具 1 套。

(8) 导线若干。

5. 系统调试

(1) 程序输入。输入图 4-20 所示的程序。

(2) 静态调试。按图 4-21 所示的系统接线图正确连接好输入线路，观察 PLC 输出指示灯动作情况是否正确，如不正确则检查程序，直到正确为止。

(3) 动态调试。按图 4-21 所示的系统接线图正确连接好输出线路，观察接触器动作情况、方向指示情况、数码管显示情况，如不正确，则检查输出线路连接及 I/O 接口。

三、实训报告

1. 分析与总结

(1) 根据控制要求，画出系统的程序框图。

(2) 根据图 4-20 所示程序，简述程序的工作原理。

(3) 解释梯形图第一行中加 Y0、Y1 的常闭点的原因。

2. 巩固与提高

(1) 如何实现延时起动功能，并有延时起动报警？

(2) 如何给图 4-20 所示程序增加手动运行的程序，实现手动向左、向右运行？

(3) 设计一个 12 站小车呼叫的控制程序，控制要求与本实训相同。

4.3 特殊功能模块

PLC 的应用领域越来越广泛，控制对象也越来越多样化。为了处理一些特殊的控制，PLC 需要扩展一些特殊功能模块。FX 系列 PLC 的特殊功能模块大致可分为模拟量处理模块、数据通信模块、高速计数/定位控制模块及人机界面等。本章只介绍模拟量处理模块。

FX 系列 PLC 常用的模拟量控制设备有模拟量扩展板（FX$_{1N}$-2AD-BD、FX$_{1N}$-1DA-BD），普通模拟量输入模块（FX$_{2N}$-2AD、FX$_{2N}$-4AD、FX$_{2NC}$-4AD、FX$_{2N}$-8AD、FX$_{3U}$-4AD、FX$_{3UC}$-4AD），模拟量输出模块（FX$_{2N}$-2DA、FX$_{2N}$-4DA、FX$_{2NC}$-4DA、FX$_{3U}$-4DA），模拟量输入输出混合模块（FX$_{2N}$-5A、FX$_{0N}$-3A），温度传感器用输入模块（FX$_{2N}$-4AD-PT、FX$_{2N}$-4AD-TC、FX$_{2N}$-8AD），温度调节模块（FX$_{2N}$-2LC）及模拟适配器（FX$_{3U}$-4AD-ADP、FX$_{3U}$-4DA-ADP、FX$_{3U}$-4AD-PT-ADP、FX$_{3U}$-4AD-TC-ADP）等。下面介绍温度传感器用输入模块 FX$_{2N}$-4AD-PT、模拟量输出模块 FX$_{2N}$-2DA、模拟量输入模块 FX$_{3U}$-4AD 及模拟量输入/输出模块 FX$_{2N}$-5A。

4.3.1 温度 A/D 输入模块 FX$_{2N}$-4AD-PT

温度 A/D 输入模块的功能是把现场的模拟温度信号转换成相应的数字信号传送给 CPU。FX$_{2N}$系列 PLC 有热电偶传感器输入型和铂温度传感器输入型两类温度 A/D 输入模块，两类模块的基本原理相同，下面详细介绍 FX$_{2N}$-4AD-PT 模块。

　　FX$_{2N}$-4AD-PT 模拟特殊模块将来自 4 个铂温度传感器（Pt100，3 线，100Ω）的输入信号放大，并将其转换成 12 位的可读数据，存储在存储器保护单元（MPU）中，摄氏度和华氏度数据都可读取。它与 PLC 之间通过缓冲存储器交换数据，数据的读出和写入通过 FROM/TO 指令来进行。

　　1. 技术指标

　　FX$_{2N}$-4AD-PT 的技术指标见表 4-3。

表 4-3　　　　　　　　　　　　　　　**FX$_{2N}$-4AD-PT 的技术指标**

项　　目	摄氏度（℃）	华氏度（℉）
模拟量输入信号	铂温度 Pt100 传感器（100Ω），3 线，4 通道	
传感器电流	Pt100 传感器 100Ω 时，1mA	
额定温度范围	−100～+600	−148～+1112
数字输出	−1000～+6000	−1480～+11 120
	12 位转换（11 个数据位 + 1 个符号位）	
最小分辨率	0.2～0.3	0.36～0.54
整体精度	满量程的 ±1%	
转换速度	15ms	
电源	主单元提供直流 5V/30mA，外部提供直流 24V/50mA	
占用 I/O 点数	占用 8 个点，可分配为输入或输出	
适用 PLC	FX$_{1N}$、FX$_{2N}$、FX$_{2NC}$	

　　2. 接线方式

　　FX$_{2N}$-4AD-PT 接线图如图 4-22 所示。接线时必须注意以下事项：

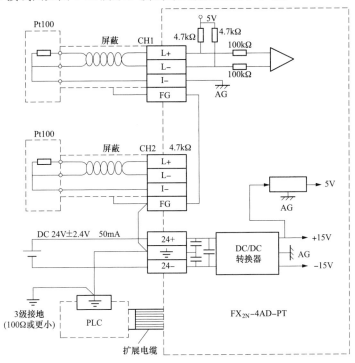

图 4-22　FX$_{2N}$-4AD-PT 接线图

（1）FX$_{2N}$-4AD-PT 应使用 Pt100 传感器的电缆或双绞屏蔽电缆作为模拟输入电缆，并且和电源线或其他可能产生电气干扰的电线隔开。

（2）可以采用压降补偿的方式来提高传感器的精度。如果存在电气干扰，将电缆屏蔽层与外壳地线端子（FG）连接到 FX$_{2N}$-4AD-PT 的接地端和主单元的接地端。如可行的话，可在主单元使用 3 级接地。

（3）FX$_{2N}$-4AD-PT 可以使用可编程控制器外部或内部的 24V 电源。

3. 缓冲存储器

FX$_{2N}$-4AD-PT 的缓冲存储器（BFM）分配见表 4-4。

表 4-4 　　　　　　　　　　　　　　FX$_{2N}$-4AD-PT 的 BFM 分配表

BFM	内　　容	说　　明
* 1～4 号	CH1～CH4 的平均温度的采样次数（1～4096），默认值为 8	① 平均温度的采样次数被分配给 BFM1～BFM4 号。只有 1～4096 的范围是有效的，溢出的值将被忽略，默认值为 8。② 最近转换的一些可读值被平均后，给出一个平均后的可读值。平均数据保存在 BFM5～BFM8 号和 BFM13～BFM16 号中。③ BFM9～BFM12 号和 BFM17～BFM20 号保存输入数据的当前值。这个数值以 0.1℃ 或 0.1℉ 为单位，不过可用的分辨率为 0.2～0.3℃ 或者 0.36～0.54℉。④ 带 * 的 BFM 可使用 TO 指令写入数据，其他的只能用 FROM 读出数据
5～8 号	CH1～CH4 在 0.1℃ 单位下的平均温度	
9～12 号	CH1～CH4 在 0.1℃ 单位下的当前温度	
13～16 号	CH1～CH4 在 0.1℉ 单位下的平均温度	
17～20 号	CH1～CH4 在 0.1℉ 单位下的当前温度	
21～27 号	保留	
* 28 号	数字范围错误锁存	
29 号	错误状态	
30 号	识别号 K2040	
31 号	保留	

（1）缓冲存储器 BFM28 号。BFM28 号是数字范围错误锁存，它锁存每个通道的错误状态，FX$_{2N}$-4AD-PT 的 BFM28 号位信息见表 4-5，此表可用于检查传感器是否断开。

表 4-5 　　　　　　　　　　　　　　FX$_{2N}$-4AD-PT 的 BFM28 号位信息

b15～b8	b7	b6	b5	b4	b3	b2	b1	b0
未　用	高	低	高	低	高	低	高	低
	CH4		CH3		CH2		CH1	

注　"低"表示当测量温度下降，并低于最低可测量温度极限时，对应位为 ON；"高"表示当测量温度升高，并高于最高可测量温度极限或者传感器断开时，对应位为 ON。

如果出现错误，则在错误出现之前的温度数据被锁存。如果测量值返回到有效范围内，则温度数据返回正常运行，但错误状态仍然被锁存在 BFM28 号中。当错误消除后，可用 TO 指令向 BFM28 号写入 K0 或者关闭电源，以清除错误锁存。

（2）缓冲存储器 BFM29 号。BFM29 号中各位的状态是 FX$_{2N}$-4AD-PT 运行正常与否的信息，FX$_{2N}$-4AD-PT BFM29 号位信息见表 4-6。

（3）缓冲存储器 BFM30 号。FX$_{2N}$-4AD-PT 的识别码为 K2040，它存放在缓冲存储器 BFM30 号中。在传输/接收数据之前，可以使用 FROM 指令读出特殊功能模块的识别码（或 ID），以确认正在对此特殊功能模块进行操作。

表 4-6　　　　　　　　　　　　　FX₂ₙ-4AD-PT BFM29 号位信息

BFM29 号各位的功能	ON（1）	OFF（0）
b0：错误	如果 b1~b3 中任何一个为 ON，出错通道的 A/D 转换停止	无错误
b1：保留	保留	保留
b2：电源故障	DC 24V 电源故障	电源正常
b3：硬件错误	A/D 转换器或其他硬件故障	硬件正常
b4~b9：保留	保留	保留
b10：数字范围错误	数字输出/模拟输入值超出指定范围	数字输出值正常
b11：平均值的采样次数错误	采样次数超出范围，参考 BFM1~4 号	正常（1~4096）
b12~b15：保留	保留	保留

4．实例程序

FX₂ₙ-4AD-PT 的基本程序如图 4-23 所示，该程序中 FX₂ₙ-4AD-PT 模块占用特殊模块 0 的位置（即紧靠可编程控制器），平均采样次数是 4，输入通道 CH1~CH4 中以 ℃ 表示的平均温度值分别保存在数据寄存器 D10~D13 中。

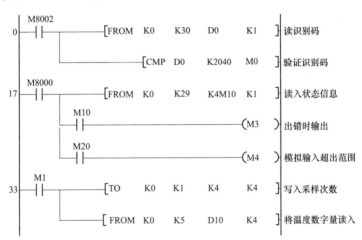

图 4-23　FX₂ₙ-4AD-PT 的基本程序

实训 13　FX₂ₙ-4AD-PT 的应用

一、实训目的

（1）熟悉 A/D 特殊功能模块的连接、操作和调整。

（2）掌握 A/D 特殊功能模块程序设计的基本方法。

（3）进一步掌握 PLC 功能指令的应用。

二、实训器材

（1）可编程控制器实训装置 1 台。

（2）PLC 主机模块 1 个（含 FX₂ₙ-4AD-PT 模块）。

（3）指示灯模块 1 个。

（4）Pt100 温度传感器 2 个。

（5）计算机1台。

（6）电工常用工具1套。

（7）导线若干。

三、实训内容与步骤

FX$_{2N}$-4AD-PT的应用。其控制要求如下：比较FX$_{2N}$-4AD-PT的CH1、CH2通道所采集的温度，当CH1通道所采集的温度低于CH2通道时，输出指示灯L1亮；当CH1通道所采集的温度高于CH2通道时，输出指示灯L2亮。

1. I/O分配

根据系统控制要求，其I/O分配为Y0：L1指示灯，Y1：L2指示灯。

2. 程序设计

根据系统控制要求，其系统程序如图4-24所示。

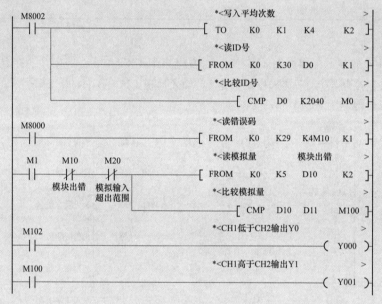

图4-24　系统程序

3. 系统接线图

系统接线图如图4-25所示。

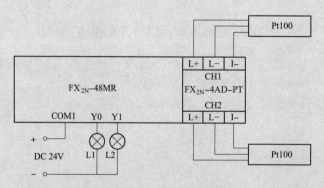

图4-25　系统接线图

4. 系统调试

(1) 将图 4-24 所示程序写入 PLC，连接好 FX_{2N}-4AD-PT 的 24V 电源。

(2) 按图 4-25 所示接好 PLC 的 I/O 电路和 FX_{2N}-4AD-PT 的模拟输入信号。

(3) 用手握住 CH1 通道的温度传感器，观察指示灯的动作情况，然后自然冷却；接着再用手握住 CH2 通道的温度传感器，观察指示灯的动作情况。如果指示灯没有发生变化，应首先检查 24V 电源是否准确接入或编写程序时模块编号是否正确；如果正确，检查 FX_{2N}-4AD-PT 与 PLC 连接的通信线及模拟输入电路，直到正确为止。

(4) 监视 CH1、CH2 通道对应数字量的变化情况。运行程序，改变温度传感器的温度，同时监视其对应数字量的变化。温度与数字量的对应关系见表 4-7。

表 4-7　　　　　　　　　　　　　　　温度与数字量的对应关系

温度(℃)	0	10	20	30	40	50	60	70	80	90
数字量	0	100	200	300	400	500	600	700	800	900

四、实训报告

1. 分析与总结

(1) Pt100 如何跟 FX_{2N}-4AD-PT 进行连接？

(2) 监视 CH1、CH2 通道时，若数字量比较大（例如 6500），可能的原因是什么？

2. 巩固与提高

(1) 若 Pt100 连接在 FX_{2N}-4AD-PT 的 CH3 和 CH4 通道，则本实训的程序应该如何设计？

(2) 查阅相关资料，试问 Pt100 为什么采用 3 端输入的方式，有什么作用？

4.3.2　D/A 输出模块 FX_{2N}-2DA

FX_{2N}-2DA 模拟输出模块用于将 12 位的数字量转换成 2 路模拟信号输出（电压输出和电流输出）。根据接线方式的不同，模拟输出可在电压输出和电流输出中进行选择；也可以是一个通道为电压输出，另一个通道为电流输出。PLC 可使用 FROM、TO 指令与它进行数据传输。

1. 技术指标

FX_{2N}-2DA 的技术指标见表 4-8。

表 4-8　　　　　　　　　　　　　　　FX_{2N}-2DA 的技术指标

项　　目	输出电压	输出电流
模拟量输出范围	0～10V 直流，0～5V 直流	4～20mA
数字输出	12 位	
分辨率	2.5mV(10V/4000) 1.25mV(5V/4000)	4μA(16mA/4000)
总体精度	满量程±1%	
转换速度	4ms/通道	
电源规格	主单元提供 5V/30mA 和 24V/85mA	
占用 I/O 点数	占用 8 个 I/O 点，可分配为输入或输出	
适用的 PLC	FX_{1N}、FX_{2N}、FX_{2NC}	

2. 接线方式

FX_{2N}-2DA 的接线如图 4-26 所示。

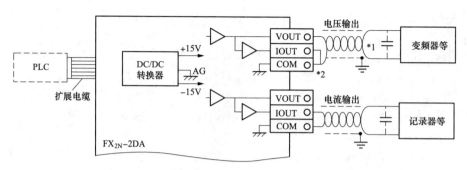

图 4-26　FX₂ₙ-2DA 接线图

＊1——当电压输出存在波动或有大量噪声时，在图中位置处连接 0.1～0.47μF 25V DC 的电容；

＊2——对于电压输出，须将 IOUT 和 COM 进行短路。

3. 缓冲存储器

FX₂ₙ-2DA 的缓冲存储器（BFM）分配见表 4-9。

表 4-9　　　　　　　　　　　　　FX₂ₙ-2DA 的 BFM 分配表

BFM 编号	b15～b8	b7～b3	b2	b1	b0
0～15 号	保留				
16 号	保留	输出数据的当前值（8 位数据）			
17 号	保留		D/A 低 8 位 数据保持	通道 1 的 D/A 转换开始	通道 2 的 D/A 转换开始
18 号或更大	保留				

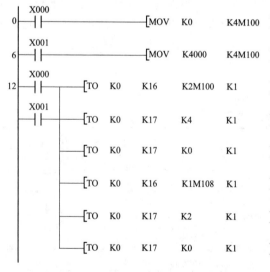

图 4-27　FX₂ₙ-2DA 的偏移和增益的调整程序

BFM16 号：存放由 BFM17 号指定通道的 D/A 转换数据。D/A 数据以二进制形式出现，并以低 8 位和高 4 位两部分顺序进行存放和转换。

BFM17 号：b0：通过将 1 变成 0，通道 2 的 D/A 转换开始；b1：通过将 1 变成 0，通道 1 的 D/A 转换开始；b2：通过将 1 变成 0，D/A 转换的低 8 位数据保持。

4. 偏移和增益的调整

FX₂ₙ-2DA 的偏移和增益的调整程序如图 4-27 所示。

偏移和增益的调整方法如下：

（1）弄清楚 D/A 转换后的模拟量从哪个通道输出（图 4-27 所示程序是从 CH1 通道输出）。

（2）调整偏移/增益时，应按照偏移调整和增益调整的顺序进行。

（3）调整偏移时，将 X0 置 ON；调整增益时，将 X1 置 ON。

（4）通过 OFFSET 和 GAIN 旋钮对通道 1 进行偏移调整和增益调整。

（5）反复交替调整偏移值和增益值，直到获得稳定的数值（即数字量为 0 时，模拟输出为 0mV 或 4mA；数字量为 4000 时，模拟输出为 10V 或 20mA）。

实训 14　FX₂N-2DA 的应用

一、实训目的

(1) 熟悉 D/A 特殊功能模块的连接、操作和调整。

(2) 掌握 D/A 特殊功能模块程序设计的基本方法。

(3) 进一步掌握 PLC 功能指令的应用。

二、实训器材

(1) 可编程控制器实训装置 1 台。

(2) PLC 主机模块 1 个（含 FX₂N-2DA 模块）。

(3) 开关、按钮板模块 1 个。

(4) 计算机 1 台。

(5) 电工常用工具 1 套。

(6) 导线若干。

三、实训内容与步骤

FX₂N-2DA 的应用。其控制要求如下：按 X1～X5 可分别输出 1V、2V、3V、4V、5V 的模拟电压；按 X10、X11 可以实现输出补偿，补偿的范围为 -1～1V。

1. I/O 分配

根据系统控制要求，其 I/O 分配为 X1：SB1，X2：SB2，X3：SB3，X4：SB4，X5：SB5，X10：SB6 补偿加，X11：SB7 补偿减。

2. 程序设计

根据系统控制要求，其系统程序如图 4-28 所示。

3. 系统接线图

系统接线图如图 4-29 所示。

4. 系统调试

(1) 调整好 FX₂N-2DA 偏移和增益（参考图 4-27），使偏移量和增益分别为 0V 和 10V。

(2) 将图 4-28 所示程序写入 PLC 中。

(3) 按图 4-29 所示连接 PLC 的 I/O 电路和 FX₂N-2DA 的模拟输出电路。

(4) 运行程序，用电压表测量通道 CH1 的电压，输出为 0V。

(5) 分别接通 X1～X5，输出电压分别为 1V、2V、3V、4V、5V。如不正确，监视 D0 的值，D0 的值应和表 4-10 的数据吻合，如与表 4-10 不符，则检查程序和输入电路是否正确；如 D0 值为 0 或不变，则首先检查模块编号是否正确，然后检查与 PLC 的连接及模拟输出电路。

表 4-10　　　　　　　　　　　　　　输入及输出电压的对应关系

输入	X1	X2	X3	X4	X5
数字量 D0	400	800	1200	1600	2000
模拟量	1V	2V	3V	4V	5V

(6) 按 SB6 或 SB7，每按一次 D0 的值加 10 或减 10，使输出模拟量发生微小变化。如调整无效，首先观察 D11 的值是否变化，再检查 D0 的变化情况，直到数字量变化正确。

四、实训报告

1. 分析与总结

(1) 给图 4-28 所示程序加适当的注释。

(2) 试分别画出电流输出与电压输出时的接线图。

(3) 写出偏移（OFFSET）和增益（GAIN）的调整过程。

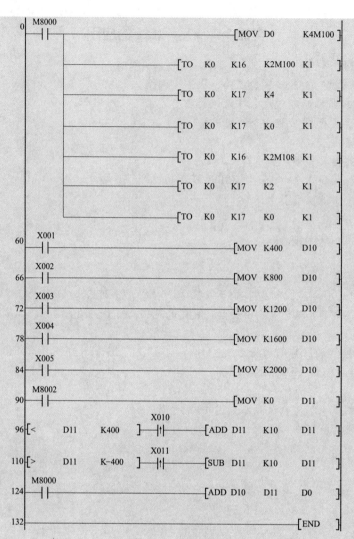

图 4-28　系统程序

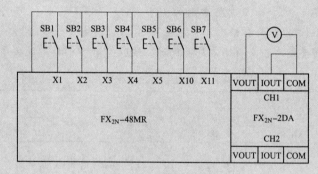

图 4-29　系统接线图

2. 巩固与提高

（1）如果偏移为 0V，增益为 5V，程序应该怎么修改？

（2）程序中使用了 K4M100、K2M100、K2M108，为什么不用寄存器 D？

（3）若要在通道 CH2 输出，则本实训程序应该如何设计？

4.3.3　模拟量输入模块 FX$_{3U}$-4AD

FX$_{3U}$-4AD 是具有电压和电流输入的 4 通道 A/D 模块，其精度高达 15 位（电压输入），并具有数字滤波、自动发送、数据加法运算、上下限检测、突变检测、峰值保持等功能，这些都是其他 FX$_{2N}$ 系列及以前的 A/D 模块不具备的功能，FX$_{3U}$-4AD 可连接 FX$_{3U}$ PLC 或 FX$_{3UC}$ PLC，且一个主单元最多可以连接 8 台 FX$_{3U}$-4AD。

1. 性能规格

FX$_{3U}$-4AD 的性能规格见表 4-11。

表 4-11　　　　　　　　　　　　　　FX$_{3U}$-4AD 的性能规格

项目	规格	
	电压输入	电流输入
模拟量输入范围	DC −10～+10V（输入电阻 200kΩ）	DC −20～+20mA，4～20mA（输入电阻 250Ω）
偏移值	−10～+9V	−20～+17mA
增益值	−9～+10V	−17～+20mA
最大绝对输入	−15～+15V	−30～+30mA
数字量输出	16 位二进制（带符号）	15 位二进制（带符号）
分辨率	0.32mV（20V/64 000）	1.25μA（40mA/32 000）
A/D 转换时间	500μs×使用通道数	
占用点数	8 点（可为输入或输出）	

2. 接线方式

FX$_{3U}$-4AD 接线如图 4-30 所示。从图 4-30 中可知，使用 FX$_{3U}$-4AD 单元时需要加 24V 直流工作电源，可以直接连接主单元的 24V 直流输出或外接电源。模拟输入线路采用屏蔽双绞线，并与其他动力线分开。在使用电流输入时，把 V+ 和 I+ 端子短接；如果使用电压输入有电压波动时，需要连接 0.1～0.47μF 电容。

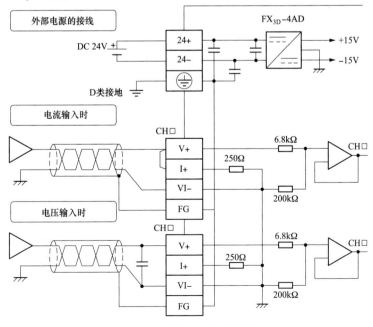

图 4-30　FX$_{3U}$-4AD 接线图

3. 缓冲寄存器

（1）缓冲寄存器的读出、写入方法。FX₃ᵤ-4AD 读出、写入的方法有两种，一种为通过 FROM、TO 指令对缓冲寄存器（BFM）进行操作；另一种为通过数据传送指令以及数据运算指令进行操作，如通过 MOV、ADD、SUB、MUL、DIV 等指令进行读写。

采用 FROM、TO 指令的读写方法如下：

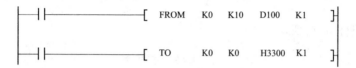

采用传送指令和数据运算指令的读写方法如下：

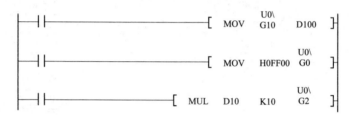

采用传送指令和数据运算指令读写时，U□表示模块号（0～7），G□表示缓冲寄存器 BFM0～BFM6999 号。

（2）BFM 介绍。FX₃ᵤ-4AD 的 BFM 分配见表 4-12。

表 4-12　　　　　　　　　　　FX₃ᵤ-4AD 的 BFM 分配表

BFM 编号	内　　容	设定范围	初始值	数据的处理
0 号	指定通道 1～4 的输入模式	见后	H0000	十六进制
2 号	通道 1 平均采样次数	1～4096	1	十进制
3 号	通道 2 平均采样次数	1～4096	1	十进制
4 号	通道 3 平均采样次数	1～4096	1	十进制
5 号	通道 4 平均采样次数	1～4096	1	十进制
6 号	通道 1 数字滤波设定	1～1600	0	十进制
7 号	通道 2 数字滤波设定	1～1600	0	十进制
8 号	通道 3 数字滤波设定	1～1600	0	十进制
9 号	通道 4 数字滤波设定	1～1600	0	十进制
10 号	通道 1 数据	—	—	十进制
11 号	通道 2 数据	—	—	十进制
12 号	通道 3 数据	—	—	十进制
13 号	通道 4 数据	—	—	十进制
19 号	设定禁止功能（包括 0 号、20 号、21 号、22 号、41～44 号、51～54 号）	允许：K2080；禁止：K2080 外任何数	2080	十进制
20 号	功能初始化	0 或 1	0	十进制
21 号	输入特性写入	见后	H0000	十六进制
29 号	出错状态		H0000	十六进制
30 号	机型代号	—	2080	十进制

BFM 编号	内 容	设定范围	初始值	数据的处理
41 号	通道 1 偏移数据	电压输入： −10 000～9000V 电流输入： −20 000～17 000A	0	十进制
42 号	通道 2 偏移数据		0	十进制
43 号	通道 3 偏移数据		0	十进制
44 号	通道 4 偏移数据		0	十进制
51 号	通道 1 增益数据	电压输入： −9000～10 000V 电流输入： −17 000～30 000A	5000	十进制
52 号	通道 2 增益数据		5000	十进制
53 号	通道 3 增益数据		5000	十进制
54 号	通道 4 增益数据		5000	十进制

1）BFM0 号输入模式设定。输入模式设定采用 4 位 HEX 码，如下所示：

通过在各位中设定 0～8、F 的数值，即可改变输入的模式，BFM0 号输入模式设定见表 4-13。

表 4-13   **BFM0 号输入模式设定**

设定值 HEX	输入模式	模拟量输入范围	数字量输出范围
0	电压输入模式	−10～+10V	−32 000～+32 000
1	电压输入模式	−10～+10V	−4000～+4000
2	电压输入模拟量直接显示模式	−10～+10V	−10 000～+10 000
3	电流输入模式	4～20mA	0～16 000
4	电流输入模式	4～20mA	0～4000
5	电流输入模拟量直接显示模式	4～20mA	4000～20 000
6	电流输入模式	−20～20mA	−16 000～+16 000
7	电流输入模式	−20～20mA	−4000～+4000
8	电流输入模拟量直接显示模式	−20～20mA	−20 000～+20 000
F	通道不使用	—	—

2）BFM2～BFM5 号平均次数设定（通道 1～4）。平均次数即为采样的平均次数，FX₃ᵤ-4AD 采样的平均次数的设定范围为 1～4096，当设置为 1 或以下、或 4095 以上的数值时为输出及时数据，并在每次 A/D 转换结束时刷新输出；但设置为 0 和 4096 时 BFM29 号的 b10 出错；设定为 2～400 时，每次 A/D 转换结束即计算平均值，并刷新输出；设定为 401～4095 时，每达到平均次数，即计算平均值，并刷新输出。

3）BFM6～BFM9 号数字滤波器设定（通道 1～4）。可设定范围为 1～1600，0 或 1601 以上均为无效。

当数字滤波器设定的次数大于模拟量信号波动的采样次数范围，即模拟量的波动范围较小时，将忽略这些波动，转换为稳定的数字量输出。当数字滤波器设定的次数小于模拟量信号波动的采样次数范围，即模拟量的波动范围较大时，输出数字量将跟随模拟量的变化而变化。

4）BFM10～BFM13 号通道输出设定。依照采样次数设定（BFM2～BFM5 号）和数字滤波器（BFM6～BFM9 号）的设定将 A/D 转换的结果保存在 BFM10～BFM13 号中。

5）BFM20 号初始化设置。即将 BFM0～BFM6900 号恢复到出厂时的设置，将 BFM20 号先写入 K1（约需 5s），然后再写入 K0，完成初始化设置。

6）BFM21 号输入特性写入设定。BFM21 号的低 4 位预先分配给 4 个通道，在写入增益和偏移数据时需将对应通道的位置 ON，写入完毕后再置 OFF，否则增益和偏移数据写入无效。

7）BFM29 号出错状态设定。BFM29 号出错状态标志见表 4-14。

表 4-14　　　　　　　　　　　　　　　BFM29 号出错状态标志

位编号	项　　目	内　　容
b0	有出错	b2～b4 任意位出错，b0 置 ON
b2	电源异常	24V 电源没有正常供给
b3	硬件异常	CPU 可能出错
b4	A/D 转换异常	—
b6	不能读出、写入 BFM	正在处理输入特性变更，所以不能进行读写
b8	有设定值出错	b10～b15 任何一位出错即为 ON
b10	平均次数设定出错	BFM2～BFM5 号设定出错
b11	数字滤波设定出错	BFM6～BFM9 号设定出错
b12	突变检测设定出错	BFM91～BFM94 号设定出错
b13	上下检测设定出错	BFM71～BFM74 号设定出错
b15	加法运算数据设定出错	BFM61～BFM64 号设定出错

8）BFM41～BFM44 号、BFM51～BFM54 号偏移和增益设定。通过 BFM0 号的指定范围对偏移和增益进行设定，其中 BFM0 号设定为 2、5、8 时不能修改偏移和增益数据。偏移和增益出厂设定见表 4-15。

表 4-15　　　　　　　　　　　　　　　偏移和增益出厂设定

BFM0 号设定值	偏移 BFM41～BFM44 号（通道 1～4）		增益 BFM51～BFM54 号（通道 1～4）	
	基准值	初始值	基准值	初始值
0	0	0mV	16 000	5000mV
1	0	0mV	2000	5000mV
2	0	0mV	5000	5000mV
3	0	4000μA	16 000	20 000μA
4	0	4000μA	4000	20 000μA
5	4000	4000μA	20 000	20 000μA
6	0	0μA	16 000	20 000μA
7	0	0μA	4000	20 000μA
8	0	0μA	20 000	20 000μA

实训 15　FX$_{3U}$-4AD 的应用

一、实训目的

（1）熟悉 A/D 特殊功能模块的连接、操作和调整。

（2）掌握 A/D 特殊功能模块的程序编写的基本方法。

（3）进一步掌握 PLC 功能指令的应用。

二、实训器材

（1）可编程控制器实训装置 1 台。

（2）PLC 主机模块 1 个（含 FX$_{3U}$-48MR 和 FX$_{3U}$-4AD）。

（3）指示灯模块 1 个。

（4）开关、按钮板模块 1 个。

（5）计算机 1 台。

（6）电工常用工具 1 套。

（7）导线若干。

三、实训内容与步骤

FX_{3U}-4AD 的应用。其控制要求如下：将 FX_{3U}-4AD 的通道 CH1、CH2 分别通过两个 12V 可调开关电源装置输入两个模拟电压（0～10V），改变通道的输入电压，当 CH1 通道的电压小于 CH2 通道的电压时，输出指示灯 L1 亮；当 CH1 通道的电压大于 CH2 通道的电压 1V 时，输出指示灯 L2 亮；当 CH1 通道的电压大于 CH2 通道的电压 2V 时，输出指示灯 L3 亮；当 CH1 通道的电压大于 CH2 通道的电压 3V 时，输出指示灯 L4 亮；当 CH1 通道和 CH2 通道的电压都大于 5V 时，输出指示灯 L5 亮。

1. I/O 分配

根据系统控制要求，其 I/O 分配为 X0：起动，X1：停止；Y0：L1 指示灯，Y1：L2 指示灯，Y2：L3 指示灯，Y3：L4 指示灯，Y4：L5 指示灯。

2. 程序设计

根据系统控制要求，其系统程序如图 4-31 所示。

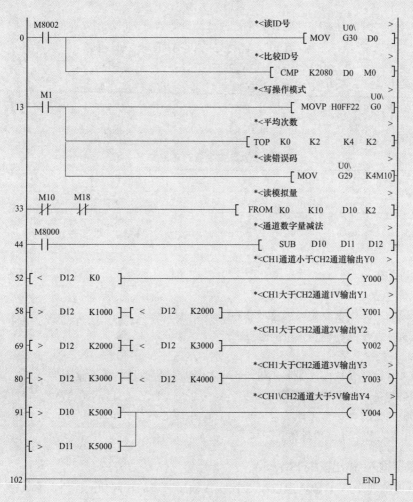

图 4-31　系统程序

3. 系统接线图

根据控制要求及 I/O 分配，其系统接线如图 4-32 所示。

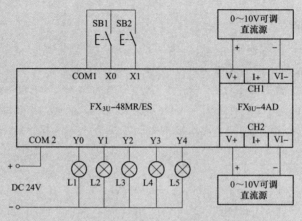

图 4-32　系统接线图

4. 系统调试

（1）保持出厂时的偏移和增益，如果已经修改，则通过 BFM20 号进行恢复。

（2）将图 4-31 所示程序写入 PLC，连接好 FX_{3U}-4AD 的 24V 电源。

（3）按图 4-32 所示接好 PLC 的 I/O 电路和 FX_{3U}-4AD 的模拟输入信号。

（4）运行程序，调整输入电压，监视通道 CH1、CH2 对应数字量的变化情况，其对应关系见表 4-16。如果改变输入电压，数字量没有发生变化或显示为"0"，应首先检查模块编号是否正确，如果正确，则检查 FX_{3U}-4AD 与 PLC 连接的通信线及模拟输入电路，直到正确为止。

表 4-16　　　　　　　　　　　　模拟量与数字量的对应关系

模拟量	1V	2V	3V	4V	5V	6V	7V	8V	9V	10V
数字量	1000	2000	3000	4000	5000	6000	7000	8000	9000	10 000

（5）按控制要求输入电压，观察指示灯的动作情况，如动作不正确，检查系统程序和输出电路。

四、实训报告

1. 分析与总结

（1）请设计一个增益和偏移调整的程序。

（2）写出恢复增益和偏移调节的过程。

2. 巩固与提高

（1）如果模拟电压输入改为电流输入，电路应该如何连接？画出接线图。

（2）如果通道 CH1、CH2 不能使用，要改为通道 CH3、CH4，则程序要如何修改？

（3）请使用数据传送类指令（不使用 TO 和 FROM 指令）实现图 4-31 所示程序的功能，并参照实训 15 的要求完成程序的调试。

4.3.4　模拟量输入/输出模块 FX_{2N}-5A

FX_{2N}-5A 是有 4 个 A/D 输入通道和 1 个 D/A 输出通道的特殊功能模块，输入通道将现场的模拟信号（可以是电压或电流）转化为数字量送给 PLC 处理，输出通道将 PLC 中的数字量转化为模拟信号（可以是电压或电流）输出给现场设备。FX_{2N}-5A 可以连接 FX_{3U}、FX_{2N}、FX_{2NC}、FX_{1N}、

FX_{0N}、H_{2U}系列 PLC，其输入和输出技术指标见表 4-17。

表 4-17 　　　　　　　　　　　　　**FX_{2N}-5A 输入和输出技术指标**

项目		电压输入			电流输入		
模拟输入	模拟量输入	$-10\sim+10V$ DC	偏移	$-32V\sim5V$	$-20\sim+20mA$	偏移	$-32mA\sim10mA$
			增益	$-5V\sim32V$		增益	$-10mA\sim32mA$
		$-100mV\sim100mV$	偏移	$-320mV\sim50mV$	$+4\sim20mA$	偏移	$-32mA\sim10mA$
			增益	$-50mV\sim320mV$		增益	$-10mA\sim32mA$
	最大输入值	$\pm15V$			$\pm30mA$		
	数字量	带符号的 16 或 12 位二进制			带符号的 15 位二进制		
	分辨率	$20V\times1/64\ 000$（$-10\sim+10VDC$）或 $200mV\times1/4000$（$-100mV\sim100mV$）			$40mA\times1/4000$ 或 $40mA\times1/32\ 000$		
	精度	0.3%（$25℃\pm5℃$），0.5%（$0\sim+55℃$）					
模拟输出	模拟量输出	$-10\sim+10V$ DC	偏移	$-32V\sim5V$	$0\sim+20mA$ $+4\sim20mA$	偏移	$-32mA\sim10mA$
			增益	$-5V\sim32V$		增益	$-10mA\sim32mA$
	数字量	带符号的 12 位二进制			带符号的 10 位二进制		
	分辨率	$20V\times1/4000$			$40mV\times1/4000$		
	精度	$\pm0.5\%$（$25℃\pm5℃$），$\pm1\%$（$0\sim+55℃$）					

1. FX_{2N}-5A 接线图

FX_{2N}-5A 接线图如图 4-33 所示。

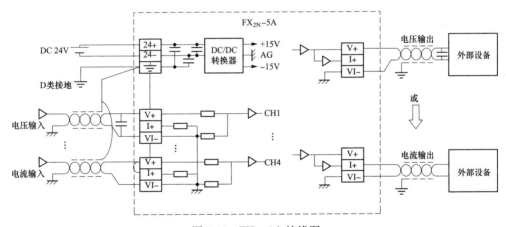

图 4-33　FX_{2N}-5A 接线图

2. 缓冲存储器（BFM）分配

FX_{2N}-5A 缓冲寄存器编号 BFM0～BFM249 号，其中一部分作为保留单元，不能使用 FROM/TO 指令对其进行读写，否则 FX_{2N}-5A 模块动作异常，其缓冲寄存器分配见表 4-18。

表 4-18 　　　　　　　　　　　　　**FX2N-5A 缓冲寄存器分配表**

BFM 编号	内　　　容	说　　　明
0 号	指定 CH1～CH4 的输入模式	可停电保持，出厂设置 H0000
1 号	指定输出模式	可停电保持，出厂设置 H0000

续表

BFM 编号	内　　容	说　　明
2～5 号	CH～CH41 的平均数据采样次数，设定范围 1～256	出厂设置 K8
6～9 号	CH1～CH4（平均）数据	只能读
10～13 号	CH1～CH4（即时）数据	只能读
14 号	进行 D/A 转换的输出数据（设置模拟量输出的数据）	出厂设置 K0
15 号	直接输出控制功能有效时，计算得出的模拟量输出数据	出厂设置 K0
18 号	当 PLC 停止运行时将输出保持或恢复到偏移值	出厂设置 K0
19 号	I/O 特性和快捷功能的设定（当设为 K2 时不能更改）	出厂设置 K1（可以更改）
20 号	初始化功能，当设为 K1 时执行初始化功能，完成初始化以后会自动返回到 K0	出厂设置 K0
21 号	当 I/O 特性、偏移、增益和量程功能值完成写入时，会自动返回到 K0	出厂设置 K0
22 号	设置快捷功能（上下限检测、即时数据峰值、平均数据峰值保持、超范围出错切断功能）	出厂设置 K0
23 号	用于输入和输出之间直接控制功能的参数设置	出厂设置 K0
25 号	滤波器模式选择寄存器	出厂设置 K0
26 号	上限/下限报警状态（当 BFM22 号的 b0 或 b1 为 ON 时有效）	出厂设置 K0
27 号	A/D 数据突变检测（当 BFM91～94 号不等于 0 时有效）	出厂设置 K0
28 号	超出量程状态和没有连接检测	出厂设置 K0
29 号	出错状态	出厂设置 K0
30 号	模块代码 K1010	出厂设置 K1010
41～44 号	CH1～CH4 输入通道偏移设置（mV、10μV 或 μA）	出厂设置 K0
45 号	输出通道偏移设置（mV、10μV 或 μA）	出厂设置 K0
51～54 号	CH1～CH4 输入通道增益设置（mV、10μV 或 μA）	出厂设置 K5000
55 号	输出通道增益设置（mV、10μV 或μA）	出厂设置 K5000
71～74 号	设定 CH1～CH4 输入通道的下限报警值（当 BFM22 号的 b0 或 b1 为 ON 时有效）	出厂设置 K-32000
81～84 号	设定 CH1～CH4 输入通道的上限报警值（当 BFM22 号的 b0 或 b1 为 ON 时有效）	出厂设置 K32000
91～94 号	设定 CH1～CH4 输入通道的突变检测，设定范围：0～32000（0 表示无效）	出厂设置 K0
99 号	清除上下限报警和突变检测报警	出厂设置 K0
101～104 号	CH1～CH4 输入通道的平均数据峰值（最小值）（当 BFM22 号的 b2 为 ON 时有效）	只能读
105～108 号	CH1～CH4 输入通道的即时数据峰值（最小值，当 BFM22 号的 b3 为 ON 时有效）	只能读
109 号	峰值（最小值）复位标志	出厂设置 K0
111～114 号	CH1～CH4 输入通道的平均数据峰值（最大值，当 BFM22 号的 b2 为 ON 时有效）	只能读
115～118 号	CH1～CH4 输入通道的即时数据峰值（最大值，当 BFM22 号的 b3 为 ON 时有效）	只能读

续表

BFM 编号	内　　容	说　　明
119 号	峰值（最大值）复位标志	出厂设置 K0
200～239 号	CH1～CH4 输入通道的量程功能（模拟量值、数字量）	请参考使用手册
240～249 号	CH1 输出通道的量程功能（数字量值、数字量值）	请参考使用手册

16～17、24、31～40、46～50、56～70、75～80、85～90、95～98、100、110、120～199 号预留

（1）BFM0 号输入模式设置。BFM0 号用于设定 CH1～CH4 通道的输入模式，每个通道的设置占用 4 个 bit 位，CH1 通道由 bit0～bit3 设定，CH2 通道由 bit4～bit7 设定，CH3、CH4 通道依此类推，每个通道的设置定义见表 4-19。

表 4-19   **BFM0 号的通道设置定义**

数值	定　　义	数值	定　　义
0	电压输入方式（−10～＋10V，数字范围 −32 000～32 000）	7	电流表显示方式（−20～20mA，数字范围 −20 000～20 000）
1	电流输入方式（4～20mA，数字范围 0～32 000）	8	电压表显示方式（−100～＋100mV，数字范围 −10 000～10 000）
2	电流输入方式（−20～20mA，数字范围 −32 000～32 000）	9	量程功能（−10～＋10V，最大显示范围 −32 768～32 767，默认：−32 640～32 640）
3	电压输入方式（−100～＋100mV，数字范围 −32 000～32 000）	A	量程功能（电流输入−20～20mA，最大显示范围 −32 768～32 767，默认：−32 640～32 640）
4	电压输入方式（−100～＋100mV，数字范围 −2000～2000）	B	量程功能（−100～＋100mV，最大显示范围 −32 768～32 767，默认：−32 640～32 640）
5	电压表显示方式（−10～＋10V，数字范围 −10 000～10 000）	F	通道无效
6	电流表显示方式（4～20mA，数字范围 4000～20 000，可显示到 2000 即 2mA）		

（2）BFM1 号输出模式设置。由 BFM1 号的低 4 位设置输出的方式，其余高 12 位忽略，其设置定义见表 4-20。

（3）BFM15 号计算出的模拟量数据。如果直接输出控制功能有效，写入到模拟量输出的运算处理结果会保存在 BFM15 号，供 PLC 程序使用。

表 4-20   **BFM1 号设置定义**

数值	定　　义	数值	定　　义
0	电压输出方式（−10～＋10V，数字范围 −32 000～32 000）	6	绝对电压输出方式（−10～＋10V，数字范围 −10 000～10 000）
1	电压输出方式（−10～＋10V，数字范围 −2000～2000）	7	绝对电流输出方式（4～20mA，数字范围 4000～20 000）
2	电流输出方式（4～20mA，数字范围 0～32 000）	8	绝对电流输出方式（0～20mA，数字范围 0～20 000）
3	电流输出方式（4～20mA，数字范围 0～1000）	9	量程电压输出方式（−10～＋10V，数字范围 −32 768～32 767）
4	电流输出方式（0～20mA，数字范围 0～32 000）	A	量程电流输出方式（4～20mA，数字范围 0～32 767）
5	电流输出方式（0～20mA，数字范围 0～1000）		

（4）BFM18 PLC 停止时，模拟量输出设置。BFM18＝0 时，即使 PLC 停止，BFM15 的值也会被输出，如果直接控制功能有效的话，输出值会不断地更新，输入值也会随外部输入变化而不断变化；BFM18＝1 时，若 PLC 停止，在 200ms 后输出停止，BFM15 保持最后的数值；BFM18＝2 时，若 PLC 停止，在 200ms 后输出被复位到偏移值。

（5）BFM19 更改设定有效/无效。BFM19＝1，允许更改；BFM19＝2，禁止更改。BFM19 可以允许或禁止以下 BFM 的 I/O 特性的更改：BFM0、BFM1、BFM18、BFM20～22、BFM25、BFM41～45、BFM51～55、BFM200～249。

（6）BFM21 写入 I/O 特性。BFM21 的 bit0～bit4 被分配给 4 个输入通道和 1 个输出通道，用于设定其 I/O 特性，其余的 bit 位无效。只有当对应的 bit 位为 ON 时，其偏移数据（BFM41～BFM45）和增益数据（BFM51～BFM55）以及量程功能数据（BFM200～BFM249）才会被写入到内置的存储器 EEPROM 中。

（7）BFM22 快捷功能设置。BFM22 的 bit0～bit3 为 ON 时，开启以下功能：①bit0：平均值上下限检测功能，将报警结果保存在 BFM26 中；②bit1：即时值上下限检测功能，将报警结果保存在 BFM26 中；③bit2：平均值峰值保持功能，将平均值峰值保存在 BFM111～BFM114 中；④bit3：即时值峰值保持功能，将即时值峰值保存在 BFM115～BFM118 中。

（8）BFM23 直接控制参数设置。BFM23 用于指定 4 路输入通道直接控制功能，由 4 个十六进制数组成，每一个十六进制数对应 1 个通道，其中最低位对应 CH1，最高位对应 CH4，其数值定义如下：①H0：对应的模拟输入通道对模拟输出没有影响；②H1：对应的模拟通道输入的平均值加上 BFM14 的值；③H2：对应的模拟通道输入的即时值加上 BFM14 的值；④H3：BFM14 的值减去对应的模拟输入通道的平均值；⑤H4：BFM14 的值减去对应的模拟输入通道的即时值；⑥H5～HF 对应的模拟输入通道对模拟输出通道的输出没有影响，但 BFM29 的直接输出控制错误位 bit15 会置 ON。如设 BFM23＝H1432，则输出值（BFM15）＝BFM14＋BFM10（即 CH1 的即时值）－BFM15（即 CH2 的平均值）－BFM12（即 CH3 的即时值）＋BFM9（即 CH4 的平均值）。

（9）BFM28 超出量程状态和没有连接检测。BFM28 的高六位为预留，其低十位用来指示 CH1～CH4 以及模拟输出通道是否超出量程和没有连接检测，其定义为 b0 位表示 CH1 通道的模拟量输入小于下限值或检测没有连接，b1 位表示 CH1 通道的模拟量输入大于上限值，b2 位表示 CH2 通道的模拟量输入小于下限值或检测没有连接，b3 位表示 CH2 通道的模拟量输入大于上限值，b4～b7 以此类推，b8 位表示模拟输出通道的输出小于下限值，b9 位表示模拟输出通道的输出大于上限值。

其他缓冲存储器（BFM）的详细介绍请参考相关手册。

3．程序设计实例

FX$_{2N}$-5A 模块连接于 PLC 基本单元的 0 号单元位，其 CH1、CH2 通道的输入信号为－10～10V 的电压信号，对应数字量为－32 000～32 000；CH3、CH4 通道的输入信号为 4～20mA 的电流信号，对应数字量为 0～32 000；输出信号要求为－10～10V 的电压信号（对应数字量为－32 000～32 000）；平均采样次数为 10 次，I/O 特性为初始值，不使用快捷功能；且 X1 闭合一次则模拟输出增加 1V，X2 闭合一次则模拟输出减少 1V，X0 为清除超量程错误，Y0～Y11 为通道的超量程错误指示。

根据上述要求，其梯形图程序如图 4-34 所示。

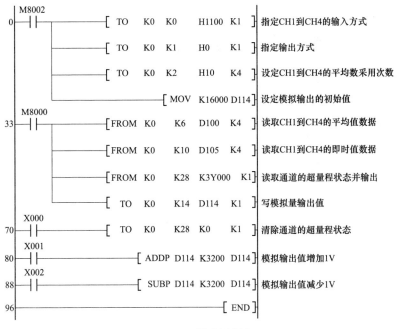

M8002				
0	TO	K0	K0	H1100	K1	指定CH1到CH4的输入方式
	TO	K0	K1	H0	K1	指定输出方式
	TO	K0	K2	H10	K4	设定CH1到CH4的平均数采用次数
	MOV	K16000	D114			设定模拟输出的初始值
M8000					
33	FROM	K0	K6	D100	K4	读取CH1到CH4的平均值数据
	FROM	K0	K10	D105	K4	读取CH1到CH4的即时值数据
	FROM	K0	K28	K3Y000	K1	读取通道的超量程状态并输出
	TO	K0	K14	D114	K1	写模拟量输出值
X000					
70	TO	K0	K28	K0	K1	清除通道的超量程状态
X001					
80	ADDP	D114	K3200	D114		模拟输出值增加1V
X002					
88	SUBP	D114	K3200	D114		模拟输出值减少1V
96	END				

图 4-34　梯形图程序

思　考　题

1. MOV 指令能不能向 T、C 的当前值寄存器传送数据?

2. 编码指令 ENCO 被驱动后,当源数据中只有 b0 位为 1 时,则目标数据应是什么?

3. 什么叫偏移和增益? 调整偏移和增益在 A/D 模块和 D/A 模块中有什么意义?

4. 什么是 BFM? 如何进行读写?

5. A/D 模块电压输入和 D/A 模块电流输出接线有什么要求?

6. 设计一个密码（6 位）开机的程序（X0~X11 表示 0~9 的输入）,要求密码正确时按开机键即开机;密码错误时有 3 次重复输入的机会,如 3 次均不正确则立即报警。

第5章　PLC 的相关知识

学习情景引入

前 4 章对 PLC 的内部结构、编程工具、指令系统及程序设计等内容进行了比较详尽的介绍，但是，PLC 的分类、品牌、特点、应用领域及发展趋势等也是学习 PLC 应该掌握的内容，也是本章学习的主要内容。

5.1　PLC 的分类

PLC 的形式有很多种且功能也不尽相同，对 PLC 分类时，一般按以下原则来考虑。

5.1.1　按输入/输出点数分

根据 PLC 的输入/输出（I/O）点数的多少，一般可将 PLC 分为小型机、中型机、大型机 3 类。

1. 小型机

小型 PLC 的功能一般以开关量控制为主，I/O 总点数一般在 256 点以下，用户程序存储器容量约 4kB。现在的高性能小型 PLC 还具有一定的通信能力和少量的模拟量处理能力。这类 PLC 的特点是价格低廉、体积小巧，适合于控制单台设备和开发机电一体化产品。

2. 中型机

中型 PLC 的 I/O 总点数为 256～2048 点，用户程序存储器容量约 8kB。中型 PLC 不仅具有开关量和模拟量的控制功能，还具有更强的数字计算能力，它的通信功能和模拟量处理能力更强大。中型机的指令比小型机更丰富，适用于复杂的逻辑控制系统以及自动生产线的过程控制等场合。

3. 大型机

大型 PLC 的 I/O 总点数在 2048 点以上，用户程序存储器容量达 16kB 以上。大型 PLC 的性能已经与工业控制计算机相当，它具有计算、控制和调节的功能，还具有强大的网络结构和通信联网能力，有些 PLC 还具有冗余能力。它的监视系统采用显像管（cathode ray tube，CRT）显示，能够表示过程的动态流程，记录各种曲线、PID 调节参数等，它配备多种智能板，构成多功能系统。大型机适用于设备自动化控制、过程自动化控制和过程监控系统等。

以上划分没有一个十分严格的界限，随着 PLC 技术的飞速发展，某些小型 PLC 也具有中型或大型 PLC 的功能，这是 PLC 的发展趋势。

5.1.2　按结构形式分

根据 PLC 结构形式的不同，可将其分为整体式和模块式两类。

1. 整体式

整体式结构的特点是将 PLC 的基本部件，如 CPU 板、输入板、输出板、电源板等紧凑地安装在一个标准机壳内，构成一个整体，组成 PLC 的一个基本单元（主机）。基本单元上设有扩展接口，通过扩展电缆与扩展单元相连。整体式 PLC 一般配有许多专用的特殊功能模块，如模拟量处理模块、运动控制模块、通信模块等，以构成 PLC 的不同配置。整体式 PLC 具有体积小、成本低、安装方便的优点。

2. 模块式

模块式结构的 PLC 是由一些标准模块单元构成，如 CPU 模块、输入模块、输出模块、电源模块和各种功能模块等，将这些模块插在框架上或基板上即可应用。各模块功能是独立的，外形尺寸是统一的，可根据需要灵活配置。目前，中、大型 PLC 多采用这种结构形式。

模块式 PLC 的硬件配置方便灵活，在 I/O 点数、输入点数与输出点数的比例、I/O 模块的使用等方面的选择余地都比整体式 PLC 大得多，因此，较复杂的系统和要求较高的系统一般选用模块式 PLC，而小型控制系统中，一般采用整体式结构的 PLC。

5.1.3　按生产厂家分

我国有不少的厂家研制和生产过 PLC，如北京的和利时、深圳的德维森和汇川技术等，但是市场占有率有限。目前我国使用的 PLC 几乎都是国外品牌，如美国 Rockwell 自动化公司所属的 A-B（Allen&Bradly）公司、GE-Fanuc 公司，德国的西门子（SIEMENS）公司和法国的施耐德（SCHNEIDER）自动化公司，日本的欧姆龙（OMRON）和三菱公司等。其中三菱 PLC 又分 Q 系列、A 系列和 FX 系列。

5.2　FX 系列 PLC 概况

5.2.1　概述

三菱公司于 20 世纪 80 年代推出了 F 系列小型 PLC，90 年代初，F 系列被 F_1 系列和 F_2 系列取代，后来三菱又相继推出了 FX_2、FX_1、FX_{2C}、FX_0、FX_{0N}、FX_{0S} 等系列产品。目前，三菱 FX 系列产品样本中仅有 FX_{1S}、FX_{1N}、FX_{2N} 和 FX_{3U} 四种基本类型，与过去的产品相比，它们在性价比上又有明显的提高，可满足不同用户的需要。

在 FX 系列产品的四种基本类型中，FX_{1S} 为整体式固定 I/O 结构，最大 I/O 点数为 30 点；FX_{1N}、FX_{2N} 和 FX_{3U} 为基本单元加扩展的结构形式，可以通过 I/O 扩展单元或模块增加 I/O 点数，扩展后 FX_{1N} 最大为 128 点，FX_{2N} 最大为 256 点，FX_{3U} 最大为 384 点（包括 CC-Link 连接的远程 I/O）。在 FX_{1N}、FX_{2N}、FX_{3U} 系列产品中，还有 FX_{1NC}、FX_{2NC} 和 FX_{3UC} 三种变形产品，其主要区别在 I/O 连接方式（外形结构）与 PLC 输入电源上，FX_{1NC}、FX_{2NC} 和 FX_{3UC} 系列产品的 I/O 连接采用的是插接方式，输入电源只能使用 DC 24V，此外，其体积更小、价格更便宜，其他性能无太大区别。

5.2.2　型号含义

FX 系列 PLC 型号格式如下：

$$\text{FX}\ \underset{①}{\square\square}-\underset{②}{\square\square}\ \underset{③}{\square}\ \underset{④}{\square}-\underset{⑤}{\square}$$

FX 系列 PLC 型号的含义如下：① 系列序号：如 1S、1N、2N 等；② 输入/输出（即 I/O）总点数：10～256；③ 单元类型：M 为基本单元，E 为 I/O 混合扩展单元或扩展模块，EX 为输入专用扩展模块，EY 为输出专用扩展模块；④ 输出形式：R 为继电器输出，T 为晶体管输出，S 为双向晶闸管输出；⑤ 电源的形式：D 为 DC 电源，24V 直流输入；无标记为 AC 电源，24V 直流输入，横式端子排。例如 FX_{2N}-48MR 属于 FX_{2N} 系列，有 48 个 I/O 点的基本单元，继电器输出型，使用 220V 交流电源。

5.2.3　FX_{1S} 系列 PLC

FX_{1S} 系列 PLC 是用于极小规模系统的超小型 PLC，可进一步降低设备成本。该系列有 16 种基本单元（见表 5-1），有 10～30 个 I/O 点，用户存储器（EEPROM）容量为 2000 步。FX_{1S} 可使用一块 I/O 扩展板、串行通信扩展板或模拟量扩展板，可同时安装显示模块和扩展板，有两个内置的设置参数用的小电位器。每个基本单元可同时输出 2 点 100kHz 的高速脉冲，有 7 条特殊的定位指令。

表 5-1   **FX$_{1S}$系列的基本单元**

交流电源，24V 直流输入		DC 24V 电源，24V 直流输入		输入点数 (漏型)	输 出 点 数
继电器输出	晶体管输出	继电器输出	晶体管输出		
FX$_{1S}$-10MR-001	FX$_{1S}$-10MT-001	FX$_{1S}$-10MR-D	FX$_{1S}$-10MT-D	6	4
FX$_{1S}$-14MR-001	FX$_{1S}$-14MT-001	FX$_{1S}$-14MR-D	FX$_{1S}$-14MT-D	8	6
FX$_{1S}$-20MR-001	FX$_{1S}$-20MT-001	FX$_{1S}$-20MR-D	FX$_{1S}$-20MT-D	12	8
FX$_{1S}$-30MR-001	FX$_{1S}$-30MT-001	FX$_{1S}$-30MR-D	FX$_{1S}$-30MT-D	16	14

5.2.4   FX$_{1N}$系列 PLC

FX$_{1N}$系列有 12 种基本单元（见表 5-2），可组成 24～128 个 I/O 点的系统，并能使用特殊功能模块、显示模块和扩展板。用户存储器容量为 8000 步，有内置的实时时钟，有两个内置的设置参数用的小电位器。PID 指令可实现模拟量闭环控制，每个基本单元可同时输出 2 点 100kHz 的高速脉冲，有 7 条特殊的定位指令。

表 5-2   **FX$_{1N}$系列的基本单元**

交流电源，24V 直流输入		DC 电源，24V 直流输入		输 入 点 数	输 出 点 数
继电器输出	晶体管输出	继电器输出	晶体管输出		
FX$_{1N}$-24MR-001	FX$_{1N}$-24MT-001	FX$_{1N}$-24MR-D	FX$_{1N}$-24MT-D	14	10
FX$_{1N}$-40MR-001	FX$_{1N}$-40MT-001	FX$_{1N}$-40MR-D	FX$_{1N}$-40MT-D	24	16
FX$_{1N}$-60MR-001	FX$_{1N}$-60MT-001	FX$_{1N}$-60MR-D	FX$_{1N}$-60MT-D	36	24

5.2.5   FX$_{2N}$系列 PLC

FX$_{2N}$系列有 25 种基本单元（见表 5-3）。它的基本指令执行时间高达 $0.08\mu s$/指令，内置的用户存储器为 8k 步，可扩展到 16k 步，最大可扩展到 256 个 I/O 点。有多种特殊功能模块或功能扩展板，可实现多轴定位控制，每个基本单元可扩展 8 个特殊单元。机内有实时时钟，PID 指令可实现模拟量闭环控制。有功能很强的数学指令集，如浮点数运算、开平方和三角函数等。

表 5-3   **FX$_{2N}$系列的基本单元**

AC 电源，24V 直流输入			DC 电源，24V 直流输入		输入点数	输出点数
继电器输出	晶体管输出	晶闸管输出	继电器输出	晶体管输出		
FX$_{2N}$-16MR-001	FX$_{2N}$-16MT-001	FX$_{2N}$-16MS-001	—	—	8	8
FX$_{2N}$-32MR-001	FX$_{2N}$-32MT-001	FX$_{2N}$-32MS-001	FX$_{2N}$-32MR-D	FX$_{2N}$-32MT-D	16	16
FX$_{2N}$-48MR-001	FX$_{2N}$-48MT-001	FX$_{2N}$-48MS-001	FX$_{2N}$-48MR-D	FX$_{2N}$-48MT-D	24	24
FX$_{2N}$-64MR-001	FX$_{2N}$-64MT-001	FX$_{2N}$-64MS-001	FX$_{2N}$-64MR-D	FX$_{2N}$-64MT-D	32	32
FX$_{2N}$-80MR-001	FX$_{2N}$-80MT-001	FX$_{2N}$-80MS-001	FX$_{2N}$-80MR-D	FX$_{2N}$-80MT-D	40	40
FX$_{2N}$-128MR-001	FX$_{2N}$-128MT-001	—			64	64

5.2.6   FX$_{3U}$系列 PLC

FX$_{3U}$系列 PLC 是三菱推出的最新型 PLC，它是在 FX$_{2N}$的基础上发展而来的，因此除具有 FX$_{2N}$系列 PLC 的基本功能外，还具有更丰富的扩展性和更新的功能。其基本指令运算速度为 $0.065\mu s$/指令，功能指令执行速度为 0.642～数百 μs/指令，存储容量达 64k 步，支持基本指令 29 条，步进指令 2 条，功能指令 209 种，输入点数可达 248，输出点数也可达 248，合计点数最多可以达 384 点。FX$_{3U}$系列的基本单元见表 5-4。随着新品种的推出，其性能将会更完善，功能将会更强大。

表 5-4   FX₃U 系列的基本单元

继电器输出	晶体管输出（漏型）	晶体管输出（源型）	输入点数	输出点数
FX₃U-16MR/ES-A	FX₃U-16MT/ES	FX₃U-16MT/ESS	8	8
FX₃U-32MR/ES-A	FX₃U-32MT/ES	FX₃U-32MT/ESS	16	16
FX₃U-48MR/ES-A	FX₃U-48MT/ES	FX₃U-48MT/ESS	24	24
FX₃U-64MR/ES-A	FX₃U-64MT/ES	FX₃U-64MT/ESS	32	32
FX₃U-80MR/ES-A	FX₃U-80MRTES	FX₃U-80MRTESS	40	40
FX₃U-128MR/ES-A	FX₃U-128MRTES	FX₃U-128MRTESS	64	64

5.2.7 一般技术指标

FX 系列 PLC 的一般技术指标包括基本性能指标、输入技术指标及输出技术指标，其具体规定见表 5-5～表 5-7。

表 5-5   FX 系列 PLC 的基本性能指标

项　目		FX₁S	FX₁N	FX₂N(C)	FX₃U(C)
运算控制方式		存储程序，反复运算			
I/O 控制方式		批处理方式（在执行 END 指令时），可以使用 I/O 刷新指令			
运算处理速度（μs/指令）	基本指令	0.55～0.7		0.08	0.065
	应用指令	3.7～数百		1.52～数百	0.642～数百
程序语言		梯形图和指令表			
程序容量（EEPROM）		内置 2k 步	内置 8k 步	内置 8k 步	内置 64k 步
指令数量	基本、步进	基本指令 27 条，步进指令 2 条			基本指令 29 条，步进指令 2 条
	应用指令	85 种	89 种	128 种	209 种
I/O 设置		最多 30 点	最多 128 点	最多 256 点	256 点，远程 I/O 256 点，最多 384 点

表 5-6   FX 系列 PLC 的输入技术指标

项　目	输入端子 X0～X7	其他输入端子
输入信号电压	DC 24V±10%	
输入信号电流	DC 24V，7mA	DC 24V，5mA
输入开关电流 OFF→ON	＞4.5mA	＞3.5mA
输入开关电流 ON→OFF	＜1.5mA	
输入响应时间	10ms	
可调节输入响应时间	X0～X17 为 0～60mA（FX₂N），其他系列为 0～15mA	
输入信号形式	无电压触点，或 NPN 集电极开路输出晶体管	
输入状态显示	输入 ON 时 LED 灯亮	

表 5-7   FX 系列 PLC 的输出技术指标

项　目		继电器输出	晶闸管输出（仅 FX₂N）	晶体管输出
外部电源		最大 AC 240V 或 DC 30V	AC 85～242V	DC 5～30V
最大负载	电阻负载	2A/点，8A/COM	0.3A/点，0.8A/COM	0.5A/点，0.8A/COM
	感性负载	80VA，AC 120/240V	36VA，AC 240V	12W，DC 24V
	灯负载	100W	30W	0.9W，DC 24V（FX₁S）；其他系列：1.5W，DC 24V

续表

项　　目		继电器输出	晶闸管输出（仅 FX₂N）	晶体管输出
最小负载		电压小于 DC 5V 时为 2mA，电压小于 DC 24V 时为 5mA（FX₂N）	2.3VA，AC 240V	—
响应时间	OFF→ON	10ms	1ms	＜0.2ms；＜5μs（仅 Y0、Y1）
	ON→OFF	10ms	10ms	＜0.2ms；＜5μs（仅 Y0、Y1）
开路漏电流		—	2.4mA，AC 240V	0.1mA，DC 30V
电路隔离		继电器隔离	光电晶闸管隔离	光耦合器隔离
输出动作显示		线圈通电时 LED 亮		

5.3　PLC 的特点

随着 PLC 的发展，其应用也越来越广泛，为了确定它的性质，国际电工委员会在 1987 年 2 月颁布了 PLC 的标准草案，并对 PLC 作了如下定义："可编程控制器是一种数字运算操作的电子装置，专为在工业环境下应用而设计。它采用可编程序的存储器，用来在其内部存储执行逻辑运算、顺序控制、定时、计数和算术运算等操作的指令，并能通过数字式或模拟式的输入和输出控制各种类型的机械或生产过程。可编程控制器及其有关的外围设备都应按易于与工业控制系统连成一个整体，易于扩充其功能的原则设计"。

由以上定义可知，PLC 是一种数字运算操作的电子装置，是直接应用于工业环境、用程序来改变控制功能、易于与工业控制系统连成一体的工业计算机。PLC 具有以下几个显著的特点。

1. 可靠性高，抗干扰能力强

传统的继电控制系统中使用了大量的中间继电器、时间继电器，由于这些继电器触点多、动作频繁，经常出现接触不良，因此故障率高。而 PLC 用软元件代替了大量的中间继电器和时间继电器，仅剩下与输入和输出有关的少量硬件，因此，因触点接触不良而造成的故障大为减少。另外，PLC 还使用了一系列硬件和软件保护措施，如输入/输出接口电路采用光电隔离，设计了良好的自诊断程序等。因此，PLC 具有很高的可靠性和很强的抗干扰能力，平均无故障的工作时间可达数万小时，已被广大用户公认为最可靠的工业控制设备之一。

2. 功能强大，性价比高

PLC 除了具有开关量逻辑处理功能外，大多还具有完善的数据运算能力。近年来，随着 PLC 功能模块的大量涌现，PLC 的应用已渗透到位置控制、温度控制、计算机数字控制（CNC）等控制领域。随着其通信功能的不断完善，PLC 还可以组网通信。与相同功能的继电控制系统相比，PLC 具有很高的性价比。

3. 编程简易，现场可修改

PLC 作为通用的工业控制计算机，其编程语言易于被工程技术人员接受。其中梯形图就是使用最多的编程语言，其图形符号和表现形式与继电控制电路图相似，熟悉继电控制电路图的工程技术人员可以很容易地掌握梯形图语言，而且还可以根据现场情况，在生产现场边调试边修改，以适应生产现场设备的需要。

4. 配套齐全，使用方便

PLC 的产品已标准化、系列化、模块化，用户能灵活方便地进行系统配置，组成不同功能、不同规模的系统。此外，PLC 通常通过接线端子与外部设备连接，可以直接驱动一般的电磁阀和中小型交流接触器，使用起来极为方便。

5. 寿命长，体积小，能耗低

PLC 不仅具有数万小时的平均无故障时间，且其使用寿命长达几十年；此外，小型 PLC 的体积仅相当于两个继电器的大小，能耗仅为数瓦，因此，它是机电一体化设备的理想控制装置。

6. 系统的设计、安装、调试、维修工作量少，维护方便

PLC 用软件取代了继电控制系统中大量的硬件，使控制系统的设计、安装、接线等工作量大大减少。此外，PLC 具有完善的自诊断和显示功能，当 PLC 外部的输入装置和执行机构发生故障时，可以根据 PLC 上的发光二极管或编程器提供的信息方便地查明故障的原因和部位，从而迅速排除故障。

7. 应用领域广泛

PLC 已广泛应用于钢铁、石油、化工、电力、建材、机械制造、汽车、轻纺、交通运输、环保等行业。随着其性价比的不断提高，其应用领域也在不断扩大，如开关量逻辑控制、运动控制、过程控制、数据处理、通信组网等。

5.4　PLC 的应用领域及发展趋势

5.4.1　PLC 的应用领域

可编程控制器在国内外已广泛应用于钢铁、石油、化工、电力、建材、机械制造、汽车、轻纺、交通运输、环保等行业。随着其性能价格比的不断提高，其应用范围正不断扩大，其用途大致有以下几个方面。

1. 开关量逻辑控制

开关量逻辑控制是 PLC 最基本、最广泛的应用领域。PLC 具有"与""或""非"等逻辑指令，可以实现触点和电路的串、并联，代替继电器进行组合逻辑控制、定时控制与顺序逻辑控制。开关量逻辑控制可以用于单台设备，也可以用于自动生产线，其应用领域已遍及各行各业。

2. 运动控制

PLC 使用专用的指令或运动控制模块对直线运动或圆周运动进行控制，可实现单轴、双轴、三轴和多轴位置控制，使运动控制与顺序控制功能有机地结合在一起。PLC 的运动控制功能广泛地用于各种机械，如金属切削机床、金属成形机械、装配机械、机器人、电梯等场合。

3. 过程控制

过程控制是指对温度、压力、流量等连续变化的模拟量的闭环控制。PLC 通过模拟量处理模块，实现模拟量（analog）和数字量（digital）之间的 A/D 与 D/A 转换，并对模拟量实行闭环 PID（比例-积分-微分）控制。PLC 一般都有 PID 闭环控制功能，这一功能可以用 PID 功能指令或专用的 PID 模块来实现。PLC 的 PID 闭环控制功能已经广泛地应用于塑料挤压成形机、加热炉、热处理炉、锅炉等设备以及轻工、化工、机械、冶金、电力、建材等行业。

4. 数据处理

现代的 PLC 具有数学运算（包括四则运算、矩阵运算、函数运算、字逻辑运算、求反、循环、移位和浮点数运算等）、数据传送、转换、排序和查表、位操作等功能，可以完成数据的采集、分析和处理。这些数据可以与储存在存储器中的参考值比较，也可以用通信功能传送到别的智能装置，或者将它们打印制表。

5. 通信联网

PLC 的通信包括主机与远程 I/O 之间的通信、多台 PLC 之间的通信、PLC 与其他智能控制设

备（如计算机、变频器、数控装置）之间的通信。PLC与其他智能控制设备可以组成"分散控制、集中管理"的分布式控制系统，以满足工厂自动化系统发展的需要。

当然，并不是所有的PLC都有上述全部功能，有些小型PLC只有上述的部分功能。

5.4.2 PLC的发展趋势

PLC经过了几十年的发展，实现了从无到有，从一开始的简单逻辑控制到现在的运动控制、过程控制、数据处理和联网通信，随着技术的进步，PLC还将有更大的发展，主要表现在以下几个方面。

（1）从技术上看，随着计算机技术的新成果更多地应用到PLC的设计和制造上，PLC会向运算速度更快、存储容量更大、功能更广、性能更稳定、性价比更高的方向发展。

（2）从规模上看，随着PLC应用领域的不断扩大，为适应市场的需求，PLC会进一步向超小型和超大型两个方向发展。

（3）从配套上看，随着PLC功能的不断扩大，PLC产品会向品种更丰富、规格更齐备、配套更完善的方向发展。

（4）从标准上看，随着IEC 1131的诞生，各厂家PLC或同一厂家不同型号的PLC互不兼容的格局将会被打破，将使PLC的通用信息、设备特性、编程语言等向IEC 1131规定的方向发展。

（5）从网络通信的角度看，随着PLC和其他工业控制计算机组网构成大型控制系统以及现场总线的发展，PLC将向网络化和通信的简便化方向发展。

1. PLC有哪几种类型？
2. FX系列PLC包含了哪四种基本类型？
3. PLC有哪些主要技术性能指标？
4. PLC有哪些主要特点？
5. PLC可以用在哪些领域？

第6章　通用变频器的基础知识

 学习情景引入

　　近年来，随着大功率电力晶体管和计算机控制技术的发展，通用变频器被广泛应用于三相交流异步电动机的调速、节能改造、改善生产工艺等。因此，变频器如何实现电动机的调速以及其结构、工作原理、功能、参数及运行等是本章要解决的核心问题。

6.1　三相交流异步电动机的调速

6.1.1　调速的原理

　　我们知道，当把三相交变电流（即在相位上互差120°电角度）通入三相定子绕组（即在空间位置上互差120°电角度）后，该电流将产生一个旋转磁场，该旋转磁场的转速（即同步转速 n）由定子电流的频率 f_1 所决定，即

$$n = \frac{60 f_1}{p} \tag{6-1}$$

式中　n——同步转速，r/min；

　　　f_1——电源频率，Hz；

　　　p——磁极对数。

　　位于该旋转磁场中的转子绕组将切割磁力线，并在转子绕组中产生相应的感应电动势和感应电流，此感应电流也处在定子绕组所产生的旋转磁场中，因此，转子绕组将受到旋转磁场的作用而产生电磁力矩（即转矩），使转子跟随旋转磁场旋转，转子的转速 n_M（即电动机的转速）为

$$n_M = (1-s)n = (1-s)\frac{60 f_1}{p} \tag{6-2}$$

式中　n_M——转子的转速，r/min；

　　　s——转差率。

　　因此，要对三相异步电动机进行调速，可以通过改变电动机的磁极对数 p、电动机的转差率 s 以及电动机的电源频率 f_1 来实现。

6.1.2　调速的基本方法

　　由式（6-2）可知，异步电动机调速的基本途径有改变电动机的磁极对数 p（即变极调速）、改变电动机的转差率 s（即变转差率调速）和改变电动机的电源频率 f_1（即变频调速）。

　　1. 变极调速

　　变极调速的绕组接法及机械特性如图6-1所示。改变磁极对数实际上就是改变定子旋转磁场的转速，而磁极对数的改变又是通过改变定子绕组的接法来实现的，如图6-1（a）和（b）所示，这种调速的缺点主要如下：

　　（1）一套绕组只能变换两种磁极对数，一台电动机只能放两套绕组，所以，最多也只有4挡速度。

　　（2）不管在哪种接法下运行，都不可能得到最佳的运行效果，也就是说，其工作效率将下降。

　　（3）在机械特性方面，不同磁极对数的临界转矩不一样，其机械特性如图6-1（c）所示，故

带负载能力也不一致。

（4）调速时必须改变绕组接法，故控制电路比较复杂，显然，这不是一种好的调速方法。

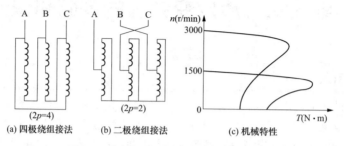

图 6-1　变极调速的绕组接法及机械特性

2. 变转差率调速

改变转差率是通过改变电动机转子电路的有关参数来实现的，所以，这种方法只适用于绕线式异步电动机。常用的有调压调速、转子串电阻调速、电磁转差离合器调速和串级调速。变转差率调速的电路接法及机械特性如图 6-2 所示，图中的调速方法为转子串联电阻调速，这种调速方法虽然在一部分机械中得到了较为普遍的应用，但其缺点也是十分明显的，主要有如下几个方面：

（1）因为调速电阻在外部，为了使转子电路和调速电阻之间建立电联系，绕线式异步电动机在结构上加入了电刷和集电环等薄弱环节，提高了故障率。

（2）调速电阻将消耗许多电能。

（3）转速的档位不可能很多。

（4）调速后的机械特性较"软"，不够理想，其机械特性如图 6-2（b）所示。

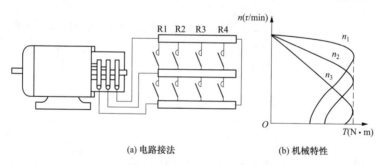

图 6-2　变转差率调速的电路接法及机械特性

3. 变频调速

采用变频器对鼠笼型异步电动机进行调速，具有调速范围广、静态稳定性好、运行效率高、使用方便、可靠性高、经济效益显著等优点，变频调速的特点见表 6-1。

表 6-1　　　　　　　　　　　　　　变频调速的特点

变频调速的特点	效果	用途
可以使标准电动机调速	不用更换原有电动机	风机、水泵、空调、一般机械
可以连续调速	可选择最佳速度	机床、搅拌机、压缩机
起动电流小	电源设备容量可以小	压缩机
最高速度不受电源影响	最大工作能力不受电源频率影响	泵、风机、空调、一般机械
电动机可以高速化、小型化	可以得到用其他调速装置不能实现的高速	内圆磨床、化纤机械、输送机械

变频调速的特点	效果	用途
防爆容易	与直流电动机相比，防爆容易、体积小、成本低	药品机械、化学工厂
低速时定转矩输出	低速时电动机堵转也无妨	定尺寸装置
可以调节加减速的时间	能防止载重物倒塌	输送机械
可以使用普通笼型电动机，维修少	电动机维护少	生产流水线、车辆、电梯

三相异步电动机各种调速方法的性能指标见表 6-2，由表 6-2 可知，变频调速是三相异步电动机最理想的调速方法，因此得到广泛应用。

表 6-2 　　　　　　　　　　　三相异步电动机各种调速方法的性能指标

比较项目		测速方法					
		变极	变频	变转差率			
				测压调速	转子串电阻	电磁转差离合器调速	串极调速
是否改变同步转速 $(n=60f/p)$		变	变	不变	不变	不变	不变
调速指标	静差率（转速相对稳定性）	小（好）	小（好）	开环时大闭环时小	大（差）	开环时大闭环时小	小（好）
	在一般静差率要求下的调速范围 D	较小 $(D=2\sim4)$	较大 $(D=10)$	闭环时较大 $(D=10)$	小 $(D=2)$	闭环时较大 $(D=10)$	较小 $(D=2\sim4)$
	调速平滑性	差（有级调速）	好（无级调速）	好（无级调速）	差（有级调速）	好（无级调速）	好（无级调速）
	低速时效率	高	高	低	低	低	中
	适应负载类型	恒转矩恒功率	恒转矩恒功率	通风机恒转矩	恒转矩	通风机恒转矩	恒转矩
	设备投资	少	多	较少	少	较少	较多
	电能损耗	小	较小	大	大	大	较小
适用电动机类型		多速电动机（笼型）	笼型	一般为绕线转子型，小容量时可采用特殊笼型	绕线转子型	转差电动机	绕线转子型

6.2　通用变频器的结构

6.2.1　外部结构

本书所涉及的变频器包括 FR-A500 和 FR-A700 两大系列，这两大系列在外观、结构、性能上大同小异。变频器外观示意图如图 6-3 所示，其中图 6-3（a）为 FR-A540 变频器，它包括操作面板、前盖板和主机。变频器的中间有按键和显示窗的部件是 DU04 操作面板，也叫操作单元或参数单元或 PU 单元；变频器的左上角有两个指示灯，上面的是电源指示灯（power），下面的是报警指示灯；电源进线和出线孔在变频器的下部，图中看不出来。图 6-3（b）为 FR-A740 变频器，其结构与 FR-A540 相似，下面主要以 FR-A540 变频器为例进行介绍。

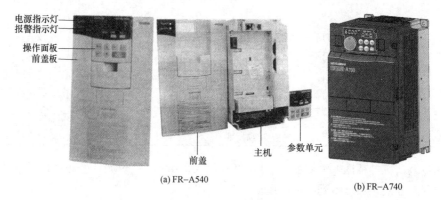

图 6-3　变频器外观示意图

1. 变频器的铭牌

变频器的铭牌如图 6-4 所示。

图 6-4　变频器的铭牌

2. 外观结构

变频器外观结构如图 6-5 所示。

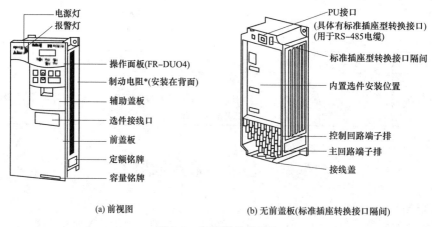

图 6-5　变频器外观结构

3. 前盖板的拆卸与安装

为确保安全，拆卸和安装前盖板时，请断开变频器的电源。前盖板的拆装方法示意图如图 6-6 所示。

（1）拆卸。前盖板的拆卸方法如下：

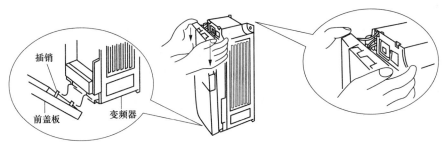

图 6-6　前盖板的拆装方法示意图

1）手握着前盖板上部两侧向下推。

2）握着向下的前盖板向身前拉，就可将其拆下（带着 FR-DU04/FR-PU04 时，也可以连参数单元一起拆下）。

（2）安装。前盖板的安装方法如下：

1）安装前盖板时应拆去操作面板。

2）将前盖板的插销插入变频器底部的插孔。

3）以安装插销部分为支点将盖板完全推入机身。

4. 操作面板的拆卸与安装

（1）拆装时，一边按着操作面板上部的按钮，一边拉向身前，就可以拆下。操作面板的拆装示意图如图 6-7 所示。

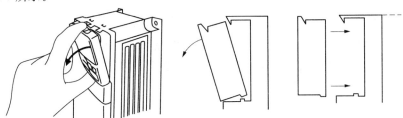

图 6-7　操作面板的拆装示意图

（2）安装时，垂直插入即可牢固装上。使用连接电缆进行连接的操作面板，其安装示意图如图 6-8 所示，其方法如下：

1）拆除操作面板。

2）拆下标准插座转换接口的水晶头，并将其放置在标准插座转换接口隔间处。

3）将电缆的一端牢固插入机身的标准插座转换接口，将另一端插到 PU 参数单元。

注意：请不要在拆下前盖板的状态下安装操作面板。

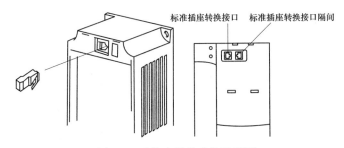

图 6-8　连接电缆的安装示意图

6.2.2 内部结构

变频器内部结构如图 6-9 所示，主要包括整流器、逆变器、中间直流（储能）环节、采样电路（包含电流采样、电压采样）、驱动电路、主控电路和控制电源。

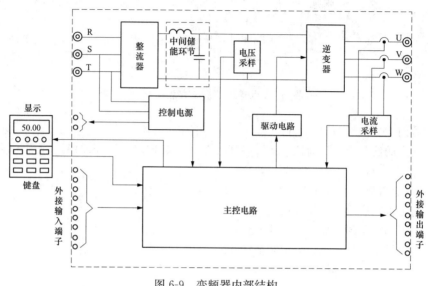

图 6-9 变频器内部结构

1. 整流器

一般三相变频器的整流器由全波整流桥组成，它的作用是把三相（也可以是单相）交流电整流成直流电，给逆变器和控制电路提供所需要的直流电源。整流器可分为不可控整流电路和可控整流电路，三相桥式整流电路如图 6-10 所示。不可控整流电路使用的器件为电力二极管（PD），可控整流电路使用的器件通常为普通晶闸管（SCR）。

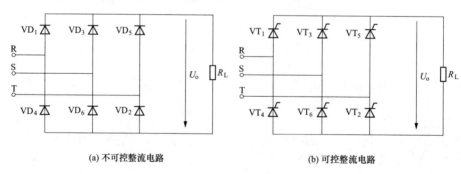

(a) 不可控整流电路　　　　　　　　　(b) 可控整流电路

图 6-10 三相桥式整流电路

（1）电力二极管（PD）。电力二极管是指可以承受高电压、大电流，且具有较大耗散功率的二极管。电力二极管的内部结构是一个 PN 结，加正向电压导通，加反向电压截止，是不可控的单向导通器件。电力二极管与普通二极管的结构、工作原理和伏安特性（电力二极管的阳极和阴极间的电压 U_{AK} 和流过管子的电流 I_A 之间的关系）相似，但它的主要参数和选择原则等则不尽相同。电力二极管的结构、图形符号、外形和伏安特性曲线如图 6-11 所示，其中 A 为阳极、K 为阴极，其伏安特性曲线中 U_{RO} 为反向击穿电压，U_{RSM} 为反向不重复峰值电压，U_{RRM} 为反向阻断重复峰值电压。

（2）普通晶闸管（SCR）。普通晶闸管是双极型电流控制器件，其结构、图形符号和外形如图 6-12 所示，其中 A 为阳极、K 为阴极、G 为门极（也叫控制极）。当在晶闸管的阳极和阴极两端加

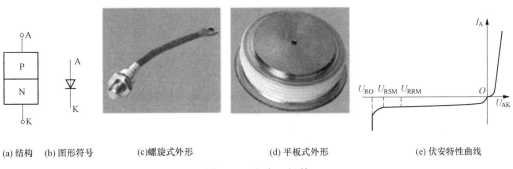

(a) 结构　(b) 图形符号　　(c)螺旋式外形　　　　(d) 平板式外形　　　　(e) 伏安特性曲线

图 6-11　电力二极管

正向电压，同时在它的门极和阴极两端也适当加正向电压时，晶闸管导通。但导通后门极失去控制作用，不能用门极控制晶闸管的关断，所以它是半控器件。晶闸管的伏安特性曲线如图 6-13 所示，图中 I_H 为维持电流，U_{DSM} 为正向不可重复峰值电压，U_{DRM} 为正向断态重复峰值电压，U_{BO} 为正向转折电压，U_{RRM}、U_{RSM}、U_{RO} 同前。

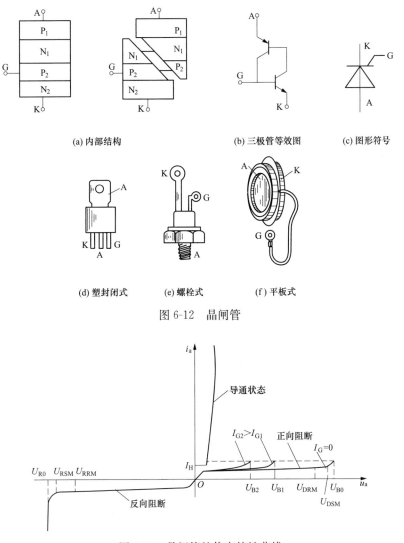

(a) 内部结构　　　　　　　　(b) 三极管等效图　　　　(c) 图形符号

(d) 塑封闭式　　　(e) 螺栓式　　　(f) 平板式

图 6-12　晶闸管

图 6-13　晶闸管的伏安特性曲线

2. 逆变器

逆变器是变频器最主要的部分之一。其主要作用是在控制电路的控制下将整流输出的直流电转换为频率和电压都可调的交流电。变频器中应用最多的是三相桥式逆变电路，三相桥式逆变电路如图 6-14 所示，该逆变电路是由电力晶体管（GTR）组成的。常用的开关器件有门极可关断晶闸管（GTO）、电力晶体管（GTR 或 BJT）、功率场效应晶体管（P-MOSFET），以及绝缘栅双极型晶体管（IGBT）等。

（1）门极可关断晶闸管（GTO）。门极可关断晶闸管的通断控制与普通晶闸管一样，但门极加负电压可使其关断，具有自关断能力，属于全控器件。GTO 的结构和图形符号如图 6-15 所示，其中 A 为阳极、K 为阴极、G 为门极，它的外形与普通晶闸管一样，GTO 开关特性示意图如图 6-16 所示，其中 t_d 为延迟时间、t_r 为上升时间、t_s 为储存时间、t_f 为下降时间、t_t 为尾部时间。

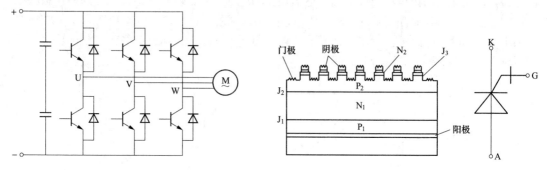

图 6-14　三相桥式逆变电路　　　　　　　图 6-15　GTO 的结构和图形符号

（2）电力晶体管（GTR）。电力晶体管通常又称为双极型晶体管（BJT），是一种大功率高反压晶体管，属于全控型器件。其工作原理与普通中、小功率晶体管相似，但主要工作在开关状态，不用于信号放大，它承受的电压和电流大。GTR 作为大功率开关应用最多的是 GTR 模块，GTR 模块的结构和外形如图 6-17 所示，其中 B 为基极、C 为集电极、E 为发射极。

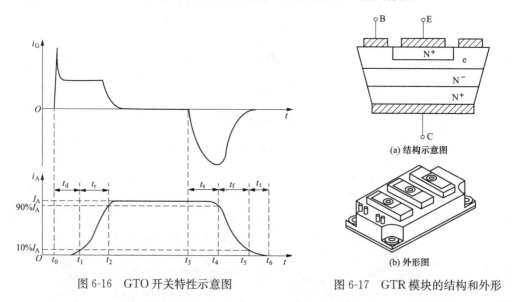

图 6-16　GTO 开关特性示意图　　　　　　图 6-17　GTR 模块的结构和外形

（3）电力 MOS 场效应晶体管（P-MOSFET）。电力 MOS 场效应晶体管是单极型全控器件，属于电压控制，具有驱动功率小、控制线路简单、工作频率高的特点。P-MOSFET 的结构和图形符号如图 6-18 所示，其中 G 为栅极、D 为漏极、S 为源极。

P-MOSFET 的转移特性如图 6-19 所示，当栅-源电压 $u_{GS} < U_T$（阈值电压或开启电压）时，漏极电流 i_D 近似为零；当 $u_{GS} > U_T$ 时，随着 u_{GS} 的增大 i_D 也越大，当 i_D 较大时，i_D 与 u_{GS} 的关系近似为线性。

P-MOSFET 的输出特性如图 6-20 所示，输出特性分为可调电阻区 I、饱和区 II 和雪崩区 III 3 个区域。在可调电阻区 I，器件的阻值是变化的。在饱和区 II，当 u_{GS} 不变时，i_D 几乎不随漏-源电压 u_{DS} 的增加而增加，近

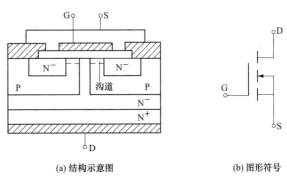

(a) 结构示意图　　　(b) 图形符号

图 6-18　P-MOSFET 的结构和图形符号

似为一常数，当 P-MOSFET 用作线性放大时，工作在该区。在雪崩区 III，当 u_{DS} 增加到某一数值时，漏极 PN 结反偏电压过高，发生雪崩击穿，漏极电流 i_D 突然增加，造成器件的损坏，使用时应避免出现这种情况。

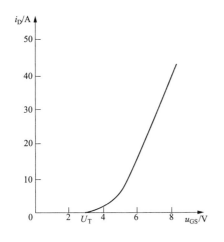

图 6-19　P-MOSFET 的转移特性

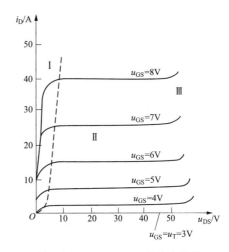

图 6-20　P-MOSFET 的输出特性

（4）绝缘栅双极型晶体管（IGBT）。绝缘栅双极型晶体管是复合型全控器件，具有输入阻抗高、工作速度快、通态电压低、阻断电压高、承受电流大等优点，是功率开关电源和逆变器的理想电力半导体器件。IGBT 模块的外形、结构及图形符号如图 6-21 所示，其中 G 为栅极、C 为集电极、E 为发射极。IGBT 的开通和关断是由栅极电压来控制的，当栅极加正电压时，MOSFET 内形

(a) IGBT模块的外形

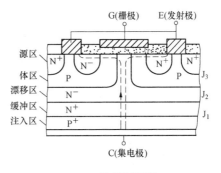

(b) 结构示意图

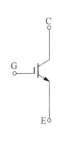

(c) 图形符号

图 6-21　IGBT 模块的外形、结构及图形符号

成沟道，IGBT 导通；当栅极加负电压时，MOSFET 内的沟道消失，IGBT 关断。

IGBT 的静态特性如图 6-22 所示，其中图 6-22（a）为传输特性，其中 u_{GE} 为栅-射电压、i_C 为集电极电流、u_{CE} 为集-射电压、$U_{GE}(th)$ 为开启电压。当 u_{GE} 小于 $U_{GE}(th)$ 时，IGBT 处于关断状态；当 u_{GE} 大于 $U_{GE}(th)$ 时，IGBT 开始导通，i_C 与 u_{GE} 基本呈线性关系。图 6-22（b）为其输出特性，该特性描述以 u_{GE} 为控制变量时，i_C 与 u_{CE} 之间的相互关系。IGBT 的输出特性可分为正向阻断区、有源区、饱和区三个区域。IGBT 具有如下优点：

1）IGBT 开关器件发热少。

2）高载波控制，使输出电流波形有明显改善。

3）开关频率高，使之运行产生的声音超过了人耳的感受范围，即实现了电动机运行的静音化。

4）驱动功率小，体积趋于更小。

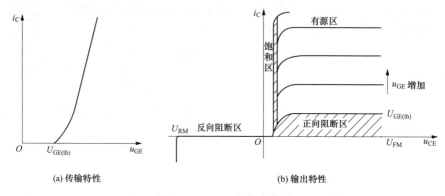

(a) 传输特性　　　　　　　　　　(b) 输出特性

图 6-22　IGBT 的静态特性

3. 中间直流环节

中间直流环节的作用是对整流器输出的直流电进行平滑，以保证逆变器和控制电路能够得到高质量的直流电源。当整流电路是电压源时，中间直流环节的主要器件是大容量的电解电容；而当整流电路是电流源时，中间直流环节则主要由大容量的电感组成。由于逆变器的负载为异步电动机，属于感性负载，所以，在中间直流环节和电动机之间总会有无功功率的交换，这种无功能量要靠中间直流环节的储能元件（电容器或电抗器）来缓冲，所以又常称中间直流环节为中间储能环节。

4. 主控电路

主控电路是变频器的核心控制部分，主控电路的优劣决定了调速系统性能的优劣。主控电路通常由运算电路、检测电路、控制信号的输入输出电路和驱动电路等构成，其主要任务是完成对逆变器的开关控制、对整流器的电压控制以及完成各种保护等。主控电路的主要功能如下：

（1）接收各种信号。主控电路主要接受如下信号：

1）在功能预置阶段，接收对各功能的预置信号。

2）接收从键盘或外接输入端子输入的给定信号。

3）接收从外接输入端子输入的控制信号。

4）接收从电压、电流采样电路以及其他传感器输入的状态信号。

（2）进行基本运算。主控电路主要进行如下运算：

1）矢量控制运算或其他必要的运算。

2）实时计算 SPWM 波形各切换点的时刻。

（3）输出计算结果。主控电路输出的计算结果包含：

1）输出给逆变器的驱动电路，使逆变器件按给定信号及预置要求输出 SPWM 电压波。

2）输出给显示器，显示当前的各种状态。

3）输出给外接输出端子。

（4）实现各项控制功能。接收从键盘和外接输入端子输入的各种控制信号，对 SPWM 信号进行起动、停止、升速、降速、点动等的控制。

（5）实施各项保护功能。接收电压、电流采样电路以及其他传感器（如温度传感器）的信号，结合预置功能中的限值，进行比较和判断，如认为已经出现故障，则进行以下操作：

1）停止发出 SPWM 信号，使变频器中止输出。

2）向输出控制端子输出报警信号。

3）向显示器输出故障原因信号。

5. 采样电路

采样电路包括电流采样和电压采样，其作用如下：

（1）提供控制用数据。尤其是进行矢量控制时，必须测定足够的数据，并提供给微机进行矢量控制运算。

（2）提供保护采样。将采样值提供给各保护电路（在主控电路内），在保护电路内与有关的极限值进行比较，必要时采取跳闸等保护措施。

6. 驱动电路

用于驱动各逆变管，如逆变管为 GTR，则驱动电路还包括以隔离变压器为主体的专用驱动电源。但大多数中、小容量变频器的逆变管都采用 IGBT 管，逆变管的控制极和集电极、发射极之间是隔离的，不再需要隔离变压器，故驱动电路常常和主控电路在一起。

7. 控制电源

控制电源为以下各部分提供稳压电源：

（1）主控电路。主控电路以微机电路为主体，要求提供稳定性非常高的 DC 5V 电源。

（2）外控电路。外控电路的电源可以由外部提供，也可以由变频器提供，如：

1）为给定电位器提供电源，通常为 DC 5V 或 DC 10V。

2）为外接传感器提供电源，通常为 DC 24V。

6.3 变频器的工作原理

6.3.1 基本控制方式

由式（6-2）可知，改变异步电动机的供电频率 f_1，可以改变其同步转速 n，实现电动机的调速运行。但是，根据电动机理论可知，三相异步电动机每相定子绕组的电动势有效值为

$$E_1 = 4.44 k_{r1} f_1 N_1 \Phi_M \qquad (6-3)$$

式中　E_1——每相定子绕组在气隙磁场中感应的电动势有效值（V）；

　　　k_{r1}——与绕组有关的结构常数；

　　　f_1——定子频率（Hz）；

　　　N_1——定子每相绕组的有效匝数；

　　　Φ_M——每极气隙磁通（Wb）。

由式（6-3）可知，如果定子每相绕组的电动势有效值 E_1 不变，而单纯改变定子的频率时会出现如下两种情况：

（1）如果 $f_1 > f_{1N}$，其中 f_{1N} 为电动机的额定频率，气隙磁通 Φ_M 就会小于额定气隙磁通，则电

动机的铁芯得不到充分利用，造成浪费。

（2）如果 $f_1 < f_{1N}$，气隙磁通 Φ_M 就会大于额定气隙磁通，则电动机的铁芯会出现过饱和，电动机处于过励磁状态，励磁电流过大，使电动机功率因数、效率均下降，严重时会因绕组过热而烧坏电动机。

因此，要实现变频调速，且在不损坏电动机的情况下充分利用铁芯，应使每极气隙磁通 Φ_M 保持额定值不变，即 $E_1 / f_1 = C$（C 为常数）。

1. 基频以下的恒磁通变频调速

由式（6-3）可知，要保持磁通 Φ_M 不变，当频率 f_1 从额定值 f_{1N} 向下调时，必须降低 E_1 才能使 $E_1 / f_1 = C$，即采用电动势与频率之比为常数的控制方式。但绕组中的感应电动势 E_1 不易直接控制，当 E_1 较高时，定子的漏阻抗压降相对比较小，如忽略不计，可以认为电动机的输入电压 $U_1 = E_1$，这样就可以达到通过控制 U_1 来控制 E_1 的目的。当频率较低时，U_1 和 E_1 都变小，定子漏阻抗压降（主要是定子电阻压降）不能再忽略，这种情况下，可人为地适当提高定子电压以补偿定子漏阻抗压降的影响，使气隙磁通基本保持不变。这种基频以下的恒磁通变频调速属于恒转矩调速方式。

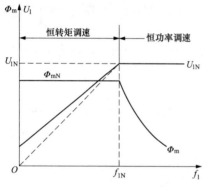

图 6-23 异步电动机变频调速的基本控制方式

2. 基频以上的弱磁通变频调速

在基频以上调速时，频率可以从电动机额定频率 f_{1N} 向上增加，但电压 U_1 受额定电压 U_{1N} 的限制不能再升高，只能保持 $U_1 = U_{1N}$ 不变。由式（6-3）可知，这样必然会使气隙磁通随着 f_1 的上升而减小，相当于直流电动机的弱磁调速情况，属于近似的恒功率调速方式。

由上面的讨论可知，异步电动机变频调速的基本控制方式如图 6-23 所示。因此，异步电动机变频调速时必须按照一定的规律且同时改变其定子电压和频率，即必须通过变频装置获得电压、频率均可调节的供电电源，即实现 VVVF（variable voltage variable frequency）调速控制。实现变频、变压是逆变器要完成的任务。

6.3.2 逆变的基本原理

由图 6-9 可知，逆变器是将整流器输出的直流电转换为频率和电压都可调的交流电的装置。本节将主要介绍逆变器的逆变原理。

1. 单相逆变

首先通过单相逆变桥的工作情况来看一下直流电"逆变"成交流电的方式。单相逆变桥的逆变电路和波形如图 6-24 所示，其逆变电路将四个开关器件（V1～V4）接成桥形电路，两端加直流电压

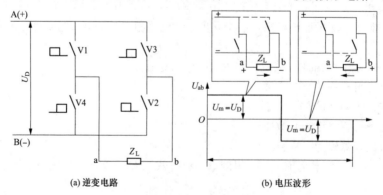

（a）逆变电路 （b）电压波形

图 6-24 单相逆变桥的逆变电路和电压波形

U_D，负载 Z_L 接至两"桥臂"的中点 a、b 之间，现在来看看负载 Z_L 得到交变电压和电流的方式。

（1）前半周期。令 V1、V2 导通，V3、V4 截止，则负载 Z_L 上所得的电压为 a "+"、b "−"，设这时的电压为"+"。

（2）后半周期。令 V1、V2 截止，V3、V4 导通，则负载 Z_L 上所得的电压为 a "−"、b "+"，电压的方向与前半周期相反，为"−"。

上述两种状态如能不断地反复交替进行，则负载 Z_L 上得到的便是交变电压，这就是把直流电"逆变"成交流电的工作过程。

2. 三相逆变

三相逆变桥的工作过程与单相逆变桥相同，只要注意三相之间互隔 $T/3$（T 是周期）就可以了，即 V 相比 U 相滞后 $T/3$，W 相又比 V 相滞后 $T/3$，三相逆变桥的逆变电路和电压波形如图 6-25 所示，其逆变电路的具体导通顺序如下：

（1）第 1 个 $T/6$：V1、V6、V5 导通，V4、V3、V2 截止。

（2）第 2 个 $T/6$：V1、V6、V2 导通，V4、V3、V5 截止。

（3）第 3 个 $T/6$：V1、V3、V2 导通，V4、V6、V5 截止。

（4）第 4 个 $T/6$：V4、V3、V2 导通，V1、V6、V5 截止。

（5）第 5 个 $T/6$：V4、V3、V5 导通，V1、V6、V2 截止。

（6）第 6 个 $T/6$：V4、V6、V5 导通，V1、V3、V2 截止。

总之，"逆变"过程就是若干个开关器件长时间不停息地交替导通和关断的过程。

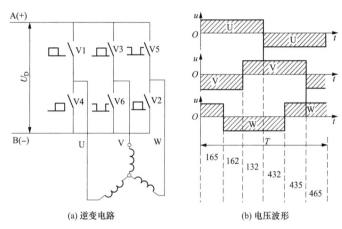

(a) 逆变电路　　　　　(b) 电压波形

图 6-25　三相逆变桥的逆变电路和电压波形

说明：165 表示 V1、V6、V5 三个开关器件导通，其他类同。

3. 逆变器件必须满足的条件

由前述可知，逆变桥是实现变频的关键部分，三相逆变桥由六个开关器件构成，但并不是所有的开关器件都可以构成逆变桥的，构成逆变桥的开关器件必须满足以下要求：

（1）能承受足够高的电压。我国三相交流电的线电压为 380V，经三相全波整流后的直流电压为 537V。所以，开关器件能够承受的电压必须超过 537V，逆变管承受的电压和电流如图 6-26 所示。

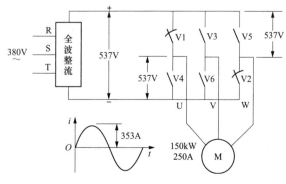

图 6-26　逆变管承受的电压和电流

153

（2）能承受足够大的电流。电动机的额定容量大至成百上千千瓦，额定电流则高达数千安，因此，逆变管允许通过的电流至少应超过电动机电流的幅值。

（3）允许长时间频繁地接通和关断。这是由逆变电路的工作过程所决定的。

一般来说，开关器件有机械式和半导体两大类。机械式的开关器件，如刀开关、接触器等，其能满足上面的（1）、（2）两个条件，但不能满足条件（3）；半导体开关器件对条件（3）毫不介意，但是否能满足（1）、（2）两个条件就成了能否实现变频调速的关键。

6.3.3 逆变器

逆变器是变频器的重要组成部分，按直流电源的性质可分为电压型、电流型；按输出电压调节方式可分为脉幅调制（PAM）、脉宽调制（PWM）和正弦脉宽调制（SPWM）。

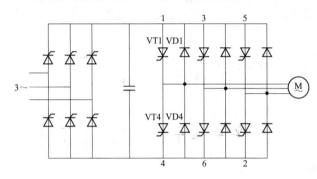

图 6-27 典型电压型逆变器主电路

1. 电压型

典型电压型逆变器主电路如图 6-27 所示，其中用于逆变器晶闸管的换相电路图中未画出。图中逆变器的每个导电臂均由一个可控开关器件和一个不控器件（二极管）反并联组成。晶闸管 VT1～VT6 为主开关器件，VD1～VD6 为回馈二极管。

电压型逆变器大多数情况下采用 6 脉波运行方式，晶闸管在一个周期内导通 $180°$。该电路的特点是中间直流环节的储能元件采用大电容，负载的无功功率将由它来缓冲。由于大电容的作用，主电路直流电压 E_d 比较平稳，电动机端的电压为方波或阶梯波。直流电源内阻比较小，相当于电压源，故称为电压源型逆变器或电压型逆变器。

对负载电动机而言，变频器是一个交流电压源，在不超过容量限度的情况下，可以驱动多台电动机并联运行，具有不选择负载的通用性。其缺点是电动机处于再生发电状态时，回馈到直流侧的能量难于回馈给交流电网。要实现这部分能量向电网的回馈，必须采用可逆变流器。再生能量回馈型电压型逆变器如图 6-28 所示，电网侧变流器采用两套全控整流器反并联。电动时由桥Ⅰ供电，回馈时电桥Ⅱ作有源逆变运行（$α>90°$），将再生能量回馈给电网。

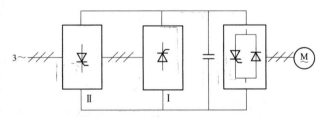

图 6-28 再生能量回馈型电压型逆变器

2. 电流型

典型电流型逆变器的主电路如图 6-29 所示，其特点是中间直流环节采用大电感作为储能环节，无功功率将由该电感来缓冲。由于电感的作用，直流电流 I_d 趋于平稳，电动机的电流波形为方波或阶梯波，电压波形接近于正弦波。由于直流电源的内阻较大，近似于电流源，故称为电流型逆变器。这种电流型逆变器的晶闸管在每周期内工作 $120°$，属于 $120°$ 导电型。

电流型逆变器突出的优点是当电动机处于再生发电状态时，回馈到直流侧的再生电能可以方便地回馈到交流电网，不需在主电路内附加任何设备，只要利用电网侧的不可逆变流器改变其输出电压极性（控制角 $α>90°$）即可。

3. 脉幅调制（PAM）

脉冲幅度调制方式（pulse amplitude modulation，PAM）简称脉幅调制。脉幅调制就是在整流电路部分对输出电压或电流的幅值进行控制，在逆变电路部分对输出频率进行控制的方式，逆变电路中换流器件的开关频率即为变频器的输出频率。脉幅调制是在频率下降的同时，使直流电压也随着下降，从而使逆变后的交流电压的幅值也一起下降。脉幅调制时的一相的电压波形如图 6-30 所示，图 6-30（a）为频率较高时的电压波形，周期小而幅值较高；图 6-30（b）为频率较低时的电压波形，周期大而幅值较低。脉幅调制的特点是变频器在改变输出频率的同时也改变了电压的幅值。

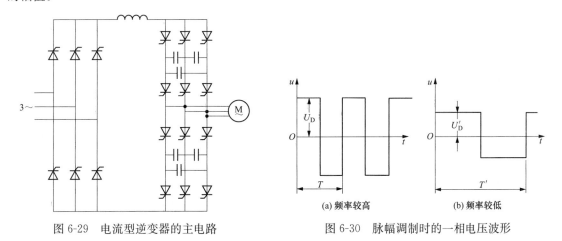

图 6-29　电流型逆变器的主电路　　　　图 6-30　脉幅调制时的一相电压波形

4. 脉宽调制（PWM）

脉冲宽度调制方式（pulse width modulation，PWM）简称脉宽调制。脉宽调制是在逆变电路部分对输出电压或电流的幅值和频率同时进行控制的控制方式，以较高频率对逆变电路的半导体开关器件进行开闭控制，通过改变输出脉冲的宽度来达到控制电压或电流的目的，即通过调节脉冲宽度和各脉冲间的占空比来调节逆变后输出电压的平均值。脉宽调制的输出电压波形如图 6-31 所示，频率较高时，脉冲的占空比较大，如图 6-31（a）所示；频率较低时，脉冲的占空比较小，如图 6-31（b）所示，但两者的幅值是一样的。脉宽调制的优点是不必控制直流侧，因而大大简化了电路，但电流的谐波分量很大。

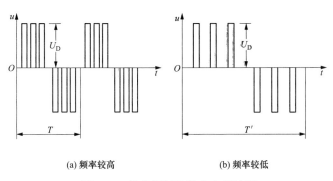

(a) 频率较高　　　　　　　(b) 频率较低

图 6-31　脉宽调制的输出电压波形

5. 正弦脉宽调制（SPWM）

在脉宽调制中，如果脉冲宽度和占空比的大小按正弦规律分布，则输出电流的波形接近于正弦波，这就是正弦脉宽调制（SPWM），正弦脉宽调制的电压波形如图 6-32 所示。正弦脉宽调制大大减少了负载电流中的高次谐波，当正弦值较大时，脉冲宽度和占空比都大；而当正弦值较小时，脉冲宽度和占空比都小。正弦脉宽调制产生的各脉冲的上升沿与下降沿由正弦波和三角波的交点来决定，正弦脉宽调制方式分为单极性调制和双极性调制两种。

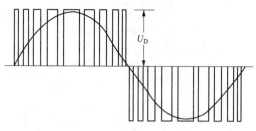

图 6-32　正弦脉宽调制的电压波形

（1）单极性调制。单极性调制方式如图 6-33 所示，其特点是在每半个周期内，三角波的极性是单方向的，所得到的脉冲系列的极性也是单方向的，如图 6-33 所示。通常把正弦波称为调制波，三角波称为载波。调制时，三角波的振幅是不变的，当正弦波的幅值较大时，则调制所得的脉冲系列的占空比较大，如图 6-33 中的曲线①所示；反之，当正弦波的幅值较小时，则调制所得的脉冲系列的占空比也较小，如图 6-33 中的曲线②所示。单极性调制方式易于理解，但由于调制所得的线电压波形并不好，实际上已很少使用。

（2）双极性调制。实际变频器使用更多的是双极性调制方式，其特点是三角波和所得到的相电压脉冲系列都是双极性的，但线电压脉冲系列却是单极性的，双极性调制方式如图 6-34 所示。

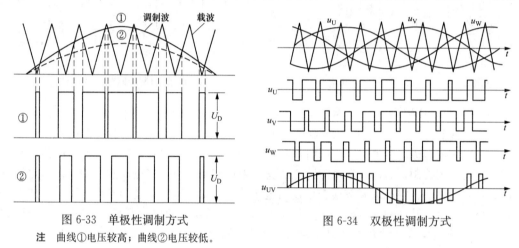

图 6-33　单极性调制方式

注　曲线①电压较高；曲线②电压较低。

图 6-34　双极性调制方式

在具体电路中，各开关器件的工作情况如图 6-35 所示，由图可以看出，双极性脉冲系列的上半部分是桥臂上面管子的控制脉冲，而下半部分则是桥臂下面管子的控制脉冲。其工作特点是每个桥臂的上下两管总是处于不断地交替导通的状态。

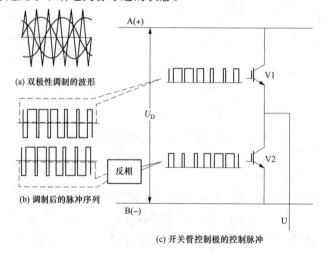

图 6-35　开关器件的工作情况

要具体地实施 SPWM，必须实时地求出各相的正弦波与三角波的交点，它们的周期以及正弦波的幅值都必须根据用户的需要而随时调整。直到 20 世纪 80 年代，在微机技术高度发达的条件下，才有可能在极短的时间内实时地计算出正弦波与三角波的所有交点，并使逆变管按各交点所规定的时刻有序地导通和截止，从而为变频变压技术的实施创造了条件。

SPWM 的显著优点是由于电动机的绕组是电感性的，因此，尽管电压是由一系列的矩形脉冲构成的，但通入电动机的电流却和正弦波十分接近。

6.3.4　智能功率模块（IPM）

智能功率模块（intelligent power module，IPM）是先进的混合集成电力电子器件，由高速、低耗的 IGBT 芯片，优化的门极驱动及保护电路构成。智能功率模块由于采用了有电流传感功能的 IGBT 芯片，从而能够实现高效的过电流保护和短路保护。智能功率模块具有如下优点：

（1）开关速度快，驱动电流小，控制驱动更简单。

（2）内含电流传感器，可以高效迅速地检测出过电流和短路电流，能对功率芯片给予足够的保护，故障率大大降低。

（3）由于在器件内部电源电路和驱动电路的配线设计上做到了优化，所以由浪涌电压、门极振荡、噪声引起的干扰等问题能有效得到控制。

（4）保护功能较为丰富，如电流保护、电压保护、温度保护，随着技术的进步，保护功能将进一步得到完善。

（5）由于采用 IPM 后导致开关电源容量、驱动容量的减小和器件的节省及综合性能的提高等因素，使得 IPM 的性价比已高过 IGBT，IPM 的售价已逐渐接近 IGBT，有很好的经济性。

6.3.5　脉宽调制（PWM）型变频器

PWM 变频器的主电路如图 6-36 所示。由图可知，PWM 逆变器的主电路就是基本逆变电路，区别在于 PWM 控制技术。

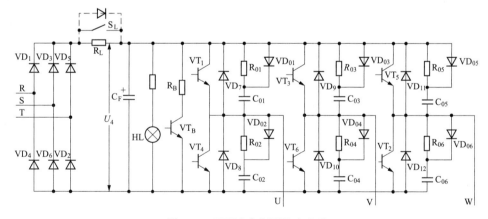

图 6-36　PWM 变频器的主电路

1. 交-直部分

（1）整流二极管 $VD_1 \sim VD_6$。由 $VD_1 \sim VD_6$ 组成三相整流桥，将三相交流电转换成直流电。若电源的线电压为 U_L，则三相全波整流后平均直流电压 $U_d = 1.35 U_L$。若三相交流电源的线电压为 380V，则全波整流后的平均电压 $U_d = 1.35 \times 380V = 513V$。

（2）滤波电容器 C_F。滤波电容器 C_F 的功能是消除整流后的电压纹波；当负载变化时，使直流电压保持平稳。

（3）电阻 R_L 与开关 S_L。变频器合上电源的瞬间，滤波电容器 C_F 的充电电流很大，过大的冲击电流将可能损坏三相整流桥的二极管。为了保护整流桥，在变频器刚接通电源时，电路中串入限流电阻 R_L，将电容器 C_F 的充电电流限制在允许范围以内。

开关 S_L 的功能是当 C_F 充电到一定程度时，S_L 接通，将 R_L 短路。在许多新系列的变频器里，S_L 已由晶闸管代替，如图 6-36 虚线所示。

（4）电源指示 HL。HL 有两个功能，一是表示电源是否接通；二是在变频器切断电源后，反映滤波电容器 C_F 上的电荷是否已经释放完毕。

由于 C_F 的容量较大，其放电时间往往长达数分钟。因为切断电源后，逆变器电路处于停止工作的状态，C_F 没有了快速放电的回路，如果放电的时间短，则 C_F 上的电压还很高，将对人身安全构成威胁。故在维修变频器时，必须等 HL 完全熄灭后才能接触变频器内部的导电部分。

2. 直-交部分

（1）逆变三极管 $VT_1 \sim VT_6$。逆变管是变频器实现变频的具体执行元件，是变频器的核心部分。图 6-36 中由 $VT_1 \sim VT_6$ 组成逆变桥，将 $VD_1 \sim VD_6$ 整流所得的直流电再转换为频率可调的交流电。

（2）续流二极管 $VD_7 \sim VD_{12}$。续流二极管的主要功能有：

1）电动机是电感性负载，其电流具有无功分量，$VD_7 \sim VD_{12}$ 为无功电流返回直流电源时提供通道。

2）当频率下降，电动机处于再生制动状态时，再生电流将通过 $VD_7 \sim VD_{12}$ 返回直流电路。

3）在 $VT_1 \sim VT_6$ 进行逆变的基本工作过程中，同一桥臂的两个逆变管不停地交替导通和截止，在这交替导通和截止的过程中，需要 $VD_7 \sim VD_{12}$ 提供通路。

（3）缓冲电路。缓冲电路由 $C_{01} \sim C_{06}$、$R_{01} \sim R_{06}$、$VD_{01} \sim VD_{06}$ 组成。

1）$C_{01} \sim C_{06}$。每次逆变管 $VT_1 \sim VT_6$ 由导通状态切换成截止状态的关断瞬间，集电极（C 极）和发射极（E 极）间的电压 U_{CE} 将迅速地由接近 0V 上升至直流电压 U_d，过高的电压增长率将有可能导致逆变管的损坏。为了减小 $VT_1 \sim VT_6$ 在每次关断时的电压增长率，在电路中接入了电容器 $C_{01} \sim C_{06}$。

2）$R_{01} \sim R_{06}$。每次 $VT_1 \sim VT_6$ 由截止状态切换成导通状态的接通瞬间，$C_{01} \sim C_{06}$ 上所充的电压（等于 U_d），将向 $VT_1 \sim VT_6$ 放电。此放电电流的初始值很大，并将叠加到负载电流上，导致 $VT_1 \sim VT_6$ 的损坏。$R_{01} \sim R_{06}$ 的功能就是限制逆变管在接通瞬间 $C_{01} \sim C_{06}$ 的放电电流。

3）$VD_{01} \sim VD_{06}$。当 $R_{01} \sim R_{06}$ 接入时，会影响 $C_{01} \sim C_{06}$ 在 $VT_1 \sim VT_6$ 关断时减小电压增长率的效果。为此接入 $VD_{01} \sim VD_{06}$，其功能是：①在 $VT_1 \sim VT_6$ 的关断过程中，使 $R_{01} \sim R_{06}$ 不起作用；②在 $VT_1 \sim VT_6$ 的接通过程中，又迫使 $C_{01} \sim C_{06}$ 的放电电流流经 $R_{01} \sim R_{06}$。

3. 制动电阻和制动单元

（1）制动电阻 R_B。电动机在工作频率下降过程中，将处于再生制动状态，拖动系统的动能将要反馈到直流电路中，使直流电压 U_d 不断上升，甚至可能达到危险的地步。因此，在电路中接入制动电阻 R_B，用来消耗这部分能量，使 U_d 保持在允许范围内。

（2）制动单元 V_B。制动单元 V_B 由大功率晶体管 GTR 及其驱动电路构成，其功能是为放电电流 I_B 流经 R_B 提供通路。

6.4 变频器的功能及参数

变频器的功能通常通过设定不同的参数来实现，若单纯用于可变速运行时，按出厂设定的参数（即出厂值）运行即可；若需要考虑负荷、运行方式等条件时，就必须了解参数的功能和设定范围，然后设定一些必要的参数。本节就三菱 FR-A540 系列变频器的一些常用功能及参数进行介绍，有关其他功能及参数请参考有关设备使用手册。

6.4.1 频率给定功能

变频器的输出频率会随着频率给定方式及给定信号的不同而改变，因此选择合适的给定方式和给定信号是变频器正常运行的前提。变频器输出频率的给定方式分为模拟量给定和数字量给定。

1. 模拟量给定方式

当给定信号为模拟量时，称为模拟量给定方式。模拟量给定方式又分为电压信号和电流信号。当变频器的 AU 端子与 SD 端子接通时即选择电流信号，断开时则选择电压信号。

(1) 电压信号必须通过变频器的输入端子 2 和 5 输入，且输入信号范围可以选择 DC 0～5V 或 DC 0～10V，其对应的输出频率均为 0～50Hz。若 $Pr.73$ 设为 1 时，则选择 DC 0～5V；若 $Pr.73$ 设为 0 时，则选择 DC 0～10V。

(2) 电流信号必须通过变频器的输入端子 4 和 5 输入，信号范围为 4～20mA，对应的输出频率均为 0～50Hz。由于电流信号不受线路电压降、接触电阻及感应噪声等的影响，因此抗干扰能力强，适合于远距离控制。

(3) 模拟量给定的具体给定方式有如下三种：

1) 电位器给定。给定信号为电压信号，信号电源通常由变频器内部的直流电源（5V 或 10V）提供，频率给定信号从电位器的滑动触头上得到。

2) 直接电压（或电流）给定。给定信号由传感器等外部设备直接向变频器的给定端输入电压（端子 2 和 5）或电流信号（端子 4 和 5）。

3) 辅助给定。变频器配有辅助信号输入端（端子 1 和 5），辅助给定信号与主给定信号叠加，起调整变频器输出频率的辅助作用。

2. 数字量给定方式

当给定信号为数字量时，称为数字量给定方式。这种给定方式的输出频率精度很高，可达给定频率的 0.01% 以内。具体的给定方式有参数单元给定、多段速度设定给定和通信给定。

6.4.2 频率控制功能

1. 上、下限频率

变频器输出频率的上限和下限要与生产机械所要求的最高和最低转速相对应。$Pr.1$ 为输出频率的上限，如果运行频率设定值高于此值，则输出频率被钳位在上限频率；$Pr.2$ 为输出频率的下限，若运行频率设定值低于这个值，则运行时被钳位在下限频率。这两个设定值确定之后，电动机的运行频率就只能在此范围内设定和运行，$Pr.1$、$Pr.2$ 参数意义图如图 6-37 所示。$Pr.18$ 为高速上限频率，即在 120Hz 以上运行时，用参数 $Pr.18$ 设定输出频率的上限。

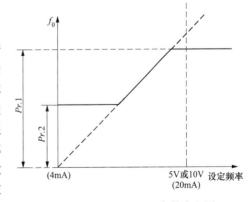

图 6-37　$Pr.1$、$Pr.2$ 参数意义图

2. 跳变频率

任何机械都有一个固有的振荡频率，它取决于机械的结构，而机械在运行过程中的实际振荡频率与运行速度有关，并且随运行速度发生变化，当机械的实际振荡频率和它的固有振荡频率相等时，机械将发生谐振（此时的频率称为谐振频率），这时机械的振动将十分剧烈。因此，在变频调速时，要求变频器的运行频率要跳过引起机械的谐振频率。此时必须设定变频器的跳变频率 $Pr.31$～$Pr.36$，跳变频率各参数的意义及设定范围见表 6-3。跳变频率最多可设定 3 个区域，且 A

为运行点，A 点可以设定为上点或下点，跳变频率的运行示意图如图 6-38 所示。

表 6-3   跳变频率各参数的意义及设定范围

参数号	参数意义	出厂设定	设定范围	备注
$Pr.31$	跳变频率 1A	9999	0～400Hz，9999	9999：功能无效
$Pr.32$	跳变频率 1B	9999	0～400Hz，9999	9999：功能无效
$Pr.33$	跳变频率 2A	9999	0～400Hz，9999	9999：功能无效
$Pr.34$	跳变频率 2B	9999	0～400Hz，9999	9999：功能无效
$Pr.35$	跳变频率 3A	9999	0～400Hz，9999	9999：功能无效
$Pr.36$	跳变频率 3B	9999	0～400Hz，9999	9999：功能无效

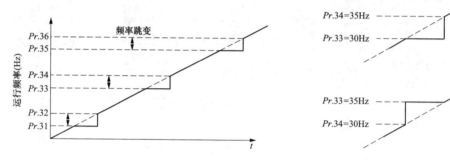

图 6-38　跳变频率的运行示意图

6.4.3　运行控制功能

1. 起动频率

对于静摩擦系数较大的负载，为了易于起动，起动时需有一定的冲击力，为此，必须设定变频器的起动频率 $Pr.13$。变频器的起动频率是当起动信号为 ON 时，变频器开始输出的频率，如果设定变频器的运行频率小于 $Pr.13$ 的设定值时，则变频器将不能起动。

注意：当 $Pr.2$ 的设定值高于 $Pr.13$ 的设定值时，即使设定的运行频率（大于 $Pr.13$ 的设定值）小于 $Pr.2$ 的设定值，只要起动信号为 ON，电动机都以 $Pr.2$ 的设定值运行。当 $Pr.2$ 的设定值小于 $Pr.13$ 的设定值时，若设定的运行频率小于 $Pr.13$ 的设定值，即使起动信号为 ON，电动机也不运行；若设定的运行频率大于 $Pr.13$ 的设定值，只要起动信号为 ON，电动机就开始运行。

2. 加、减速时间

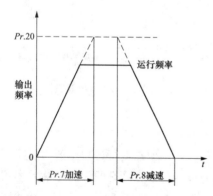

图 6-39　$Pr.7$、$Pr.8$ 参数意义图

生产机械在起动和停止时，为了使其运行平稳、不出现过电流，通常必须设定变频器的加、减速时间。

（1）加、减速时间设定。$Pr.7$、$Pr.8$ 就是用于设定变频器的加速、减速时间的参数。$Pr.7$ 的值设得越大，加速时间越长；$Pr.8$ 的值设得越大，减速时间越长。$Pr.20$ 是加、减速基准频率，$Pr.7$ 的设定值就是从 0Hz 加速到 $Pr.20$ 设定的频率的时间，并非从 0Hz 加速到运行频率的时间，$Pr.7$、$Pr.8$ 参数意义图如图 6-39 所示。

（2）加、减速时间单位设定。$Pr.21$ 为加、减速时间单位，若设定为 0 时（为出厂值），则其最小设定单位为 0.1s，设定范围为 0～3600s；若设定为 1 时，则其最小设定单位为 0.01s，设定范围为 0～360s。

（3）第二、第三加减速时间设定。$Pr.44$、$Pr.110$ 为第二、第三加速时间，$Pr.45$、$Pr.111$ 为第二、第三减速时间，它们必须通过外部输入端子信号来选择。

（4）加、减速方式设定。加、减速方式设定如图 6-40 所示，加、减速方式有如下四种：

1）线性方式（$Pr.29=0$）。频率与时间呈直线关系，如图 6-40（a）所示。

2）S 形 A（$Pr.29=1$）。在开始和结束阶段的加、减速比较缓慢，如图 6-40（b）所示。

3）S 形 B（$Pr.29=2$）。在两个频率间提供一个 S 形加、减速曲线，具有缓和加、减速时的振动作用，防止运输时的负载倒塌，如图 6-40（c）所示。

4）齿隙补偿（$Pr.29=3$）。在加、减速期间暂停速度的变化，用于减轻当减速齿轮齿隙突然消除时产生的冲击，如图 6-40（d）所示。

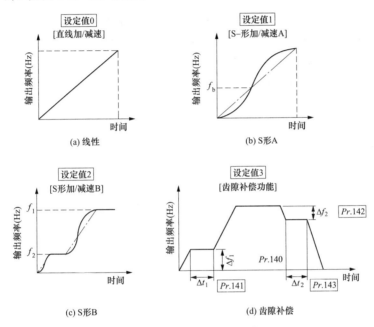

图 6-40　加、减速方式设定

3. 点动运行

$Pr.15$ 设定点动状态下的运行频率。当变频器在外部操作模式时，用输入端子选择点动功能（接通控制端子 SD 与 JOG 即可）；当点动信号 ON 时，用起动信号（STF 或 STR）进行点动运行。在 PU 操作模式时，用 PU 单元上的操作键（FWD 或 REV）实现点动运行。$Pr.16$ 为点动状态下的加、减速时间，$Pr.15$、$Pr.16$ 参数意义图如图 6-41 所示。

4. 直流制动

在大多数情况下，采用再生制动方式来停

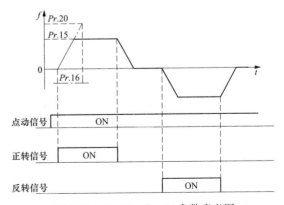

图 6-41　$Pr.15$、$Pr.16$ 参数意义图

止电动机，但对于某些要求快速制动，而再生制动又容易引起过电压的场合，应采用直流制动方式。此外，有的负载虽然允许制动时间稍长一些，但因为惯性较大而停不住，停止后有"爬行"现象，这对于某些机械来说是不允许的，因此，也应采用直流制动方式。变频器直流制动各参数的意义及设定范围见表 6-4，直流制动的动作示意图如图 6-42 所示。

表 6-4 变频器直流制动各参数的意义及设定范围

参数号		参数意义	出厂设定	设定范围	备注
$Pr.10$		直流制动动作频率	3Hz	0～120Hz，9999	9999：在 Pr.13 设定值及以下动作
$Pr.11$		直流制动动作时间	0.5s	0～10s，8888	8888：当 X13 信号 ON 时动作
$Pr.12$	7.5k 以下	直流制动动作电压	4%	0～30%	
	11k 以上		2%		

6.4.4 其他功能

1. 电子过流保护

电子过流保护（$Pr.9$）的作用和设定与热继电器相同，通过设定电子过流保护的电流来防止电动机过热，得到最优的保护性能。设定电子过流保护时，需要注意以下事项：

（1）当变频器带动两台或多台电动机时，此参数的值应设为"0"，即不起保护作用，因此，每台电动机必须外接热继电器来保护。

（2）特殊电动机不能用电子过流保护，必须使用外接热继电器保护。

（3）当控制一台电动机运行时，其设定值通常为电动机的额定电流。

2. 适用负荷选择

适用负荷选择（$Pr.14$）用于选择与负载特性最适宜的输出特性（V/f 特性）。当 $Pr.14=0$ 时，适用恒转矩负载（如运输机械、台车等）；当 $Pr.14=1$ 时，适用变转矩负载（如风机、水泵等）；当 $Pr.14=2$ 时，适用提升类负载（反转时转矩提升为 0%）；当 $Pr.14=3$ 时，适用提升类负载（正转时转矩提升为 0%），$Pr.14$ 参数意义图如图 6-43 所示。

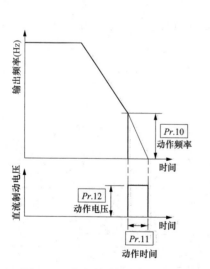

图 6-42 直流制动的动作示意图

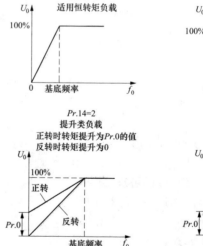

图 6-43 $Pr.14$ 参数意义图

3. 参数写入禁止选择

参数写入禁止选择（$Pr.77$）用于参数写入与禁止的选择，当 $Pr.77=0$ 时，仅在 PU 操作模式下，变频器处于停止时才能写入参数；当 $Pr.77=1$ 时，除 $Pr.75$、$Pr.77$、$Pr.79$ 外不可写入参数；当 $Pr.77=2$ 时，即使变频器处于运行也能写入参数。

4. 操作模式选择

操作模式选择（$Pr.79$）是一个比较重要的参数，用于选择变频器的操作模式，$Pr.79$ 设定值及其相对应的操作模式见表 6-5。

表 6-5　　　　　　　　　**Pr.79 设定值及其相对应的操作模式**

设定值	操作模式
0	电源接通时为外部操作模式，通过增、减键可以在外部和 PU 操作模式间切换
1	PU 操作模式（即参数单元操作）
2	外部（也称 EXT）操作模式（即用外部信号控制运行）
3	组合操作模式 1，用参数单元设定运行频率，外部信号控制变频器的起停
4	组合操作模式 2，用外部信号控制运行频率，参数单元控制变频器的起停
5	程序运行

5. 转矩提升

转矩提升（$Pr.0$）主要用于设定电动机在低速时的转矩大小，通过设定此参数，可以补偿电动机绕组上的电压降，改善电动机低速时的转矩性能，使之适合负荷的需要。假定基底频率电压为 100%，用百分数设定 0Hz 时的输出电压。该百分数设定过大，将导致电动机过热；设定过小，起动力矩不够，基本原则为 10%，$Pr.0$ 参数意义图如图 6-44 所示。除此之外，还有第二转矩提升（$Pr.46$）和第三转矩提升（$Pr.112$），它们需通过外部输入端子信号来选择。

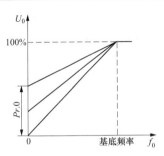

图 6-44　$Pr.0$ 参数意义图

6. 基底频率

基底频率（$Pr.3$）主要用于调整变频器输出到电动机的额定值（频率、电压）。当用标准电动机时，通常设定为电动机的额定频率；当需要电动机运行在工频电源与变频器切换时，需要设定与电源频率相同。$Pr.19$（基底频率电压）设定变频器运行频率为基底频率时的输出电压。除此之外，还有第二基底频率（$Pr.47$）和第三基底频率（$Pr.113$），它们需通过外部输入端子信号来选择。

7. 控制方式选择

控制方式选择（$Pr.80$）用于选择 V/f 控制方式和矢量控制方式。当 $Pr.80 = 9999$ 时，选择 V/f 控制方式；当 $Pr.80 = 0.4 \sim 55$ 时，选择矢量控制方式，具体设定值应根据电动机的容量（kW）设定。

变频器除了上述各项功能外，还具有 PID 调节、RS-485 通信、工频与变频切换以及故障显示等功能。

6.5　变频器的 PU 运行

变频器的 PU 运行就是在 PU 操作模式下，通过 PU 单元对变频器进行的参数设定、频率写入、起停控制等。

6.5.1　主接线

FR-A540 型变频器的主接线一般有 6 个端子，其中输入端子 R、S、T 接三相电源；输出端子 U、V、W 接三相电动机，切记不能接反，否则，将损毁变频器，变频器的主接线如图 6-45 所示。有的小型变频器能以单相 220V 作电源，此时，单相电源应接到变频器的 R、N 输入端，端子 U、V、W 仍输出三相对称的交流电，接三相电动机。

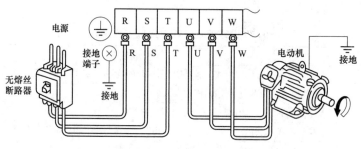

图 6-45　变频器的主接线

6.5.2　操作面板

变频器的 PU 操作就是在 PU 操作模式下，通过 PU 单元对变频器进行的参数设定、频率写入、运行控制等一系列操作。

FR-A500 系列变频器一般配有 FR-DU04 操作面板或 FR-PU04 参数单元（简称 DU04 单元）。操作面板外形图如图 6-46 所示，其中图 6-46（a）为 FR-A540 的操作面板，操作面板各按键、各显示符的功能分别见表 6-6、表 6-7，图 6-46（b）为 FR-A740 的操作面板（FR-DU07，简称 DU07 单元），其按键及显示符的功能与 FR-A540 的相似，其旋钮的功能类似于 FR-A540 的增减键。

表 6-6　　　　　　　　　　　　操作面板各按键的功能

按　　键	说　　明
MODE	可用于选择操作模式或设定模式
SET	用于确定频率和参数的设定
▲/▼	（1）用于连续增加或降低运行频率，按下这个键可改变频率。 （2）在设定模式中按下此键，则可连续设定参数
FWD	用于给出正转指令
REV	用于给出反转指令
STOP RESET	（1）用于停止运行。 （2）用于保护功能动作输出停止时复位变频器（用于主要故障）

表 6-7　　　　　　　　　　　　操作面板各显示符的功能

显　示　符	说　　明
Hz	显示频率时点亮
A	显示电流时点亮
V	显示电压时点亮
MON	监视显示模式时点亮
PU	PU 操作模式时点亮
EXT	外部操作模式时点亮
FWD	正转时闪烁
REV	反转时闪烁

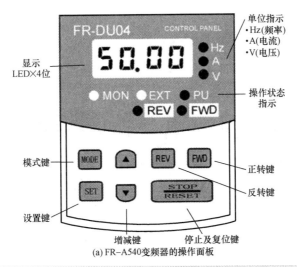

(a) FR-A540变频器的操作面板

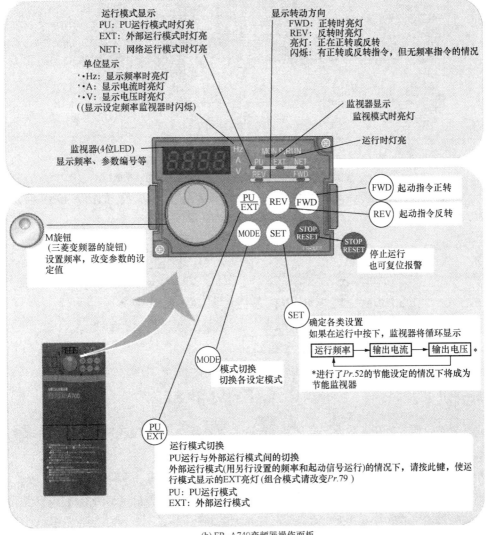

(b) FR-A740变频器操作面板

图 6-46　操作面板外形图

1. DU04 单元的操作

（1）操作模式选择。在 PU 模式下，按 MODE 键可改变 PU 单元的操作模式，其操作如图 6-47 所示。

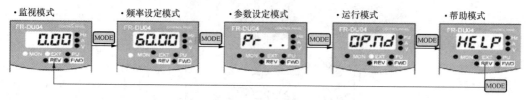

图 6-47　操作模式选择的操作

（2）监视模式。在监视模式下，按 SET 键可改变监视类型，其操作如图 6-48 所示。

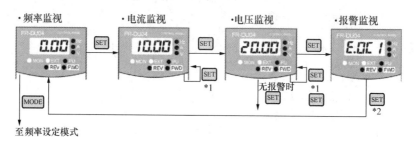

图 6-48　改变监视类型的操作

说明：1. 按下标有 *1 的 SET 键超过 1.5s 时，能将当前监视模式改为上电模式。

2. 按下标有 *2 的 SET 键超过 1.5s 时，能显示包括最近 4 次的错误。

（3）频率设定模式。在频率设定模式下，可改变设定频率，其操作如图 6-49 所示（将频率 60Hz 设为 50Hz）。

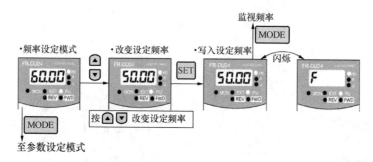

图 6-49　改变设定频率的操作

（4）参数设定模式。在参数设定模式下，改变参数号及参数设定值时，可以用▲或▼键增减来设定，其操作如图 6-50 所示（将 $Pr.79=2$ 改为 $Pr.79=1$）。

（5）运行模式。在操作模式下，按▲或▼键可以改变运行模式，其操作如图 6-51 所示。

（6）帮助模式。在帮助模式下，按▲或▼键可以依次显示报警记录、清除报警记录、清除参数、全部清除、用户清除及读软件版本号，其操作如图 6-52 所示。

1）报警记录显示。按▲或▼键能显示最近的 4 次报警，其操作如图 6-53 所示。带有"."的表示最近的报警，当没有报警存在时，显示"E. _ _ 0"。

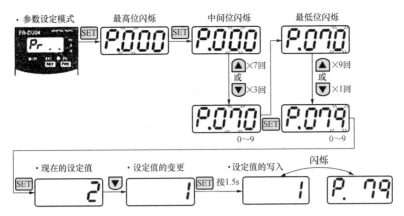

图 6-50　参数设定的操作

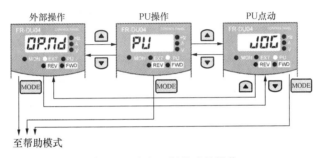

图 6-51　改变运行模式的操作

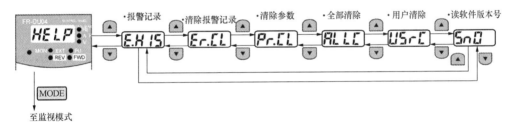

图 6-52　帮助模式的操作

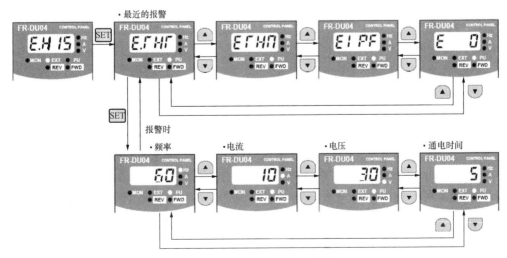

图 6-53　报警记录显示的操作

2）报警记录清除。报警记录清除的操作如图 6-54 所示。

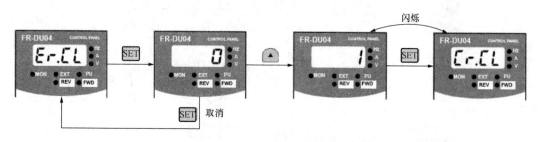

图 6-54　报警记录清除的操作

3）参数清除。参数清除是将参数设定值清除到初始化的出厂设定值，校准值不被初始化，其操作如图 6-55 所示。$Pr.77$ 设定为"1"时，即选择参数写入禁止，参数设定值不能被清除。

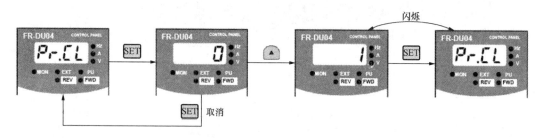

图 6-55　参数清除的操作

4）全部清除。全部清除是将参数设定值和校准值全部初始化到出厂设定值，其操作如图 6-56 所示。

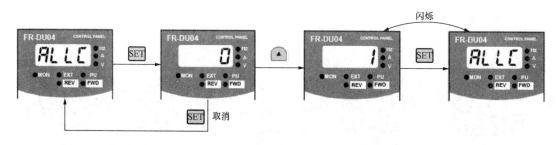

图 6-56　全部清除的操作

5）用户清除。用户清除是用户设定参数清除，其他参数被初始化为出厂设定值，其操作如图 6-57 所示。

（7）拷贝模式。用操作面板（FR-DU04）将参数拷贝到另一台变频器上（仅限FR-A500 系列）。操作过程是从源变频器读取参数，连接操作面板到目标变频器并写入参数，其操作如图 6-58 所示。向目标变频器写入参数后，务必在运行前复位变频器，否则所写入的参数无效。

拷贝模式下的操作需要注意以下问题：

1）在拷贝功能执行中，监视显示闪烁，当拷贝完成后显示返回到常亮的状态。

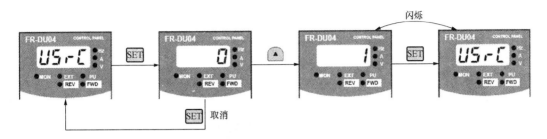

图 6-57　用户清除的操作

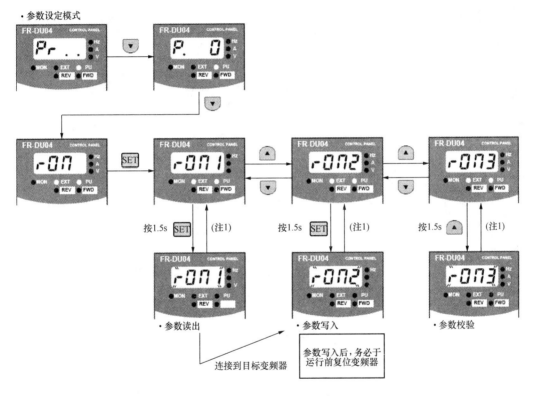

图 6-58　拷贝模式的操作

2）如果在读出中有错误发生，则显示"read error（E. rE1）"。

3）如果在写入中有错误发生，则显示"write error（E. rE2）"。

4）如果在参数校验中有差异，相应参数号和"verify error（E. rE3）"交替显示；如果是频率设定或点动频率设定出现差异，则"verify error（E. rE3）"闪烁。按"SET"键，忽略此显示并继续进行校验。

5）当目标变频器不是 FR-A500 系列，则显示"model error（E. rE4）"。

2. DU07 单元的操作

FR-DU07 操作面板的操作与上述 PU 单元的操作类似，FR-DU07 操作面板的操作过程如图 6-59 所示，下面以变更上限频率 $Pr.1$ 为例进行说明，变更上限频率 $Pr.1$ 的操作过程见表 6-8。

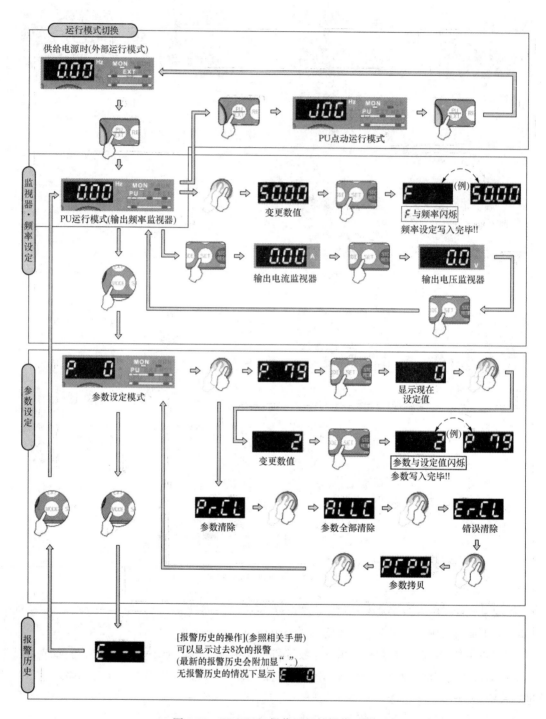

图 6-59　FR-DU07 操作面板的操作过程

表 6-8　　　　　　　　　　　　　　　　变更上限频率 **Pr. 1** 的操作过程

操作顺序	操作内容	显示内容
1	电源接通时画面变为显示监视器	**0.00** Hz MON EXT
2	按下 (PU/EXT)，切换到PU运行模式	PU显示灯亮。 PU/EXT ⇒ **0.00** PU
3	按下 (MODE)，切换到参数设定模式	MODE ⇒ **P. 0** (显示以前读取的参数编号)
4	旋转 ○，拧到 **P. 1** (Pr.1)	⇒ **P. 1**
5	按下 (SET)，读取目前设定的值。显示 "**120.0**"（初始值）	SET ⇒ **120.0** Hz
6	旋转 ○ 设定值变更为 "**60.00**"	⇒ **60.00** Hz
7	按下 (SET)，进行设定	SET ⇒ **60.00** Hz **P. 1** 闪烁…参数设定完毕!!
8	按下M旋钮( )时	将显示当前所设定的设定频率
说明	· 旋转 ○，能够读取其他的参数 · 按下 (SET)，再次显示设定值 · 按两次 (SET)，显示下一个参数 · 按两次 (MODE)，返回频率监视器	显示了 **Er1** ~ **Er4** ……是什么原因? 显示了 **Er1** ……是禁止写入错误 显示了 **Er2** ……是运行中写入错误 显示了 **Er3** ……是校正错误 显示了 **Er4** ……是模式指定错误

实训 16　变频器的 PU 运行

一、实训任务

通过 PU 单元控制变频器的运行。

1. 实训要求

在参数设定模式下，设定相关参数值；在频率设定模式下，设定运行频率；改变相关设定值，在监视模式下，观察运行情况，监视各输出量的变化。

2. 实训目的

(1) 理解变频器各参数的意义。

(2) 掌握 PU 单元的基本操作。

3. 实训器材

(1) 可编程控制器实训装置1台（含三菱FR-A540变频器，下同）。

(2) 三相电动机1台。

(3) 电工常用工具1套。

(4) 导线若干。

二、实训步骤

(1) 按图6-45连接好变频器。

(2) 按MODE键，在"参数设定模式"下，设$Pr.79=1$，这时，"PU"灯亮。

(3) 按MODE键，在"帮助模式"下，执行全清除，再设$Pr.79=1$。

(4) 按MODE键，在"频率设定模式"下，设$f=40$Hz。

(5) 按MODE键，选择"监视模式"。

(6) 按FWD或REV键，电动机正转或反转，监视各输出量，按STOP键，电动机停止。

(7) 按MODE键，在"参数设定模式"下，设定变频器的有关参数。设定$Pr.1=50$Hz，$Pr.2=0$Hz，$Pr.3=50$Hz，$Pr.7=3$s，$Pr.8=4$s，$Pr.9=1$A。

(8) 按MODE键，在"频率设定模式"下，分别设变频器的运行频率为35、45、50Hz，运行变频器，观察电动机的运行情况。

(9) 单独改变上述一个参数，观察电动机的运行情况有何不同。

(10) 按MODE键，回到"运行模式"，再按"🔺"键，切换到"点动模式"，此时显示"JOG"，运行变频器，观察电动机的点动运行情况。

(11) 按MODE键，在"参数设定模式"下，设定$Pr.15=10$Hz，$Pr.16=3$s，按FWD或REV键，观察电动机的运行情况。

(12) 按MODE键，在"参数设定模式"下，分别设定$Pr.77=0$、1、2，在变频器运行和停止状态下改变其参数，观察是否成功。

三、实训报告

1. 分析与总结

(1) 实训中，设置了哪些参数？其作用是什么？

(2) FR-A540变频器的操作面板有哪些操作模式？

(3) 实训中，要注意哪些安全事项？

2. 巩固与提高

(1) "SET"是多功能键，它有哪几种功能？分别适合什么场合？

(2) 电动机的停止和起动时间与变频器的哪些参数有关？

(3) 在变频器的实训中，一般需要设定哪些基本参数？

6.6 变频器的EXT运行

变频器的EXT运行（即外部操作）就是利用变频器的外部端子上的输入信号来控制变频器的起停和运行频率。

6.6.1 外部端子

各种系列的变频器都有其标准接线端子，这些接线端子与其自身功能的实现密切相关，但都大同小异。三菱公司FR-A540系列变频器端子图如图6-60所示，该变频器的外部端子主要有主电路端子和控制回路端子两部分。

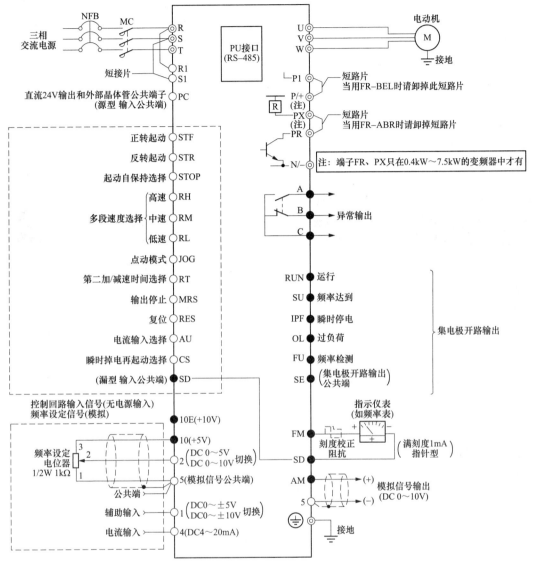

图 6-60　三菱公司 FR-A540 系列变频器端子图

注 1. 用操作面板（FR-DU04）或参数单元（FR-PU04）时没必要校正。仅当频率计不在附近又需要用频率计校正时使用。但是连接刻度校正阻抗后，频率计的指针有可能达不到满量程，这时请和操作面板或参数单元校正共同使用。

2. ◎为主回路端子；○为控制回路输入端子；●为控制回路输出端子。

1. 主电路端子

变频器的主电路端子如图 6-61 所示，其具体功能如下：

（1）主接线端子。变频器电源输入端子 R、S、T 连接工频电源，变频器电源输出端子 U、V、W 连接三相电动机，注意，输入和输出端子不能接反。

（2）控制回路电源输入端子。控制回路电源输入端子 R1、S1 与电源输入端子 R、S 连接，在保持异常显示和异常输出或使用提高功率因数转换器选件时，必须拆下 R-R1 和 S-S1 之间的短路片，然后将 R1、S1 连接到其他电源上或连接到图 6-60 中 MC 的电源进线处。

（3）制动用端子。PR、PX 为连接内部制动回路的端子，用短路片将 PR-PX 短路时（出厂时已连接），内部制动回路便生效。P、PR 为连接制动电阻器的端子，连接时要拆开 PR-PX 之间的短路片，在 P-PR 之间连接制动电阻器选件（FR-ABR）。P、N 为连接制动单元的端子，连接选件 FR-BU 型制动单元或电源再生单元（FR-RC）或提高功率因数转换器（FR-HC）。

（4）改善功率因数用端子。P、P1 为连接改善功率因数的电抗器端子，连接时要拆开 P-P1 的短路片，然后连接改善功率因数的电抗器选件（如 FR-BEL）。

2. 控制回路端子

控制回路端子又分为输入端子和输出端子，控制回路端子分布如图 6-62 所示，控制回路端子说明见表 6-9。

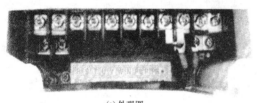

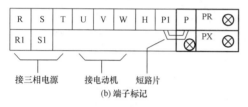

图 6-61　变频器的主电路端子

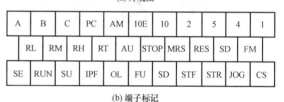

图 6-62　控制回路端子分布

表 6-9　　　　　　　　　　　　　　　　　控制回路端子说明

类型		端子标记	端子名称	说　　明	
输入信号	起动及功能设定	STF	正转起动	STF 信号处于 ON 为正转，处于 OFF 为停止。程序运行模式时，为程序运行开始信号（ON 开始，OFF 停止）	当 STF 和 STR 信号同时处于 ON 时，相当于给出停止指令
		STR	反转起动	STR 信号处于 ON 为反转，处于 OFF 为停止	
		STOP	起动自保持选择	使 STOP 信号处于 ON，可以选择起动信号自保持	输入端子功能选择（$Pr.180 \sim Pr.186$）用于改变端子功能
		RH, RM, RL	多段速度选择	用 RH、RM 和 RL 信号的组合可以选择多段速度	
		JOG	点动模式选择	JOG 信号 ON 时选择点动运行（出厂设定），用起动信号（STF 和 STR）可以点动运行	
		RT	第 2 加/减速时间选择	RT 信号处于 ON 时选择第 2 加/减速时间。设定了"第 2 转矩提升""第 2V/f（基底频率）"时，也可以用 RT 信号处于 ON 时选择这些功能	
		MRS	输出停止	MRS 信号为 ON（20ms 以上）时，变频器输出停止。用电磁制动停止电动机时，用于断开变频器的输出	
		RES	复位	使端子 RES 信号处于 ON（0.1s 以上），然后断开，可用于解除保护回路动作的保持状态	

续表

类型		端子标记	端子名称	说　　明	
输入信号	起动及功能设定	AU	电流输入选择	只在端子 AU 信号处于 ON 时，变频器才可用直流 4～20mA 作为频率设定信号	输入端子功能选择（Pr.180～Pr.186）用于改变端子功能
		CS	瞬时掉电再起动选择	CS 信号预先处于 ON，瞬时停电再恢复时变频器便可自动起动。但用这种运行方式时必须设定有关参数，因为出厂时设定为不能再起动	
		SD	公共输入端（漏型）	输入端子和 FM 端子的公共端。直流 24V、0.1A（PC 端子）电源的输出公共端	
		PC	直流 24V 电源和外部晶体管公共端接点输入公共端（源型）	当连接晶体管输出（集电极开路输出），如可编程控制器时，将晶体管输出用的外部电源公共端接到这个端子时，可以防止因漏电引起的误动作，该端子可用于直流 24V、0.1A 电源输出。当选择源型时，该端子作为接点输入的公共端	
模拟信号	频率设定	10E	频率设定用电源	10V DC，容许负荷电流 10mA	按出厂设定状态连接频率设定电位器时，与端子 10 连接。当连接到 10E 时，请改变端子 2 的输入规格
		10		5V DC，容许负荷电流 10mA	
		2	频率设定（电压）	输入 0～5V DC（或 0～10V DC）时，5V（10V）对应为最大输出频率，输入/输出成比例。用参数 Pr.73 的设定值来进行输入直流 0～5V（出厂设定）和 0～10V 的选择。输入阻抗 10kΩ 容许最大电压为直流 20V	
		4	频率设定（电流）	DC 4～20mA，20mA 为最大输出频率，输入/输出成比例。只在端子 AU 信号处于 ON 时，该输入信号有效。输入阻抗为 250Ω 时，容许最大电流为 30mA	
		1	辅助频率设定	输入 0～±5V DC 或 0～±10V DC 时，端子 2 或 4 的频率设定信号与这个信号相加。用 Pr.73 设定不同的参数进行输入 0～±5V DC 或 0～±10V DC（出厂设定）的选择。输入阻抗 10kΩ，容许电压±20V DC	
		5	频率设定公共端	频率信号设定端（2、1 或 4）和模拟输出端 AM 的公共端子，请不要接地	
输出信号	接点	A，B，C	异常输出	指示变频器因保护功能动作而输出停止的转换接点，AC 200V 0.3A，DC 30V 0.3A。异常时：B-C 间不导通（A-C 间导通），正常时：B-C 间导通（A-C 间不导通）	输出端子的功能选择通过（Pr.190～Pr.195）改变端子功能
	集电极开路	RUN	变频器正在运行	变频器输出频率为起动频率（出厂时为 0.5Hz，可变更）以上时为低电平，正在停止或正在直流制动时为高电平[1]。容许负荷为 DC 24V，0.1A	
		SU	频率到达	输出频率达到设定频率的±10%（出厂设定，可变更）时为低电平，正在加/减速或停止时为高电平[2]。容许负荷为 DC 24V，0.1A	
		OL	过负荷报警	当失速保护功能动作时为低电平，失速保护解除时为高电平[1]。容许负荷为 DC 24V，0.1A	
		IPF	瞬时停电	瞬时停电，电压不足保护动作时为低电平[1]，容许负荷为 DC 24V，0.1A	
		FU	频率检测	输出频率为任意设定的检测频率以上时为低电平，以下时为高电平[1]，容许负荷为 DC 24V，0.1A	
		SE	集电极开路输出公共端	端子 RUN、SU、OL、IPF、FU 的公共端子	

续表

类型		端子标记	端子名称	说　明	
输出信号	脉冲	FM	指示仪表用	可以从 16 种监视项目中选一种作为输出*2，如输出频率、输出信号与监视项目的大小成比例	出厂设定的输出项目：频率容许负荷电流 1mA，60Hz 时 1440 脉冲/s
	模拟	AM	模拟信号输出		出厂设定的输出项目：频率输出信号 DC 0～10V，容许负荷电流 1mA
通信	RS-485	PU	PU 接口	通过操作面板的接口，进行 RS-485 通信 遵守标准：EIA RS-485 标准 通信方式：多任务通信 通信速率：最大为 19 200bit/s 最长距离：500m	

注　*1 低电平表示集电极开路输出用的晶体管处于 ON（导通状态），高电平为 OFF（不导通状态）。

　　*2 变频器复位中不被输出。

3. 注意事项

（1）主回路电源（端子 R、S、T）处于 ON 时，不要使控制电源（端子 R1、S1）处于 OFF，否则会损坏变频器。

（2）变频器输入、输出主回路中包含了谐波成分，可能干扰变频器附近的通信设备，因此，为了使干扰降至最小，可以安装无线电噪声滤波器 FR-BIF（仅用于输入侧）或线路噪声滤波器（如 FR-BSF01）。

（3）在变频器的输出侧，不要安装电力电容器、浪涌抑制器和无线电噪声滤波器，这将导致变频器故障或电力电容器、浪涌抑制器损坏。

（4）必须在主电路电源断开 10min 以上，并用万用表检查无电压后，才允许在主电路进行工作。

（5）端子 SD、5 和 SE 为输入、输出信号的公共端，它们之间相互隔离，请不要将这些公共端子相互连接或接地。

（6）控制回路的接线应使用屏蔽线或双绞线，并且必须与主回路、强电回路分开布线。

6.6.2　EXT 运行操作

变频器既可以通过 PU 单元控制运行，也可以通过外部端子输入信号控制运行；既可以通过 PU 单元进行点动和连续运行，也可以通过其外部端子输入信号进行点动和连续运行。

1. 连续运行

变频器外部信号控制连续运行的接线图如图 6-64 所示。当变频器需要用外部信号控制连续运行时，将 $Pr.79$ 设为 2，此时，EXT 灯亮，变频器的起动、停止以及运行频率都通过外部端子由外部信号来控制。

（1）开关操作运行。按图 6-63（a）所示接线，当合上 K1、转动电位器 RP 时，电动机可正向加减速运行；当断开 K1 时，电动机即停止运行。当合上 K2、转动电位器 RP 时，电动机可反向加减速运行；当断开 K2 时，电动机即停止运行。当 K1、K2 同时合上时，电动机即停止运行。

（2）按钮自保持连续运行。按图 6-63（b）所示接线，当按下 SB1、转动电位器 RP 时，电动机可正向加减速连续运行；当按下 SB 时，电动机即停止运行。当按下 SB2、转动电位器 RP 时，电动机可反向加减速连续运行；当按下 SB 时，电动机即停止运行。当先按 SB1（或 SB2）时，电动机可正向（或反向）运行，之后再按 SB2（或 SB1）时，电动机即停止运行。

2. 点动运行

变频器外部信号控制点动运行的接线图如图 6-64 所示，当变频器需要用外部信号控制点动运行时，将 $Pr.79$ 设为 2，此时，变频器处于外部点动状态。点动频率由 $Pr.15$ 设定，加、减速时间由 $Pr.16$ 设定。在此前提下，若按 SB1，电动机正向点动；若按 SB2，电动机反向点动。

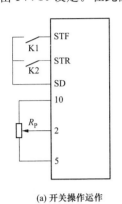

(a) 开关操作运作

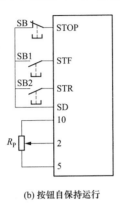

(b) 按钮自保持运行

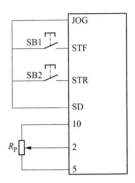

图 6-63　变频器外部信号控制连续运行的接线图　　图 6-64　变频器外部信号控制点动运行的接线图

3. 注意事项

当选择了外部运行时，如果按"FWD"或"REV"键，变频器将不会起动。当变频器正在外部运行时，如果按"STOP/RESET"键，则变频器会停止运行并出现错误报警而不能起动，必须进行复位（停电复位或 RES 端子输入复位）。

实训 17　变频器的 EXT 运行

一、实训任务

通过外部信号控制变频器的连续和点动运行。

1. 实训目的

（1）熟悉变频器外部端子的功能。

（2）掌握变频器外部运行时的参数设置和接线。

（3）会利用变频器的外部输入信号解决简单的实际工程问题。

2. 实训器材

（1）可编程控制器实训装置 1 台。

（2）开关、按钮板模块 1 个。

（3）三相电动机 1 台。

（4）电位器 1 个（2W/1kΩ）。

（5）电工常用工具 1 套。

（6）导线若干。

二、实训步骤

（1）按图 6-45 连接好变频器主电路。

（2）设 $Pr.79=1$，设定好各相关参数。

（3）设 $Pr.79=2$，用外部信号控制变频器运行，并按图 6-63（b）连接好电路。

（4）连续正转。按 SB1，电动机正向运行，调节 RP，电动机转速发生改变，按 SB，电动机即停止。

（5）连续反转。按 SB2，电动机反向运行，调节 RP，电动机转速发生改变，按 SB，电动机即停止。

（6）拆除图 6-63（b）的接线，然后按图 6-64 连接好电路。

（7）点动正转。按 SB1，电动机即正转，松开 SB1，电动机即停止。

（8）点动反转。按 SB2，电动机即反转，松开 SB2，电动机即停止。

三、实训报告

1. 分析与总结

（1）本实训设置了哪些参数？使用了哪些外部端子？

（2）电动机的正反转可以通过继电控制系统控制，也可以用 PLC 控制，本实训是通过变频器控制，这 3 种方式各有何优缺点？

2. 巩固与提高

（1）用可调电阻控制变频器的输出频率时，实际上是通过什么来控制变频器的输出频率？

（2）在变频器的外部端子中，用作输入信号的有哪些？用作输出信号的有哪些？

6.7　变频器的组合运行

变频器的组合运行就是通过 PU 单元和外部控制端子上的输入信号来共同控制变频器的起停和运行频率。

6.7.1　组合运行方式

变频器的组合运行通常有两种方式，一种是用 PU 单元来控制变频器的运行频率，用外部信号来控制变频器的起停；另一种是用 PU 单元来控制变频器的起停，用外部信号来控制变频器的运行频率。

如需用外部信号起动变频器，而用 PU 单元来调节频率时，则必须将"操作模式选择（$Pr.79$）"设定为 3（即 $Pr.79=3$），此时，变频器的起/停就由 STF（正转）或 STR（反转）端子与 SD 端子的合/断来控制，变频器的运行频率就通过 PU 单元直接设定或通过 PU 单元由相关参数设定。

相反，如需用 PU 单元起动变频器，用外部信号调节变频器的频率时，则必须将"操作模式选择（$Pr.79$）"设定为 4（即 $Pr.79=4$），此时，变频器的起/停就由 PU 单元的"FWD"（正转）、"REV"（反转）和"STOP"（停止）这三个键来控制，变频器的运行频率就通过外部端子 2、5（电压信号）或 4、5（电流信号）的输入信号来控制。如果外部输入信号是电压信号，则必须加到端子 2（正极）、5（负极）；如果外部输入信号是电流信号，则必须加到端子 4（输入）、5（输出），且必须短接 AU（电流输入选择）与 SD 端子。

6.7.2　参数设置

变频器的组合运行除了设定 $Pr.79$（等于 3 或 4）以外，还要设置一些常用参数。当 $Pr.79=4$ 时，通常还需要设置 $Pr.73$，通过改变 $Pr.73$（出厂值为 1）的设定值，可以选择模拟输入端子的规格、超调功能和靠输入信号的极性变换电动机的正反转，$Pr.73$ 的设置见表 6-10。

表 6-10 　　　　　　　　　　　　　　　　　　*Pr.*73 的设置

*Pr.*73 设定值	端子 AU 信号	端子 2 输入电压	端子 1 输入电压	端子 4 输入 (4~20mA)	超调功能	极性可逆
0	OFF	＊0~10V	0~±10V	无效	×	没有
1		＊0~5V	0~±10V			
2		＊0~10V	0~±5V			
3		＊0~5V	0~±5V			
4		0~10V	＊0~±10V		○	
5		0~5V	＊0~±5V			
10		＊0~10V	0~±10V		×	有效
11		＊0~5V	0~±10V			
12		＊0~10V	0~±5V			
13		＊0~5V	0~±5V			
14		0~10V	＊0~±10V		○	
15		0~5V	＊0~±5V			
0	ON	无效	0~±10V	＊有	×	没有
1			0~±10V			
2			0~±5V			
3			0~±5V			
4		0~10V	无效		○	
5		0~5V				
10		无效	0~±10V		×	有效
11			0~±10V			
12			0~±5V			
13			0~±5V			
14		0~10V	无效		○	
15		0~5V				

注　1. 端子 1 的设定值（频率设定辅助输入）叠加到主速设定信号 2 或 4 端子上。

　　2. 选择超调时，端子 1 或 4 作为主速设定，那么，端子 2 为超调信号（50%～150% 在 0~5V 或 0~10V）。但是，如果端子 1 或 4 的主速度没有输入，则端子 2 的补正也无效。

　　3. "没有"表示不接受负极性频率指令信号。

　　4. 用频率设定电压（或电流）增益，*Pr.*903（*Pr.*905）调节最大频率指令信号对应的最大输出频率。这时，没有必要输入指令（电压或电流）。并且，加/减速时间与加/减速基准频率成比例，不受 *Pr.*73 设定变化的影响。

　　5. 当 *Pr.*22 设定为"9999"时，端子 1 的值用作失速防止动作水平的设定。

　　6. ＊表示主速设定。

实训 18　变频器的组合运行

一、实训任务

通过 PU 与外部信号组合来控制变频器的运行。

1. 实训要求

变频器组合控制。用 PU 单元来控制变频器的运行频率，用外部信号来控制变频器的起停；

然后用 PU 单元来控制变频器的起停，用外部信号来控制变频器的运行频率。并在监视模式下，观察运行情况，监视各输出量的变化。

2. 实训目的

(1) 理解变频器各相关参数的意义。

(2) 掌握变频器各相关外部端子的功能。

(3) 会利用变频器的组合控制功能解决简单的实际工程问题。

3. 实训器材

(1) 可编程控制器实训装置 1 台。

(2) 开关、按钮板模块 1 个。

(3) 电位器 1 个（2W/1kΩ）。

(4) 三相电动机 1 台。

(5) 电工常用工具 1 套。

(6) 导线若干。

二、实训步骤

(1) 按图 6-45 连接好变频器主电路。

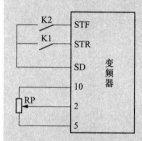

图 6-65 变频器组合
运行接线图

(2) 设 $Pr.79=1$，在频率设定模式下设定变频器的运行频率（50Hz），然后再设定好其他相关参数。

(3) 用 PU 单元来控制变频器的运行频率，用外部信号来控制变频器的起停。设 $Pr.79=3$，并按图 6-65 连接好电路。

(4) 50Hz 连续正转。合上 K2，电动机正向运行，调节 RP，电动机转速不改变；若按"STOP"键，电动机停止并报警；若断开 K5，电动机即停止。

(5) 50Hz 连续反转。合上 K1，电动机反向运行，调节 RP，电动机转速不改变；若按"STOP"键，电动机停止并报警；若断开 K4，电动机即停止。

(6) 在频率设定模式下设定变频器的运行频率（40Hz），然后再重复以上两步，观察电动机的运行情况。

(7) 用外部信号来控制变频器的运行频率，用 PU 单元来控制变频器的起停。在参数设定模式下设 $Pr.73=1$（设端子 2、5 间的输入电压为 0～5V 时，变频器的输出频率为 0～50Hz），然后设 $Pr.79=4$。

(8) 连续正转。合上 K1 或 K2，电动机不运行；按"FWD"键，电动机连续正转，调节 RP，电动机转速改变；按"STOP"键，电动机停止。

(9) 连续反转。合上 K1 或 K2，电动机不运行；按"REV"键，电动机连续反转，调节 RP，电动机转速改变；按"STOP"键，电动机停止。

三、实训报告

1. 分析与总结

(1) 本实训设置了哪些参数？使用了哪些外部端子？

(2) 在变频器的外部控制端子中，能提供几种电压输入方式？如何进行设置参数？

2. 巩固与提高

(1) 若将本实训中的端子 10 改为端子 10E，则实训步骤中应改动哪些地方？

(2) 若用电流信号来控制变频器的运行频率，则需要设定哪些参数？并画出接线图。

(3) 请设计一个实训项目来验证端子 1 的功能。

6.8　变频器的相关知识

6.8.1　变频器的主要用途

变频器的用途可分两大类，一类是作为静止电源，即将直流逆变成交流，提供交流电源；另一类就是调速电源，即向电动机调速提供频率和电压均可变化的电源，变频器的用途如图 6-66 所示。变频器在节能、提高产量、保证质量、减少维修等方面都取得了明显的经济效益。在风机、水泵、压缩机等流体机械上，应用变频器可以节约大量的电能；在建筑、纺织、化纤、塑料等领域，利用变频器的自动控制性能可以提高产品质量及数量；在机械行业中，应用变频器是改造传统产业、实现机电一体化的重要手段。

6.8.2　变频器的发展趋势

交流变频调速技术是解决电动机无级调速的一种有效途径，是一种应用范围最广和最具有发展前景的交流调速方法。其总的发展趋势是一体化、小型化、智能化、多功能、大容量和低价格。

1. 主控一体化

使逆变功能和控制电路达到一体化、智能化和高性能化的 HVIC（高耐压 IC）SOC（system on chip）已被用户接受，其满足了市场低成本、小型化、高可靠性和易使用等要求。随着功率加大，此产品在市场上极具竞争力。

2. 结构的小型化

变频器的小型化就是向发热挑战。变频器功率电路采用模块化、控制电路采用大规模集成电路和全数字控制技术、结构设计采用"平面安装技术"等一系列措施，促进了变频电源装置的小型化。变频器的小型化除了支撑部件的实装技术和系统设计的大规模集成化外，功率器件发热的改善和冷却技术的发展已使小型化成为可能。小功率变频器应当像接触器、软起动器等电气元件一样使用简单、安装方便、安全可靠。

3. 专用化

专用型变频器近几年出现的，其目的是更

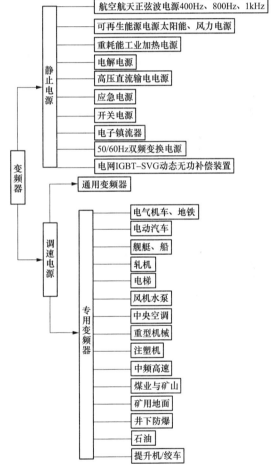

图 6-66　变频器的用途

好地发挥变频器的独特功能，并尽可能地方便用户，如用于起重负载的 ARBACC 系列，用于交流电梯的 Siemens MIC0340 系列和 FUJI FRN5000G11UD 系列，还有用于恒压供水、机械主轴传动、电源再生、纺织、机车牵引等专用系列。

4. 系统化

作为发展趋势，通用变频器从模拟式、数字式、智能化、多功能向集中型发展。

6.8.3 变频器的分类

变频器的种类很多，变频器的分类方法也有多种，通过了解它们的分类，有利于我们认识变频器的性能，这是用好变频器的前提。变频器的种类可以按照以下几种方式划分。

1. 根据变流环节分类

（1）交-直-交变频器。先将频率固定的交流电"整流"成直流电，再把直流电"逆变"成频率可调的三相交流电。由于把直流电逆变成交流电的环节较易控制，因而在频率的调节范围及改善变频后电动机的特性等方面都具有明显的优势。

（2）交-交变频器。把电网固定频率的交流电直接转换成频率可调的交流电（转换前后的相数相同）。交-交变频器通常由三相反并联晶闸管可逆桥式变流器组成，具有过载能力强、效率高、输出波形较好等优点；但同时存在着输出频率低（最高频率小于电网频率的1/2）、使用功率器件多、功率因数低和高次谐波对电网影响大等缺点。

2. 按直流电路的储能环节分类

当变频器的负载为交流电动机时，在电动机和直流电源之间将有无功功率的交换。根据中间直流环节的储能元件为电感或电容，变频器可分为电流型变频器和电压型变频器两大类，这在前面已经做了详细介绍。

3. 根据输出电压调制方式分类

变频调速时，需要同时调节逆变器的输出电压和频率，以保证电动机主磁通的恒定。根据输出电压的调节方式不同，主要有脉幅调制（PAM）变频器、脉宽调制（PWM）变频器和正弦脉宽调制（SPWM）变频器。

4. 按照控制方式分类

按照控制方式进行分类时，可以根据工作原理的发展历程将其分为 U/f 控制方式、转差频率控制方式、矢量控制方式。

（1）U/f 控制方式。PWM 控制方式称之为恒定电压/频率的控制方式，也就是通过电压/频率的比值保持一定而得到所需要的转矩特性。U/f 控制是一种开环控制方式，由于它的控制方式比较简单，所以相比之下，控制电路的成本也较低。这种控制方式一般应用于对控制精度要求不高的风机、水泵类的调速系统中。

（2）转差频率控制方式。转差频率控制方式是对 U/f 控制方式的一种改进。这种控制方式的实现过程是先由速度传感器和控制电路得到实际转速与给定转速的速度偏差信号，再由转差控制器计算出基准速度偏差值，再用基准偏差值与实际的转速值相加得到基准同步转速值，控制器可以根据基准同步转速值计算出逆变器的频率和电压的控制信号。转差频率控制是一种速度闭环标量控制，与开环的 U/f 控制方式相比，在负载转矩发生较大变化时，仍然能够达到较高的速度精度，并具有较好的转矩特性。

（3）矢量控制方式。矢量控制方式是交流电动机的一种理想的调速方法。矢量控制的基本思想是将异步电动机的定子电流分解为产生磁场的励磁电流分量和与其相垂直的产生转矩的转矩电流分量，并分别加以控制。由于这种控制方式能同时控制异步电动机的定子电流的幅值和相位，即控制定子电流矢量，所以称这种控制方式为矢量控制方式。矢量控制是一种高性能的控制方式，采用矢量控制的交流调速系统在调速特性上可以与直流电动机相媲美。

5. 根据主开关器件分类

（1）SCR 变频器。SCR 变频器属于电压型，具有不选择负载的通用性，在不超过变频器容量的条件下，可以多电动机并联运行，在确保换流能力足够的条件下，过负载能力较强。多重化连接时，既可以改善波形又可以实现大容量化。

（2）BJT 变频器。与 SCR 变频器相比，BJT 变频器不需要换流电路，具有体积小、质量轻、开关效率高的优点，适用于高频变频和 PWM 变频，适用于矢量控制，响应较快。

（3）GTO 变频器。与 BJT 变频器相比，GTO 变频器的电压、电流等级高，适合于高压、大容量应用场合。与 SCR 变频器相比，开关频率高，可进行 PWM 控制，低速特性有很大提高，比 SCR 变频器主回路简单，具有体积小重、质量轻、效率高的优点。

（4）IGBT 变频器。由于 IGBT 开关频率高，可构成静音式变频器，使电动机的噪声降到接近正常工频供电时的水平。电流波形更加正弦化，减小了电动机转矩脉动，且低速转矩大。用于矢量控制时，响应更快。比同容量的 BJT 变频器体积更小、质量更轻。

6.8.4　变频器的容量选择

变频器的容量选择要根据不同的负载来确定。变频器说明书中的"配用电动机容量"只适用于连续恒定负载，如鼓风机、泵类。对于变化负载、断续负载和短时负载，电动机允许短时过载，因此变频器的容量应按运行过程中可能出现的最大工作电流来选择。

$$I_{CN} \geqslant I_{M\,max} \tag{6-4}$$

式中　I_{CN}——变频器额定电流；

　　　$I_{M\,max}$——电动机最大工作电流。

变频器的过载能力的允许时间只有 1min，这只对设定电动机的起动和制动过程有意义。而电动机的短时过载是相对于达到稳定温升所需的时间而言的，通常是远远超过 1min。对于连续恒负载运转时所需变频器容量计算可按下式进行。

$$P_{CN} \geqslant K\sqrt{3}U_M I_M \times 10^{-3} \tag{6-5}$$
$$I_{CN} \geqslant KI_M$$

式中　P_{CN}——变频器额定容量（kVA）；

　　　K——电流波形系数（对于 PWM 方式），取 1.05～1.1；

　　I_M、U_M——电动机额定电流、电压；

　　　I_{CN}——变频器额定电流。

对于变频器供电的绕线式异步电动机，由于绕线式异步电动机的绕组阻抗比笼型异步电动机小，容易发生纹波电流而引起过电流跳闸现象，所以应选择比通常容量稍大的变频器。

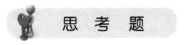 思　考　题

1. 三相异步电动机调速的基本方法有哪些？

2. 变频调速的特点有哪些？

3. 通用变频器的内部结构主要包含了哪几部分？

4. 通用变频器中常用的电力电子器件有哪些？

5. 简述通用变频器的工作原理。

6. 通用变频器中常用的逆变器有哪几种形式？

7. 简述 PWM 型变频器的工作过程。

8. 简述 FR-A540 型变频器的常用参数。

9. 简述 FR-A540 型变频器的端子 1 和端子 2 的区别及相关参数。

10. 通用变频器常用的分类方式有哪几种？

下 篇

PLC、变频器、触摸屏综合应用与实训

第 7 章　PLC 与变频器的综合应用

在电气控制系统中，用 PLC、变频器、触摸屏单独完成的控制项目，其控制功能有限，往往达不到现代控制系统的要求，因此通常采用 PLC、变频器、触摸屏综合控制的方式来实现。

7.1　变频器的多段调速及应用

学习情景引入

仔细观察电梯轿厢开关门时的速度，我们会发现电梯轿厢开（或关）门时，刚开始时速度慢，然后速度快，到总行程的四分之三时，速度又开始变慢，直到完全打开（或关闭）。对于电梯轿厢开关门的速度控制，老式电梯是利用直流电动机的调速，通过继电控制来实现的，但随着变频器、PLC 性价比的不断提高，直流调速逐渐被变频调速取代，继电控制逐渐被 PLC 控制取代，因此，新式电梯大多是利用变频器的多段调速，通过 PLC 控制来完成的。那么，PLC、变频器是如何来完成该控制功能的呢？如何设计 PLC 的程序？如何确定变频器的运行参数？如何将二者有机地结合在一起？这些是本节重点讨论的课题，下面就来进行系统学习。

变频器的多段调速就是通过变频器参数来设定其运行频率，然后通过变频器的外部端子来选择执行相关参数所设定的运行频率。

7.1.1　变频器的多段调速

多段调速是变频器的一种特殊的组合运行方式，其运行频率由 PU 单元的参数来设置，起动和停止由外部输入端子来控制。其中 $Pr.4$、$Pr.5$、$Pr.6$ 为三段速度设定，至于变频器实际运行哪个参数设定的频率，则分别由其外部控制端子 RH、RM 和 RL 的闭合来决定。$Pr.24 \sim Pr.27$ 为 $4 \sim 7$ 段速度设定，实际运行哪个参数设定的频率由端子 RH、RM 和 RL 的组合（ON）来决定，七段速度对应的端子状态如图 7-1 所示。通过 $Pr.180 \sim Pr.186$ 中的任一个参数，安排对应输入端子用于 REX 输入信号，可实现 $8 \sim 15$ 段速度设定，其对应的参数是 $Pr.232 \sim Pr.239$，端子的状态与参数之间的对应关系见表 7-1。

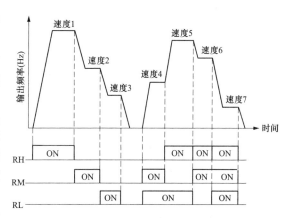

图 7-1　七段速度对应的端子状态

表 7-1　　　　　　　　　端子的状态与参数之间的对应关系

参数号	$Pr.232$	$Pr.233$	$Pr.234$	$Pr.235$	$Pr.236$	$Pr.237$	$Pr.238$	$Pr.239$
对应端子 ON	REX	REX，RL	REX，RM	REX，RM，RL	REX，RH	REX，RH，RL	REX，RH，RM	REX，RH，RM，RL

7.1.2　注意事项

设定变频器多段速度时，需要注意以下几点：

（1）每个参数均能在 $0 \sim 400\,\text{Hz}$ 范围内被设定，且在运行期间参数值可以修改。

（2）在 PU 运行或外部运行时都可以设定多段速度的参数，但只有在外部操作模式或 $Pr.79 = 3$ 或 4 时，才能运行多段速度，否则不能。

（3）多段速度比主速度优先，但各参数之间的设定没有优先级。

（4）当用 $Pr.180 \sim Pr.186$ 改变端子功能时，其运行将发生改变。

实训 19　电梯轿厢开关门控制系统

一、实训任务

用 PLC 和变频器设计一个电梯轿厢开关门的控制系统，并在实训室完成模拟调试。

1. 控制要求

（1）按开门按钮 SB1，电梯轿厢门即打开，电梯轿厢开门的速度曲线如图 7-2（a）所示。按开门按钮 SB1 后即起动（20Hz），2s 后即加速（40Hz），6s 后即减速（10Hz），10s 后开始停止。

（2）按关门按钮 SB2，电梯轿厢门即关闭，电梯轿厢关门的速度曲线如图 7-2（b）所示。按关门按钮 SB2 后即起动（20Hz），2s 后即加速（40Hz），6s 后即减速（10Hz），10s 后开始停止。

（3）电动机运行过程中，若热保护动作，则电动机无条件停止运行。

（4）在实训室模拟调试时，不考虑电梯的各种安全保护和联动条件。

（5）电动机的加、减速时间自行设定。

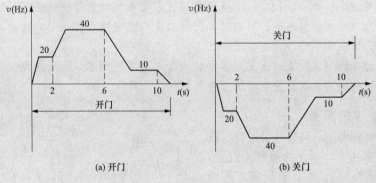

图 7-2　电梯轿厢开关门的速度曲线

2. 实训目的

（1）掌握变频器多段调速的基本方法。

（2）掌握变频器相关控制端子和参数的功能。

（3）了解通过 PLC 来控制变频器运行的思路和方法。

（4）会利用变频器的多段调速功能解决简单的实际工程问题。

二、实训步骤

1. 设计思路

根据实训要求，可以采用变频器的三段调速功能来实现，即通过变频器的输入端子 RH、RM、RL，并结合变频器的参数 $Pr.4$、$Pr.5$、$Pr.6$ 进行变频器的多段调速；而输入端子 RH、RM、RL 与 SD 端子的通和断可以通过 PLC 的输出信号来控制。

2. 变频器设置

根据控制要求，变频器的具体设定参数如下：

（1）PU 操作模式 $Pr.79 = 1$，清除所有参数。

（2）PU 操作模式 $Pr.79=1$。

（3）上限频率 $Pr.1=50\text{Hz}$。

（4）下限频率 $Pr.2=0\text{Hz}$。

（5）加速时间 $Pr.7=1\text{s}$。

（6）减速时间 $Pr.8=1\text{s}$。

（7）电子过电流保护 $Pr.9=$ 电动机的额定电流。

（8）基底频率 $Pr.20=50\text{Hz}$。

（9）组合操作模式 $Pr.79=3$，即频率由 PU 单元设定，起动、停止由外部信号控制。

（10）多段速度设定（1 速）$Pr.4=20\text{Hz}$。

（11）多段速度设定（2 速）$Pr.5=40\text{Hz}$。

（12）多段速度设定（3 速）$Pr.6=10\text{Hz}$。

3. PLC 的 I/O 分配

根据实训要求，PLC 的输入输出分配为 X1：开门按钮；X2：关门按钮；X3：热继电器（用常开按钮替代）；Y0：STF；Y1：RH；Y2：RM；Y3：RL；Y4：STR。

4. 程序设计

根据系统控制要求及 PLC 的输入输出分配，设计系统的控制程序，电梯轿厢开关门的控制程序如图 7-3 所示。

5. 系统接线图

根据系统控制要求、PLC 的输入输出分配以及控制程序，设计系统的接线图，电梯轿厢开关门的接线图如图 7-4 所示。

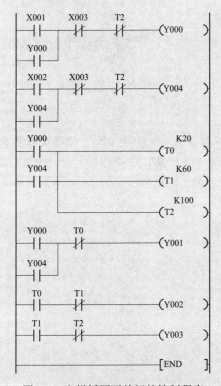

图 7-3　电梯轿厢开关门的控制程序

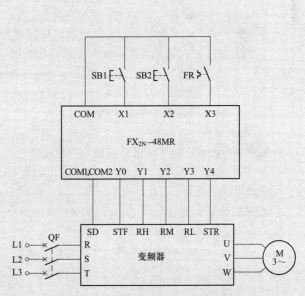

图 7-4　电梯轿厢开关门的接线图

6. 实训器材

根据系统控制要求、PLC 的 I/O 分配以及系统接线图，完成本实训需要配备如下器材：

（1）可编程控制器实训装置 1 台。

（2）变频器模块 1 个（含 FR-A540 或 A740 变频器，下同）。

（3）PLC 主机模块 1 个（含 FX$_{2N}$-48MR 或其他三菱 FX 系列 PLC，下同）。

（4）计算机 1 台。

（5）开关、按钮板模块 1 个。

（6）三相电动机 1 台。

（7）电工常用工具 1 套。

（8）导线若干。

7．运行调试

（1）PLC 程序调试。

1）按图 7-3 输入程序，并按图 7-4 连接 PLC 输入电路，将 PLC 运行开关置 RUN。

2）按 SB1 按钮（即 X1 闭合），输出指示灯 Y0、Y1 亮；2s 后 Y1 灭，Y0、Y2 亮；再过 4s 后 Y2 灭，Y0、Y3 亮；再过 4s 后全部熄灭。

3）按 SB2 按钮（即 X2 闭合），输出指示灯 Y1、Y4 亮；2s 后 Y1 灭，Y2、Y4 亮；再过 4s 后 Y2 灭，Y3、Y4 亮；再过 4s 后全部熄灭。

4）在上述运行过程中，热继电器动作（即 X3 闭合），所有指示灯全部熄灭。

5）观察输出指示灯是否正确，如不正确，则用监视功能监视其运行情况。如果使用的是手持编程器，则要检查手持编程器是否是在线模式。

（2）空载调试。

1）按上述变频器的参数值设置好变频器的参数。

2）按图 7-4 连接好主电路（不接电动机）和控制电路。

3）按 SB1 按钮，变频器以 20Hz 正转，2s 后切换到 40Hz 运行，再过 4s 切换到 10Hz 运行，再过 4s 变频器停止运行。

4）按 SB2 按钮，变频器以 20Hz 反转，2s 后切换到 40Hz 运行，再过 4s 切换到 10Hz 运行，再过 4s 变频器停止运行。

5）在任何时刻，热继电器动作，变频器均停止运行。

6）若按下 SB1 按钮，变频器不运行，请检查 PLC 输出点 Y0 与变频器 STF 的连接线路及 PLC 输出点 Y0 是否有故障。若变频器的运行频率与设定频率不一致，请检查 PLC 端子 COM1、COM2、Y1～Y3 与变频器的连接线及 PLC 的输出点 Y1～Y3 是否有故障，再检查变频器的参数 $Pr.4$、$Pr.5$、$Pr.6$ 的设定值是否正确。

（3）综合调试。

1）按图 7-4 连接好所有主电路和控制电路。

2）按 SB1 按钮，电动机以 20Hz 正转，2s 后切换到 40Hz 运行，再过 4s 切换到 10Hz 运行，再过 4s 电动机停止运行。

3）按 SB2 按钮，电动机以 20Hz 反转，2s 后切换到 40Hz 运行，再过 4s 切换到 10Hz 运行，再过 4s 电动机停止运行。

4）在任何时刻，热继电器动作，电动机均停止运行。

三、实训报告

1．分析与总结

（1）注释梯形图程序。

（2）总结实训中设置了哪些参数？使用了哪些外部端子？

（3）总结变频器与 PLC 联机运行的优点。

2. 巩固与提高

（1）电梯轿厢门正在关门时，若我们用手或脚阻止其关门，则轿厢门又会自动打开，请问本实训程序是否具有此功能？若没有，请完善。

（2）设计一个三段调速控制系统，控制要求如下：按起动按钮变频器以 30Hz 运行5s→停止 2s→40Hz 运行 5s→停止 3s→50Hz 运行 4s→停止 4s，如此不断循环；按停止按钮变频器减速停止；变频器加减速时间设为 3s。

（3）请设计一个 15 段调速的控制系统，要求画出接线图，列出设置参数。

7.2　变频器的变频-工频切换及应用

 学习情景引入

　　仔细观察变频恒压供水系统，我们会发现变频器拖动电动机运行（简称变频运行），当供水压力小且运行频率上升到 50Hz 并保持时，电动机则自动切换到工频电网运行（简称工频运行），让变频器退出（否则变频器将消耗额外的能量）或另作他用（充分利用资源）；当供水压力过大时，又会自动切换到变频运行。当变频器发生故障时，电动机也会自动切换到工频运行；当故障处理完毕，电动机又自动切换到变频运行。

　　那么，我们如何来实现电动机的变频与工频的相互切换呢？PLC 又是如何来完成其控制功能呢？又需要使用变频器的哪些控制端子？需要设置哪些参数呢？下面我们来具体讨论并解决这些问题。

　　对于变频与工频之间的相互切换，通用变频器已内置了复杂的顺序控制功能，因此，只需要设置相关参数，输入自动切换选择、起动及停止等信号，就能很容易地实现切换时的电磁接触器之间的互锁，平稳地完成切换功能，从而使电动机的转速波动小，又不产生切换火花。

7.2.1　控制原理

1. 原理图

变频与工频切换控制原理图如图 7-5 所示。

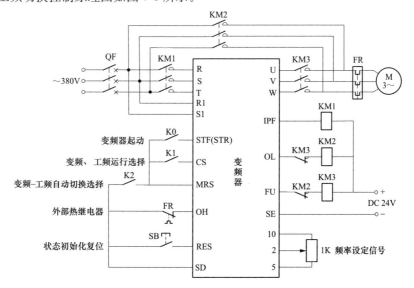

图 7-5　变频与工频切换控制原理图

2. 端子说明

（1）切换功能用在外部运行模式（$Pr.79=2$）时，必须为端子 R1、S1 提供独立电源（或接在 KM1 的进线处），以确保正常操作。

（2）对于漏型逻辑，图 7-5 所示的输入输出端子功能可以通过 $Pr.185=7$、$Pr.186=6$、$Pr.192=17$、$Pr.193=18$、$Pr.194=19$ 来设置，其他端子的功能未作改变。

（3）接触器（KM1、KM2、KM3）的作用见表 7-2，且 KM2 和 KM3 之间必须有机械互锁。

表 7-2　　　　　　　　　　　接触器的作用

接触器	作用	安装位置	备注
KM1	变频器电源接触器	电源与变频器之间	变频器正常时闭合，发生故障时断开（复位后再闭合）
KM2	工频接触器	电源与电动机之间	工频运行时闭合，变频运行时断开。当变频器发生故障时闭合（通过参数设定选择，除非外部热继电器动作）
KM3	变频接触器	变频器输出与电动机之间	变频器运行时闭合，工频运行时断开。当变频器发生故障时断开

（4）当使用交流接触器时，必须采用 FR-A5AR 选件的输出接点。当使用直流接触器时，可以采用 FR-A5AR 选件的输出接点，但若采用变频器的集电极开路输出端子（IPF、OL、FU），则必须在接触器线圈两端并联反向保护二极管及电容。

（5）要注意输出端子的容量。对于变频器的集电极开路输出端子，允许负荷为 DC 24V，0.1A；对于 FR-A5AR 选件的输出端子，允许负荷为 AC 230V，0.3A 或 DC 30V，0.3A。

7.2.2　相关参数及端子

1. 参数介绍

电动机在进行变频与工频相互切换时，需要设定的专用参数。变频器参数见表 7-3。

表 7-3　　　　　　　　　　　变频器参数

参数号	名称	设定值	说明
$Pr.135$	变频-工频切换时顺序输出端子选择	0	无顺序输出，即 $Pr.136$、$Pr.137$、$Pr.138$ 和 $Pr.139$ 的设定无效
		1	有顺序输出，当用 $Pr.190\sim Pr.195$（输出端子功能选择）安排各端子控制 KM1～KM3 时，由集电极开路端子输出。当各端子已有其他功能时，可由选件 FR-A5AR 提供继电器输出
$Pr.136$	切换互锁时间	0～100	表示 0～100.00s，设定为 KM2 和 KM3 切换的互锁时间
$Pr.137$	起动等待时间	0～100	表示 0～100.00s，设定值应比信号输入变频器开始直到 KM3 实际接通时的时间稍微长点（约 0.3～0.5s）
$Pr.138$	变频器报警时的变频-工频切换	0	当变频器发生故障时，变频器停止输出，电动机自由停车（KM2 和 KM3 均断开）
		1	当变频器发生故障时，变频器停止输出，并自动进行变频-工频运行切换（KM2：ON，KM3：OFF）
$Pr.139$	变频-工频切换时的切换频率设定	0～60	表示 0～60.0Hz，当变频器输出频率达到或超过该设定频率时，则自动由变频切换到工频运行（起动和停止通过变频器起动指令 STF 或 STR 控制）
		9999	不能自动进行切换
$Pr.57$	变频器再起动前的等待时间	0～5	瞬时停电再恢复后变频器再起动前的等待时间。根据负荷的转动惯量和转矩，可设定为 0.1～5s；对于 0.4～1.5k 的变频器设定为 0 时，表示 0.5s
		9999	不能再起动

参数号	名称	设定值	说　明
$Pr.58$	再起动电压上升时间	$0\sim60$	通常设定为出厂值（1.0s），也可根据负荷的转动惯量和转矩来设定
$Pr.185$	JOG 端子功能选择	7	JOG 端子定义为 OH 信号，即外部热继电器动作时系统停止运行
$Pr.186$	CS 端子功能选择	6	CS 端子定义为瞬时掉电自动再起动选择，即该信号闭合时变频运行（即 KM2 断开，KM3 闭合），该信号断开时工频运行（即 KM3 断开，KM2 闭合）
$Pr.192$	IPF 端子功能选择	17	IPF 端子定义为变频-工频切换控制时的输出信号（KM1）
$Pr.193$	OL 端子功能选择	18	OL 端子定义为变频-工频切换控制时的输出信号（KM2）
$Pr.194$	FU 端子功能选择	19	FU 端子定义为变频-工频切换控制时的输出信号（KM3）
$Pr.79$	运行模式选择	2	外部运行模式，即变频器的频率和起动、停止均由外部信号控制
		3	组合运行模式，即变频器的频率由 PU 单元控制，而起动、停止由外部信号控制

注　1. 当 $Pr.135$ 设定为 0 以外的值时，$Pr.139$ 的功能才有效。

　　2. 当电动机由变频器起动到达设定的切换频率时，自动由变频运行切换到工频运行。如果以后电动机的运行指令值达到或低于切换频率时，工频运行不会自动切换到变频器运行。若关断变频器的运行信号（STF 或 STR）后再闭合，则由工频运行切换到变频运行。

2. 端子功能

在选择了变频与工频相互切换功能时（$Pr.135=1$），输入信号的状态、功能与接触器 ON/OFF 状态的对应关系见表 7-4。

表 7-4　　　　　　输入信号的状态、功能与接触器 ON/OFF 状态的对应关系

输入信号	输入端子	状态	功能	KM1	KM2	KM3
STF(STR)	STF(STR)	ON	变频器正转（反转）	ON	OFF	ON
		OFF	变频器停止	不变	不变	不变
CS	由 $Pr.180\sim Pr.186$ 来确定	ON	选择变频器运行	ON	OFF	ON
		OFF	选择工频运行	ON	ON	OFF
MRS	MRS	ON	变频-工频自动切换选择	ON	—	—
		OFF	系统不切换（也不运行）	ON	OFF	不变
OH 外部热继电器常闭触点	由 $Pr.180\sim Pr.186$ 来确定	ON	系统正常运行	ON	—	—
		OFF	系统停止	OFF	OFF	OFF
RES	RES	ON	初始化复位	不变	OFF	不变
		OFF	变频器正常运行	ON	—	—

注　1. 变频运行时，表中"—"表示：KM1：ON；KM2：OFF；KM3：ON。工频运行时，表中"—"表示：KM1：ON；KM2：ON；KM3：OFF。"不变"表示保持信号动作前的状态。

　　2. 当变频器发生故障时，KM1 断开，所以 R1、S1 要避开 KM1 的控制，即不论 KM1 导通与否均保持有电。

　　3. 当 MRS 信号接通时，CS 信号才动作。当 MRS 和 CS 同时接通时，STF(STR) 信号才动作。

　　4. 当 MRS 信号断开时，系统不能运行，即既不能进行工频运行，也不能进行变频运行。

　　5. RES 信号可以根据复位选择（$Pr.75$）来选择复位输入接受与否。

7.2.3 动作过程

电动机的变频与工频之间的相互切换，实际上就是通过控制变频器的输入端子 MRS、CS、JOG、STF 及 RES 与 SD 端子的通和断来控制其输出端子 IPF、OL、FU 及变频器运行状态的改变。

1. 信号状态

电动机在进行变频与工频相互切换时，输入信号与接触器状态之间的关系见表 7-5。

表 7-5 输入信号与接触器状态之间的关系

改变运行状态	输入信号状态			输出信号的变化情况			备注
	MRS	CS	STF	KM1	KM2	KM3	
接通电源	OFF	OFF	OFF	OFF→ON	OFF	OFF→ON	系统通电
起动变频运行	OFF→ON	OFF→ON	OFF→ON	ON	OFF	ON	起动变频器（电动机软起动）并进行变频运行
切换到工频运行	ON	ON→OFF	ON	ON	OFF→ON	ON→OFF	KM3 断开后 KM2 闭合，期间电动机自由运行
切换到变频运行	ON	OFF→ON	ON	ON	ON→OFF	OFF→ON	KM2 断开后 KM3 闭合，期间电动机自由运行
停止	ON	ON	ON→OFF	ON	OFF	ON	电动机软停止

注 1. 此功能只在 R1 和 S1 独立供电时（不是由 KM1 供电）有效。

2. 当 $Pr.135$ 设定为 0 以外的值时，此功能只在外部运行（$Pr.79＝2$）或组合运行模式（$Pr.79＝3$）时才有效，在其他模式下 KM1 和 KM3 闭合。

3. 当 MRS、CS 和 STF 信号接通时 KM3 闭合，但最后电动机在工频电源运行下自由滑行，在 $Pr.137$ 设定时间过后变频器会再起动。

4. 当 MRS、STF 和 CS 信号闭合时可进行变频运行，在其他情况下（MRS 闭合），进行工频运行。

5. 当 CS 信号关断时，电动机切换到工频运行。注意，当 STF 信号关断时，电动机由变频器减速到停止。

6. 如果 $Pr.135$ 设定为 0 以外的值，$Pr.136$ 和 $Pr.137$ 在 PU 操作模式（$Pr.79＝1$）中将被忽略，并且，变频器的输入端子（STF、CS、MRS、OH）恢复到普通功能。

7. 当选择了变频-工频顺序切换时，如果设定了 PU 操作互锁（$Pr.79＝7$）功能，则此功能无效。

8. 当用 $Pr.180～Pr.186$ 或 $Pr.190～Pr.195$ 改变端子功能时，其他功能可能会受到影响，设置前请确认相应端子的功—能。

2. 信号动作顺序

电动机在进行变频与工频相互切换时，各输入信号、接触器及电动机速度之间的动作顺序及切换过程如下：

（1）系统上电（STF、CS、MRS 信号断开）。此时 KM1 和 KM3 闭合。

（2）电动机工频起动。选择变频-工频自动切换信号 MRS（即闭合 K2），此时 KM3 断开；当切换互锁时间（由 $Pr.136$ 设定）到，KM2 闭合，电动机进入工频运行。

（3）电动机工频停止。当需要停止时，选择变频运行信号 CS（即闭合 K1），此时 KM2 断开；当切换互锁时间（由 $Pr.136$ 设定）和 KM3 开始闭合前的等待时间（由 $Pr.137$ 设定）到，KM3 闭合，期间电动机自由滑行至停止。

（4）电动机变频起动。当需要变频起动（俗称软起动）电动机时，只需要选择变频器起动信号 STF（即闭合 K0），经过变频器再起动前的等待时间（由 $Pr.57$ 设定）后，电动机开始变频起动，再经过再起动电压上升时间（由 $Pr.58$ 设定）后，电动机进入变频运行。

（5）电动机由变频切换到工频。当需要进行切换时，选择工频运行信号 CS（即断开 K1），此时 KM3 断开且变频器输出停止；当电动机自由滑行至切换互锁时间（由 $Pr.136$ 设定）到，KM2 闭合，电动机开始工频运行。

（6）电动机由工频切换变频。当需要进行切换时，选择变频运行信号 CS（即闭合 K1），此时 KM2 断开；当切换互锁时间（由 $Pr.136$ 设定）和 KM3 开始闭合前的等待时间（由 $Pr.137$ 设定）到，KM3 闭合，再经变频器再起动前的等待时间（由 $Pr.57$ 设定）后（期间电动机自由滑行），变频器开始再起动，电动机进入变频运行。

（7）电动机变频停止。当需要变频停止（俗称软停）电动机时，只需要断开变频器起动信号 STF（即断开 K0），则变频器输出停止，电动机进入软停止。

（8）电动机变频再起动。当需要变频再起动电动机时，只需要闭合变频器起动信号 STF（即闭合 K0），则电动机开始变频起动，电动机进入变频运行。

输入信号、接触器及电动机速度之间的动作顺序及切换过程如图 7-6 所示。由上可知，要平稳实现变频与工频的相互切换，除了控制好输入信号，还要设置好切换互锁时间 $Pr.136$、KM3 开始闭合前的等待时间 $Pr.137$、变频器再起动前的等待时间 $Pr.57$ 以及再起动电压上升时间 $Pr.58$。

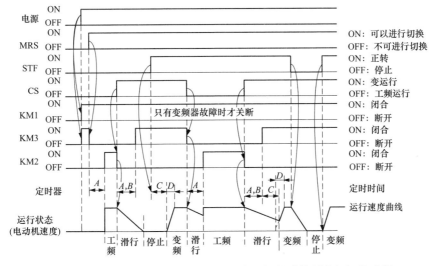

图 7-6 输入信号、接触器及电动机速度之间的动作顺序与切换过程

注 A：$Pr.136$（KM 切换互锁时间）；B：$Pr.137$（KM3 开始闭合前的等待时间）；
C：$Pr.57$（变频器再起动前的等待时间）；D：$Pr.58$（再起动电压上升时间）。

实训 20 变频-工频互切换的恒压供水系统

一、实训任务

用 PLC、变频器设计一个变频-工频互切换的恒压供水系统，并在实训室完成模拟调试。

1. 控制要求

（1）系统按设计要求只有一台水泵，用水高峰时，工频全速运行，其他时间变频运行。

（2）水泵电动机的变频与工频切换采用变频器的变频-工频切换功能。

（3）变频运行时的转速由变频器的七段调速来控制，七段速度与变频器的控制端子的对应关系见表 7-6。

表 7-6 七段速度与变频器的控制端子的对应关系

频率（Hz）	25	30	35	40	45	48	50
接点	RH				RH	RH	RH
接点		RM		RM		RM	RM
接点			RL	RL	RL		RL

（4）变频器的七段速度及变频与工频的切换由管网压力继电器的压力上限接点与下限接点控制。

（5）模拟实训时，压力继电器的压力上限接点与下限接点分别用按钮来代替。

（6）变频器的有关参数自行设定。

2. 实训目的

（1）进一步掌握变频器七段调速的参数设置和外部端子的接线。

（2）掌握工频和变频切换的方法。

（3）了解 PLC 与变频器综合控制的设计思路。

（4）能运用变频器的外部端子和参数实现变频-工频切换控制。

（5）能运用变频-工频切换解决实际工程问题。

二、实训步骤

1. 设计思路

电动机的变频与工频切换采用变频器的变频-工频切换功能，即利用变频器的输入信号来控制其输出信号，而输入信号可以通过 $Pr.180 \sim Pr.186$ 的设定来选择，输出信号可以通过 $Pr.190 \sim Pr.195$ 的设定来选择，切换过程的时间可以通过相关参数的设定值来改变。

电动机的七段速度由变频器的七段调速来控制，变频器的七段速度由其控制端子（RL、RM、RH）来选择，变频器控制端子的输入信号通过 PLC 的输出信号来提供（即通过 PLC 控制变频器的 RL、RM、RH 以及 STF 端子与 SD 端子的通和断），而 PLC 输出信号的变化则通过管网压力继电器的压力上限接点与下限接点来控制。

2. 变频器的设定参数

根据控制要求，变频器的设定参数如下：

（1）操作模式选择 $Pr.79 = 1$。

（2）上限频率 $Pr.1 = 50\text{Hz}$。

（3）下限频率 $Pr.2 = 0\text{Hz}$。

（4）基底频率 $Pr.3 = 50\text{Hz}$。

（5）加速时间 $Pr.7 = 5\text{s}$。

（6）减速时间 $Pr.8 = 5\text{s}$。

（7）电子过电流保护 $Pr.9 = $ 电动机的额定电流。

（8）多段速度设定 $Pr.4 = 25\text{Hz}$。

（9）多段速度设定 $Pr.5 = 30\text{Hz}$。

（10）多段速度设定 $Pr.6 = 35\text{Hz}$。

（11）多段速度设定 $Pr.24 = 40\text{Hz}$。

（12）多段速度设定 $Pr.25 = 45\text{Hz}$。

（13）多段速度设定 $Pr.26 = 47\text{Hz}$；

（14）多段速度设定 $Pr.27 = 49\text{Hz}$。

（15）顺序输出端子选择 $Pr.135=1$（有顺序输出功能）。

（16）切换互锁时间 $Pr.136=1.0s$。

（17）起动等待时间 $Pr.137=1.0s$。

（18）变频器报警时的变频-工频切换 $Pr.138=1$（变频器报警时切换为工频运行）。

（19）变频-工频切换时的切换频率设定 $Pr.139=50Hz$。

（20）变频器再起动前的等待时间 $Pr.57=0.5s$。

（21）再起动电压上升时间 $Pr.58=0.5s$。

（22）JOG 端子功能选择 $Pr.185=7$（JOG→OH）。

（23）CS 端子功能选择 $Pr.186=6$。

（24）IPF 端子功能选择 $Pr.192=17$。

（25）OL 端子功能选择 $Pr.193=1$。

（26）FU 端子功能选择 $Pr.194=19$。

3. PLC 的 I/O 分配

根据系统的控制要求、设计思路和变频器的设定参数，PLC 的 I/O 分配如下：

X0：起动按钮，X1：水压下限，X2：水压上限，X3：停止按钮，X4：报警复位按钮；Y0：变频器运行（STF），Y1：多段速度（RH），Y2：多段速度（RM），Y3：多段速度（RL），Y5：切换选择信号（MRS），Y6：变频运行选择信号（CS），Y7：变频器初始化复位信号，Y10：过压报警信号，Y11：欠压报警信号。

4. 程序设计

根据系统的控制要求，该控制是顺序控制，变频器的七段速度切换如图 7-7 所示。为保证切换的可靠性和避免反复切换，每次切换必须在压力继电器达到压力上限（或下限）2s 后才进行，因此，变频与工频切换程序如图 7-8 所示。

图 7-7 变频器的七段速度切换

5. 系统接线图

根据系统的控制要求和状态转移图，可设计其恒压供水控制系统的接线图，变频与工频切换的系统接线图如图 7-9 所示。

6. 实训器材

根据系统控制要求、PLC 的 I/O 分配以及系统接线图，完成本实训需要配备如下器材：

（1）可编程控制器实训装置 1 台。

（2）变频器模块 1 个。

（3）PLC 主机模块 1 个。

（4）编程器 1 个或编程电脑 1 台。

（5）交流接触器模块 1 个（线圈额定电压为 220V）。

（6）中间继电器模块 1 个（线圈额定电压为 DC 24V）。

（7）交流接触器、热继电器模块 1 个。

（8）三相电动机 1 台。

（9）电工常用工具 1 套。

（10）导线若干。

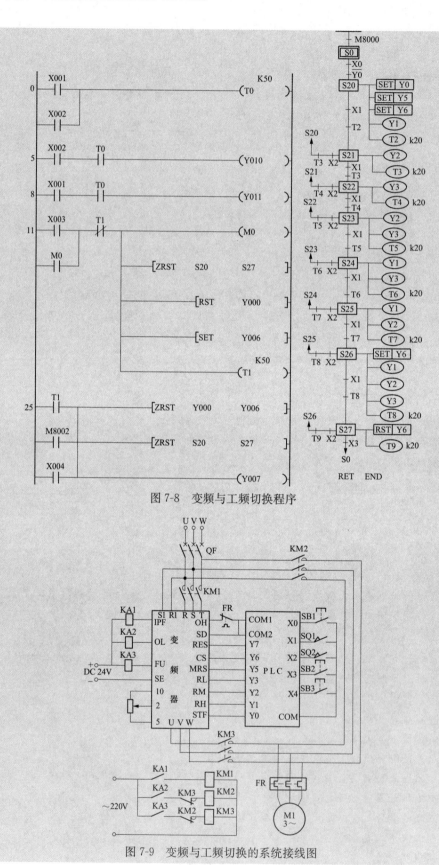

图 7-8　变频与工频切换程序

图 7-9　变频与工频切换的系统接线图

196

7. 系统调试

(1) PLC 程序调试。

1) 将上述的状态转移图程序输入 PLC 中，并根据图 7-9 所示的系统接线图连接好 PLC 的输入信号，检查无误后，将 PLC 置于运行状态。

2) 按起动按钮 SB1(X0)，输出指示灯 Y0、Y1、Y5、Y6 亮；当供水能力满足不了用户用水量时，供水压力下降，达到压力下限（即 X1 闭合）2s 时，此时输出指示灯 Y1 灭，Y0、Y2、Y5、Y6 亮；当供水能力还是满足不了用户用水量时，供水压力下降，又达到压力下限（即 X1 又闭合）2s 时，此时输出指示灯 Y2 灭，Y0、Y3、Y5、Y6 亮；依此类推，分别是输出指示灯 Y0、Y2、Y3、Y5、Y6 亮，Y0、Y1、Y3、Y5、Y6 亮，Y0、Y1、Y2、Y5、Y6 亮，Y0、Y1、Y2、Y3、Y5、Y6 亮，Y0、Y5 亮。

3) 当工频运行时的供水能力超过了用户用水量时，供水压力上升，达到压力上限（即 X2 闭合）2s 时，此时输出指示灯 Y0、Y1、Y2、Y3、Y5、Y6 亮；当供水能力超过了用户用水量时，供水压力上升，又达到压力上限（即 X2 又闭合）2s 时，此时输出指示灯 Y0、Y1、Y2、Y5、Y6 亮，依此类推，分别是输出指示灯 Y0、Y1、Y3、Y5、Y6 亮，Y0、Y2、Y3、Y5、Y6 亮，Y0、Y2、Y5、Y6 亮，Y0、Y1、Y5、Y6 亮。

4) 当然，实际的变化过程要复杂得多，供水压力可能一会儿上升，一会儿又下降，输出指示灯就跟随其变化。

5) 在上述的运行过程中，若供水压力达到上限（或下限）的时间超过 5s，则过压（或欠压）报警信号 Y10（或 Y11）动作；若热继电器动作（即 X4 断开），则系统停止运行（即输出指示灯全部熄灭）；若按停止按钮（即 X3 闭合），则停止运行（即 Y5、Y6 亮 5s 后熄灭）。

(2) 系统空载调试。

1) 连接好变频器的电源，并按照上述变频器的参数值设定好变频器的参数。

2) 按照图 7-9 所示连接好电路（KM1、KM2、KM3 及电动机不接），检查无误后，接通变频器、PLC 及中间继电器的电源，KA1 和 KA3 得电吸合。

3) 按起动按钮 SB1，变频器以 25Hz 运行；当供水能力满足不了用户用水量时，供水压力下降，达到压力下限（即 X1 闭合）2s 时，变频器以 30Hz 运行；依此类推，变频器分别以 35Hz、40Hz、45Hz、48Hz 运行，当变频器开始以 50Hz 运行时，则立即输出停止，同时 KA3 断开，2s 后 KA2 闭合。

4) 当工频运行时的供水能力超过了用户用水量时，供水压力上升，达到压力上限（即 X2 闭合）2s 时，KA2 断开，3s 后 KA3 闭合，此时变频器开始以 48Hz 运行；当供水能力超过了用户用水量时，供水压力上升，又达到压力上限（即 X2 又闭合）2s 时，变频器开始以 45Hz 运行；依此类推，分别以 40Hz、35Hz、30Hz、25Hz 运行。

5) 当然，实际的变化过程要复杂得多，当变频器以 35Hz 运行时，若供水压力达到上限（即 X2 闭合）2s 时，则变频器降为 30Hz 运行；若供水压力达到下限（即 X1 闭合）2s 时，则变频器升为 40Hz 运行，其余依此类推。

6) 在上述的运行过程中，若供水压力达到上限（或下限）的时间超过 5s，则过压（或欠压）报警信号 Y10（或 Y11）动作；若热继电器动作（即 X4 断开），则系统停止运行（即中间继电器全部断开，变频器也失电）；若按停止按钮（即 X3 闭合），则停止运行（KA2 失电，KA1、KA3 得电，变频器输出频率在 2s 内降为 0）。

(3) 综合调试。

1) 按照图 7-9 所示的系统接线图连接好全部电路，检查无误后，接通电源。

2) 按起动按钮，KM1、KM3 吸合，电动机变频运行，当频率上升到 50Hz 时，KM1、KM2 吸合，电动机切换为工频运行，其具体运行过程可参照上述空载调试的 3)~6)。

三、实训报告

1. 分析与总结

（1）总结变频-工频切换的作用及实训操作要领。

（2）总结系统调试过程中继电器的输出规律。

（3）通过反复调试，列出变频器的最佳设置参数并理解其意义。

2. 巩固与提高

（1）理解控制程序。

（2）掌握端子 2、5、10 在该实训中的作用。

（3）若变频器输出信号 IPF、OL、FU 不接中间继电器，而将其接到 PLC 的输入端，其他要求与本实训相同，请设计系统接线图和控制程序。

7.3 变频器的 PID 控制及应用

 学习情景引入

实训 20 的恒压供水系统中，变频器输出的是七段速度，供水压力在一个小范围内波动，系统的稳定性和供水质量较差，而变频器的 PID 控制可以实现无级调速，从而能够提高系统的稳定性和供水质量。那么，变频器的 PID 控制是如何实现的呢？它使用了哪些端子？设定了哪些参数？又是如何与 PLC 结合的呢？下面我们来具体讨论并解决这些问题。

变频器的 PID 控制是与传感器元件构成的一个闭环控制系统，实现对被控量的自动调节，在温度、压力、流量等参数要求恒定的场合应用十分广泛，是变频器在节能方面常用的一种方法。

7.3.1 PID 控制概述

PID 控制又称 PID 调节，是比例微积分控制，是利用 PI 控制和 PD 控制的优点组合而成的。其通过将被控量的检测信号（即由传感器测得的实际值）反馈到变频器，并与被控量的目标信号（即设定值）进行比较，以判断是否已经达到预定的控制目标。若尚未达到，则根据两者的差值进行调整，直至达到预定的控制目标为止，PID 控制原理图如图 7-10 所示。

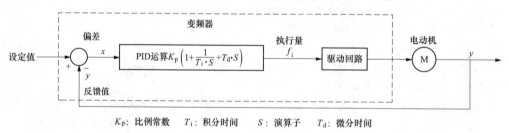

图 7-10 PID 控制原理图

PID 控制以其结构简单、稳定性好、工作可靠、调整方便的优点成为工业控制的主要技术之一。

1. PI 控制

PI 控制由比例控制（P）和积分控制（I）组合而成，即根据偏差及时间变化产生一个执行量，

PI 控制的动作过程如图 7-11 所示。

2．PD 控制

PD 控制由比例控制（P）和微分控制（D）组合而成，即根据改变动态特性的偏差速率产生一个执行量，PD 控制的动作过程如图 7-12 所示。

3．PID 控制

PID 控制是利用 PI 控制和 PD 控制的优点组合而成的控制，是 P、I 和 D 三个运算的总和。

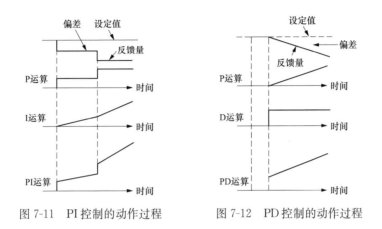

图 7-11   PI 控制的动作过程   图 7-12   PD 控制的动作过程

4．负作用

当偏差 X（设定值－反馈量）为正时，增加执行量（输出频率），如果偏差为负，则减小执行量，负作用控制过程如图 7-13 所示。

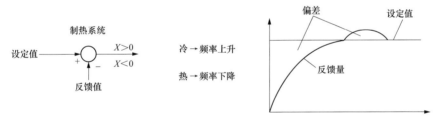

图 7-13   负作用控制过程

5．正作用

当偏差 X（设定值－反馈量）为负时，增加执行量（输出频率），如果偏差为正，则减小执行量，正作用控制过程如图 7-14 所示。

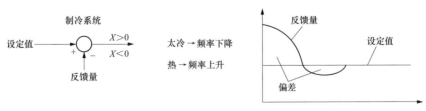

图 7-14   正作用控制过程

7.3.2   变频器的 PID 功能

通过变频器实现 PID 控制有两种情况：一是通过变频器内置的 PID 功能进行控制，给定信号通过变频器的端子输入，反馈信号也反馈给变频器的控制端，在变频器内部进行 PID 调节以改变输出频率；二是外部的 PID 调节器将给定信号与反馈信号进行比较后加到变频器的控制端，调节变频器的输出频率。

变频器的 PID 调节的特点有：

（1）变频器的输出频率 f_x 只根据实际值与目标值的比较结果进行调整，与被控量之间无对应关系。

（2）变频器的输出频率 f_x 始终处于调整状态，其数值常不稳定。

1. 接线原理图

利用变频器内置的 PID 功能进行控制时，PID 控制接线原理图如图 7-15 所示。

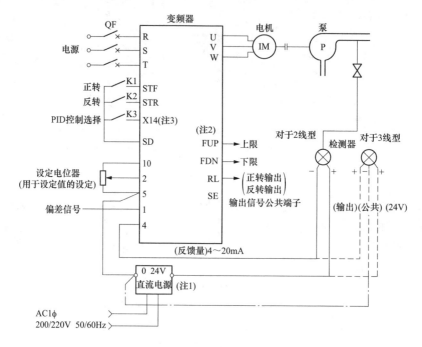

图 7-15　PID 控制接线原理图

注　1. 24V 直流电源应该根据所用传感器规格进行选择。

　　2. 输出信号端子由 $Pr.191 \sim Pr.194$ 设定。

　　3. 输入信号端子由 $Pr.180 \sim Pr.186$ 设定。

2. 输入输出端子功能定义

使用变频器内置 PID 功能进行控制时，当 X14 信号关断时，变频器的运行不含 PID 的功能；只有当 X14 信号接通时，PID 控制功能才有效，此时其输入输出端子功能见表 7-7。

3. 输入信号

使用变频器内置 PID 功能进行控制时，变频器的输入信号主要有反馈信号、目标信号（即目标值）和偏差信号，信号的输入途径见表 7-8。

（1）反馈信号的输入。反馈信号的输入通常有给定输入法和独立输入法。给定输入法是将传感器测得的反馈信号直接接到反馈信号端（如 4、5），其目标信号由参数设定。独立输入法是针对专门配置了独立的反馈信号输入端的变频器使用的，其目标值可以由参数（$Pr.133$）设定，也可以由给定输入端（如 2、5）输入。

表 7-7 　　　　　　　　　　　　　　　　输入输出端子功能

信号		使用端子	功能	说明	备注
输入	X14	由参数 $Pr.180 \sim$ $Pr.186$ 设定	PID 控制选择	X14 闭合时选择 PID 控制	设定 $Pr.128$ 为 10、11、20 和 21 中的任一值
	2	2	设定值输入	输入 PID 的设定值	—
	1	1	偏差信号输入	输入外部计算的偏差信号	—
	4	4	反馈量输入	从传感器来的 4～20mA 的反馈量	—
输出	FUP	由参数 $Pr.191 \sim$ $Pr.195$ 设定	上限输出	表示反馈量信号已超过上限值	$Pr.128 =$ 20、21	集电极开路输出
	FDN		下限输出	表示反馈量信号已超过下限值	
	RL		正（反）转方向信号输出	参数单元显示 "Hi" 表示正转（FWD）或显示 "Low" 表示反转（REV）或停止（STOP）	$Pr.128 =$ 10、11、20、21
	SE	SE	输出公共端子	FUP、FDN 和 RL 的公共端子	—

表 7-8 　　　　　　　　　　　　　　　　信号的输入途径

项目	输入		说　明
设定值	通过端子 2-5	设定 0V 为 0%，5V 为 100%	当 $Pr.73$ 设定为 1、3、5、11、13、15 时，端子 2 选择为 5V
		设定 0V 为 0%，10V 为 100%	当 $Pr.73$ 设定为 0、2、4、10、12、14 时，端子 2 选择为 10V
	$Pr.133$		由 $Pr.133$ 设定，其设定值为百分数
反馈值	通过端子 4-5	4mA 相当于 0%，20mA 相当于 100%	
偏差信号	通过端子 1-5	设定 $-5V$ 为 -100%，0V 为 0%，$+5V$ 为 $+100\%$	当 $Pr.73$ 设定为 2、3、5、12、13、15 时，端子 1 选择为 5V
		设定 $-10V$ 为 -100%，0V 为 0%，$+10V$ 为 $+100\%$	当 $Pr.73$ 选择为 0、1、4、10、11、14 时，端子 1 选择为 10V

（2）目标值的预置。PID 调节的根本依据是反馈量与目标值之间进行比较的结果，因此，准确地预置目标值十分重要。目标值通常是被测量实际大小与传感器量程之比的百分数。例如，空气压缩机要求的压力（目标压力）为 6MPa，所用压力表的量程是 0～10MPa，则目标值为 60%。目标值的预置主要有参数给定法和外接给定法两种。参数给定法即通过变频器参数（$Pr.133$）来预置目标值，外接给定法即通过给定信号端（如 2、5）由外接电位器进行预置，这种方法调整较方便，因此使用较广。

（3）偏差信号。当输入外部计算偏差信号时，通过端子 1、5 输入，且将 $Pr.128$ 设定为 10 或 11。

4. 参数设置

使用变频器内置 PID 功能进行控制时，除了定义变频器的输入、输出端子功能，还必须设定变频器 PID 控制的参数，变频器内置 PID 功能的主要参数见表 7-9。

表 7-9 变频器内置 PID 功能的主要参数

参数号	设定值	名称	说　明		
128	10	选择 PID 控制	对于加热，压力等控制	偏差量信号输入（端子 1）	PID 负作用
	11		对于冷却等		PID 正作用
	20		对于加热，压力等控制	检测值输入（端子 4）	PID 负作用
	21		对于冷却等		PID 正作用
129	0.1%～1000%	PID 比例范围常数	如果比例范围较窄（参数设定值较小），反馈量的微小变化会引起执行量的很大改变。因此，随着比例范围变窄，响应的灵敏性（增益）得到改善，但稳定性变差（如发生震荡增益 $K=1$/比例范围		
	9999		无比例控制		
130	0.1～3600s	PID 积分时间常数	这个时间是指由积分（1）作用时达到与比例（P）作用时相同的执行量所需要的时间，随着积分时间的减少，到达设定值就越快，但也容易发生震荡		
	9999		无积分控制		
131	0～100%	上限	设计上限，如果检测值超过此设定，就输出 FUP 信号（检测值的 4mA 等于 0%，20mA 等于 100%）		
	9999		功能无效		
132	0～100%	下限	设计下限，（如果检测值超出设定范围，则输出一个报警，同样，检测值的 4mA 等于 0%，20mA 等于 100%）		
	9999		功能无效		
133	0～100%	用 PU 设定的 PID 控制设定值	仅在 PU 操作或 PU/外部组合模式下对于 PU 指令有效 对于外部操作，设定值由端子 2-5 间的电压决定（$Pr.902=0\%$ 和 $Pr.903=100\%$）		
134	0.0～10.00s	PID 微分时间常数	时间值仅要求向微分作用提供一个与比例作用相同的检测值，随着时间的增加，偏差改变会有较大的响应		
	9999		无微分控制		

5. 注意事项

使用变频器内置 PID 功能进行控制时，要注意以下几点：

（1）PID 控制时，如果要进行多段速度运行或点动运行，请先将 X14 置于 OFF，再输入多段速度信号或点动信号。

（2）当 $Pr.128$ 设定为 20 或 21 时，变频器端子 1、5 的输入信号将叠加到设定值 2、5 端子之间。

（3）当 $Pr.79$ 设定为 5（程序运行模式），则 PID 控制不能执行，只能执行程序运行。

（4）当 $Pr.79$ 设定为 6（切换模式），则 PID 控制无效。

（5）当 $Pr.22$ 设定为 9999 时，端子 1 的输入值作为失速防止动作水平；当要用端子 1 的输入作为 PID 控制的修订时，请将 $Pr.22$ 设定为 9999 以外的值。

（6）当 $Pr.95$ 设定为 1（在线自动调整），则 PID 控制无效。

（7）当用 $Pr.180 \sim Pr.186$ 和/或 $Pr.190 \sim Pr.195$ 改变端子的功能时，其他功能可能会受到影响，在改变设定前请确认相应端子的功能。

（8）选择 PID 控制时，下限频率为 $Pr.902$ 的设定值，上限频率为 $Pr.903$ 的设定值，同时，$Pr.1$ "上限频率" 和 $Pr.2$ "下限频率" 的设定也有效。

7.3.3　PID 控制实例

一变频恒压供水系统，采用变频器的内置 PID 控制，压力传感器采集的压力信号为 $4 \sim 20\text{mA}$，其对应压力为 $0 \sim 1\text{MPa}$（即 4mA 对应 0，20mA 对应 1MPa），系统要求管网的压力为 0.4MPa，并且，设定值通过变频器端子 2、5（$0 \sim 5\text{V}$）给定，下面介绍 PID 控制的设置流程及信号校正。

1. 设置流程

对于变频恒压供水系统，若采用变频器内置 PID 控制，则要设置 PID 的控制参数，并且工程技术人员总结出了一套行之有效设置流程，PID 控制参数的设置流程如图 7-16 所示。

（1）确定设定值。即确定被调节对象的设定值。该系统设定管网的压力为 0.4MPa，然后设定 $Pr.128$，并且接通 X14 信号使 PID 控制有效。

（2）将设定值转换为百分数。计算设定值与传感器输出的比例关系，并用百分数表示。因为该系统选用的传感器规格为 $4 \sim 20\text{mA}$，当传感器在 4mA 时表示压力为 0，20mA 时表示压力为 1MPa，即 4mA 对应 0%，20mA 对应 100%，所以 0.4MPa 对应 40%。

（3）进行校准。当需要校准时，可用 $Pr.902 \sim Pr.905$ 校正传感器的输出，并且在变频器停止时，在 PU 模式下输入设定值。根据校准内容，对设定值的设定输入（$0 \sim 5\text{V}$）和传感器的输出信号（$4 \sim 20\text{mA}$）进行校准。

（4）设定设定值。按照设定值的百分数（$\%$）从端子 2、5 输入相应的电压。由于规定端子 2 在 0V 时等于 0%，5V 时等于 100%，而设定值的百分数为 40%，所以端子 2 的输入电压为 2.0V。对于 PU 操作，可在 $Pr.133$ 中将设定值设定为 40%。

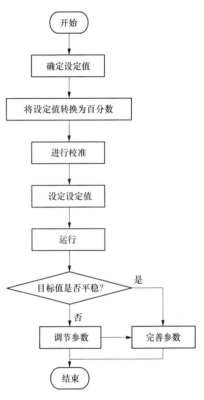

图 7-16　PID 控制参数的设置流程

（5）运行。将比例系数和积分时间设定稍微大一点，微分时间设定稍微小一点，接通起动信号，再根据系统的运行情况，减小比例系数和积分时间，增加微分时间，直至目标值稳定，然后在此基础上完善参数，若不稳定，则要进行参数调节。

（6）调节参数。将比例系数和积分时间设定再增大一点，微分时间设定再减小一点，使目标值趋于平稳。

（7）完善参数。当目标值稳定时，可以将比例系数和积分时间适当降低，微分时间适当加大。

2. 信号校正

（1）设定值的输入校正。

1）在端子 2、5 间输入电压（例如 0V），使设定值的设定为 0%。

2）用 $Pr.902$ 校正，此时，输入的频率将作为偏差值等于 0%（例如 0Hz）时变频器的输出频率。

3）在端子 2、5 间输入电压（例如 5V），使设定值的设定为 100%。

4）用 $Pr.903$ 校正，此时，输入的频率将作为偏差值等于 100％（例如 50Hz）时变频器的输出频率。

（2）传感器的输出校正。

1）在端子 4、5 间输入电流（例如 4mA）相当于传感器输出值为 0％。

2）用 $Pr.904$ 进行校正。

3）在端子 4、5 间输入电流（例如 20mA）相当于传感器输出值为 100％。

4）用 $Pr.905$ 进行校正。

上述 $Pr.904$ 和 $Pr.905$ 所设定的频率必须与 $Pr.902$ 和 $Pr.903$ 所设定的一致。信号校正如图 7-17 所示。

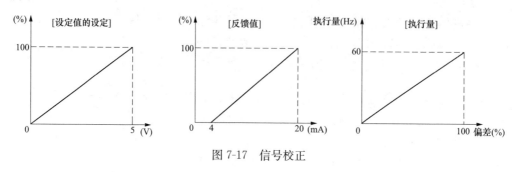

图 7-17　信号校正

实训 21　变频器 PID 控制的恒压供水系统

一、实训任务

用 PLC、变频器设计一个基于变频器 PID 控制的恒压供水系统，并在实训室的恒压供水装置上完成模拟调试。

1. 实训要求

（1）系统按设计要求只有一台水泵，并且采用变频器的内置 PID 进行变频恒压供水。

（2）系统要求管网的压力为 0.3MPa，并采用压力传感器采集压力信号（4～20mA）。

（3）系统要求设 0.4MPa 上限报警和 0.2MPa 下限报警，报警 5s 后，系统自动停止运行。

（4）系统运行参数请根据需要设置。

2. 实训目的

（1）掌握变频器 PID 控制的参数设置。

（2）掌握变频器 PID 控制的接线。

（3）理解 PID 控制的意义。

（4）会利用变频器的 PID 控制解决实际工程问题。

二、实训步骤

1. 设计思路

利用变频器内置 PID 功能实现恒压供水，主要内容是设置变频器 PID 控制时的相关参数，即 PID 运行参数、输入输出端子定义等，此外，还必须将变频器的输出信号（即 FDN、FUP）送给 PLC，再由 PLC 去控制变频器的运行。

2. 变频器参数设置

根据控制要求，变频器的设定参数如下：

$Pr.79=1$，运行模式设置为 PU 运行；

$Pr.128=20$，PID 负作用，测量值由端子 4 输入，设定值由端子 2 设定；

$Pr.129=100$，PID 比例（P）系数 100%；

$Pr.130=10$，PID 积分（I）时间 10s；

$Pr.131=50$，上限输出 50%；

$Pr.132=30$，下限输出 30%；

$Pr.133=40$，目标值设定 40%；

$Pr.134=3$，PID 微分（D）时间 3s；

$Pr.180=14$，RL 端子定义为 X14 信号，即 PID 控制有效；

$Pr.190=14$，RUN 端子定义为 FDN 信号，即 PID 下限输出；

$Pr.191=15$，SU 端子定义为 FUP 信号，即 PID 上限输出；

$Pr.192=16$，IPF 端子定义为 RL 信号，即正转时输出（可以不设）；

$Pr.79=2$，运行模式设置为外部运行。

3. I/O 分配

根据系统的控制要求、设计思路和变频器的设定参数，PLC 的 I/O 分配如下：X0：FUP；X1：FDN；X2：起动；X3：停止；Y0：STF；Y1：变频器的 X14 信号；Y4：报警输出。

4. 程序设计

根据控制要求及 PLC 的输入输出分配，画出其系统的控制程序，变频器 PID 控制的恒压供水系统程序如图 7-18 所示。

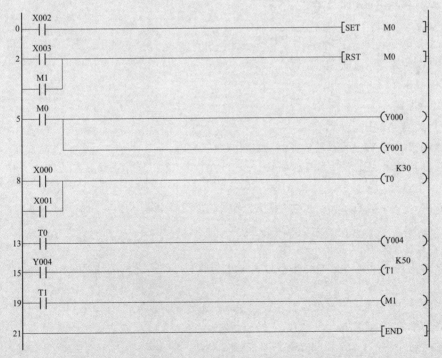

图 7-18　变频器 PID 控制的恒压供水系统程序

5. 系统接线图

根据实训要求及 PLC 的输入输出分配，画出其系统接线图，变频器 PID 控制的恒压供水系统接线图如图 7-19 所示。

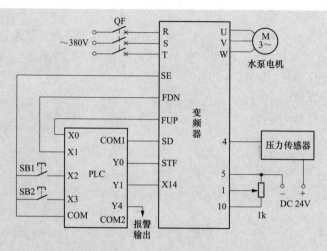

图7-19　变频器PID控制的恒压供水系统接线图

6. 实训器材

根据系统控制要求、PLC的I/O分配以及系统接线图，完成本实训需要配备如下器材：

(1) 可编程控制器实训装置1台。

(2) 变频器模块1个。

(3) PLC主机模块1个。

(4) 恒压供水实训装置1台。

(5) 计算机1台。

(6) 三相电动机1台。

(7) 电工常用工具1套。

(8) 导线若干。

7. 系统调试

(1) PLC程序调试。

1) 输入图7-18所示的程序，并将运行开关置于ON。

2) 按起动按钮SB1(X2)，PLC输出指示灯Y0、Y1亮；按停止按钮SB2(X3)，PLC输出指示灯Y0、Y1熄灭。

3) 在输出指示灯Y0、Y1亮时，将X0或X1与PLC的输入公共端COM短接，则Y0、Y1延时5s后熄灭。

(2) 系统空载调试。

1) 按图7-19所示的系统接线图接好主电路和控制电路，并按上述变频器的参数值设置好变频器参数。

2) 在端子2、5间设定好设定值（1.5V），并进行校正。

3) 在端子4、5间输入反馈值值，并进行校正。

4) 按起动按钮，Y0、Y1指示灯亮，变频器起动。

5) 水压上升，上升到6kg基本稳定，转速降低；打开用水阀门，变频器转速上升。

6) 观察水压表情况，如果指针抖动较大，增加积分值和比例值，减小微分值。

7) 如果变化比较慢，水压在设定值上和设定值下较大范围波动，减小比例值和积分值，增加微分值。

8) 反复以上6)、7)操作，直到系统稳定。

9) 传感器输出信号线路不能太长，否则信号将会衰减，影响系统稳定。

三、实训报告

1. 分析与总结

(1) 总结变频器频率变化规律，画出频率变化曲线。

(2) 总结系统调试的步骤和方法。

(3) 分析系统不稳定的原因及解决措施。

2. 巩固与提高

(1) 理解控制程序。

(2) 变频器输入输出端子功能与设定参数的意义。

(3) 如需要设定负补偿，应如何接线。

7.4　PLC 的 PID 控制及应用

 学习情景引入

上一节学习了变频器 PID 控制的恒压供水系统，那么，PLC 的 PID 控制的恒压供水系统又如何实现呢？它需要哪些设备？如何设计 PLC 的程序？其系统的稳定性和供水质量又如何？下面我们来具体讨论并解决这些问题。

PLC 的 PID 控制的恒压供水系统是通过压力传感器采集管网的压力，经 A/D 处理后转换为数字量送给 PLC，经 PLC 的 PID 运算后送给 D/A 处理模块，最后用 D/A 处理后的模拟信号来控制变频器的频率，进而控制电动机的转速，实现管网的压力恒定。

7.4.1　PLC 的 PID 指令

1. 指令形式

用于 PLC 的 PID 控制的指令如下：

```
  X000            (S1)      (S2)      (S3)      (D)
  ─┤├──[PID       D0        D1        D100      D150    ]
                目标值     测定值      参数      输出值
                 (SV)      (PV)                 (MV)
```

[S1] 设定目标数据（SV），[S2] 测得的当前值（PV），[S3]～[S3] ＋25 设定控制参数，执行程序后的运算结果（MV）存入 [D] 中。

2. PID 参数的定义

PID 运算指令的控制参数为[S3]～[S3]＋25，[S3]～[S3]＋25 的功能及说明见表 7-10。

表 7-10　[S3]～[S3]＋25 的功能及说明

参数	名称、功能	说　　明	设置范围
[S3]	设定采样时间	读取系统的当前值 [S2] 的时间间隔	1～32 767ms
[S3] ＋1	设定动作方向	b0：为 0 时正动作，为 1 时逆动作； b1：为 0 时当前值变化不报警，为 1 时报警； b2：为 0 时输出值变化不报警，为 1 时报警； b3：不可使用；	—

续表

参数	名称、功能	说　　明	设置范围
[S3] +1	设定动作方向	b4：为0时自动调谐不动作，为1时动作； b5：为0时输出上下限设定无效，为1时有效； b6～b15：不可使用； b2与b5不能同时为ON	—
[S3] +2	设定输入滤波常数	改变滤波器效果	0～99%
[S3] +3	设定比例系数	产生比例输出因子	0～32 767%
[S3] +4	设定积分时间	积分校正值达到比例校正值的时间，0为无积分	0～32 767（×100ms）
[S3] +5	设定微分增益	在当前值变化时，产生微分输出因子	0～100%
[S3] +6	设定微分时间	微分校正值达到比例校正值的时间，0为无微分	0～32 767（×100ms）
		[S3] +7～ [S3] +19PID运算内部占用	
[S3] +20	当前值上限报警	当前值超过用户定义的上限时报警	[S3] +1的b1=1时 有效，0～32 767
[S3] +21	当前值下限报警	当前值超过用户定义的下限时报警	
[S3] +22	输出值上限报警	输出值超过用户定义的上限时报警	[S3] +1的b2=1、 b5=0
		输出上限设定	[S3] +1的b2=0、 b5=1
[S3] +23	输出值下限报警	输出值超过用户定义的下限时报警	[S3] +1的b2=1、 b5=0
		输出下限设定	[S3] +1的b2=0、 b5=1
[S3] +24	报警输出（只读）	b0=1时，当前值超上限；b1=1时，当前值超下限	[S3] +1的 b1=1时有效
		b2=1时，输出值超上限；b3=1时，输出值超下限	[S3] +1的 b2=1时有效

3. 自动调谐

为了得到最佳的PID控制效果，最好使用自动调谐功能。当 [S3] +1的b4=1时，自动调谐有效，系统通过自动调节，使PID的相关参数自动达到最佳状态。为了使自动调谐高效进行，在自动调谐开始时的偏差（设定值与当前值之差）必须大于150（可通过改变设定值来满足），当当前值达到设定值的1/3时，自动调谐标志（[S3] +1的b4=1）会被复位，自动调谐完成，转为正常的PID调节，这时可将设定值改回到正常设定值而不要令PID指令为OFF。

要完成PLC的PID控制的恒压供水系统，除了有PID指令外，还必须有模拟量处理模块，下面就介绍恒压供水系统中常用的 FX_{0N}-3A模块。

7.4.2　模拟输入/输出模块 FX_{0N}-3A

FX_{0N}-3A有2个模拟输入通道和1个模拟输出通道，输入通道将现场的模拟信号转化为数字量送给PLC处理，输出通道将PLC中的数字量转化为模拟信号输出给现场设备。FX_{0N}-3A的最大分辨率为8位，可以连接 FX_{2N}、FX_{2NC}、FX_{1N}、FX_{0N} 系列的PLC，FX_{0N}-3A占用PLC的扩展总线上的8个I/O点，8个I/O点可以分配给输入或输出。

1. FX_{0N}-3A的BFM分配

FX_{0N}-3A的BFM分配见表7-11。

表 7-11

BFM	b15～b8	b7	b6	b5	b4	b3	b2	b1	b0
0	保留	存放 A/D 通道的当前值输入数据（8 位）							
16		存放 D/A 通道的当前值输出数据（8 位）							
17		保留					D/A 起动	A/D 起动	A/D 通道选择
1～5，18～31	保留								

BFM17：b0＝0 选择通道 1，b0＝1 选择通道 2；b1 由 0 变为 1 起动 A/D 转换，b2 由 1 变为 0 起动 D/A 转换。

2. A/D 通道的校准

（1）A/D 校准程序（见图 7-20）。

（2）输入偏移校准。输入偏移参照表见表 7-12，运行图 7-20 所示的程序，使 X0 为 ON，

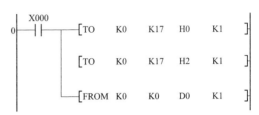

图 7-20　A/D 校准程序

在模拟输入 CH1 通道输入表 7-12 的模拟电压/电流信号，调整其 A/D 的 OFFSET 电位器，使读入 D0 的值为 1。顺时针调整为数字量增加，逆时针调整为数字量减小。

表 7-12　输入偏移参照表

模拟输入范围	0～10V	0～5V	4～20mA
输入的偏移校准值	0.04V	0.02V	4.064mA

（3）输入增益校准。输入增益参照表见表 7-13，运行图 7-20 所示的程序，并使 X0 为 ON，在模拟输入 CH1 通道输入表 7-13 的模拟电压/电流，调整其 A/D 的 GAIN 电位器，使读入 D0 的值为 250。

表 7-13　输入增益参照表

模拟输入范围	0～10V	0～5V	4～20mA
输入的增益校准值	10V	5V	20mA

3. D/A 通道的校准

（1）D/A 校准程序（见图 7-21）。

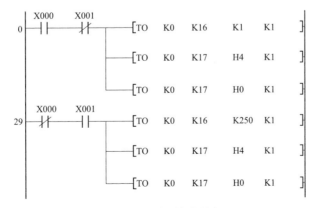

图 7-21　D/A 校准程序

（2）D/A 输出偏移校准。输出偏移参照表见表 7-14，运行图 7-21 所示程序，使 X0 为 ON，X1 为 OFF，调整模块 D/A 的 OFFSET 电位器，使输出值满足表 7-14 所示的电压/电流值。

表 7-14　　　　　　　　　　　　　　　　　输出偏移参照表

模拟输入范围	0~10V	0~5V	4~20mA
输出的偏移校准值	0.04V	0.02V	4.064mA

（3）D/A 输出增益校准。输出增益参照表见表 7-15，运行如图 7-21 所示程序，使 X1 为 ON，X0 为 OFF，调整模块 D/A 的 GAIN 电位器，使输出满足表 7-15 所示的电压/电流值。

表 7-15　　　　　　　　　　　　　　　　　输出增益参照表

模拟输入范围	0~10V	0~5V	4~20mA
输出的偏移校准值	10V	5V	20mA

实训 22　PLC 的 PID 控制的恒压供水系统

一、实训任务

用 PLC、变频器设计一个基于 PLC 的 PID 控制的恒压供水系统，并在实训室的恒压供水装置上完成模拟调试。

1. 实训要求

（1）系统按设计要求只有一台水泵，并且采用 PLC 的 PID 指令进行变频恒压供水。

（2）系统要求管网的压力为 0.3MPa，并采用压力传感器采集压力信号（4~20mA）。

（3）系统要求设 0.4MPa 上限报警和 0.2MPa 下限报警，报警 5s 后，系统自动停止运行。

（4）系统运行参数请根据需要设置。

2. 实训目的

（1）掌握 A/D（D/A）模块程序编写及偏移、增益的调节操作。

（2）掌握 PLC 的 PID 控制的参数设置和程序设计。

（3）会利用 PLC 的 PID 控制解决实际工程问题。

二、实训步骤

1. 设计思路

利用 PLC 内置 PID 功能实现恒压供水，主要内容是设置 PLC 的 PID 参数，而 PID 参数的设置可以采用自动调谐来实现；模拟量的输入输出可以采用 FX_{0N}-3A 模块来完成。

2. 变频器参数设置

根据控制要求，变频器的设定参数如下：

（1）PU 操作模式 $Pr.79=1$，清除所有参数。

（2）PU 操作模式 $Pr.79=1$。

（3）上限频率 $Pr.1=50Hz$。

（4）下限频率 $Pr.2=20Hz$。

（5）加速时间 $Pr.7=3s$。

（6）减速时间 $Pr.8=3s$。

（7）电子过电流保护 $Pr.9=$ 电动机的额定电流。

（8）运行模式 $Pr.79=2$，设置为外部运行。

3. I/O 分配

根据系统的控制要求、设计思路和变频器的设定参数，PLC 的 I/O 分配如下：X0：自动调谐选择开关，X1：正常 PID 调节选择开关；Y0：变频器的 STF；Y1：超下限报警；Y2：压力在规定范围，Y3：超上限报警，Y4：错误报警。

4. 程序设计

根据控制要求及 PLC 的输入输出分配，画出其系统的控制程序，PLC 的 PID 控制程序如图 7-22 所示。

5. 系统接线图

根据控制要求、PLC 的 I/O 分配及控制程序，画出其系统接线图，系统接线图如图 7-23 所示（报警信号未画出）。

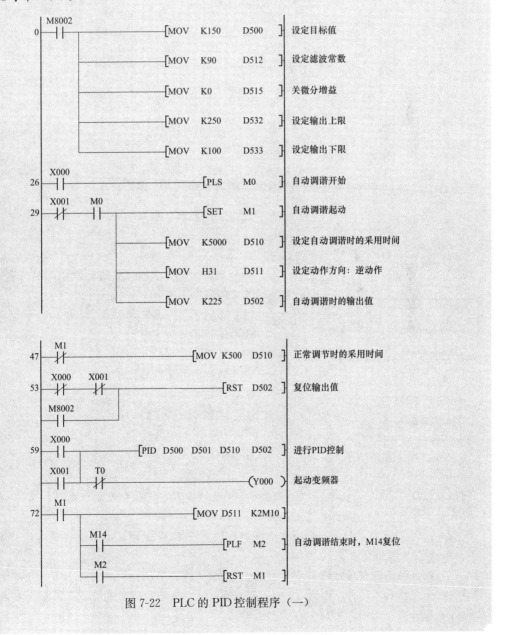

图 7-22　PLC 的 PID 控制程序（一）

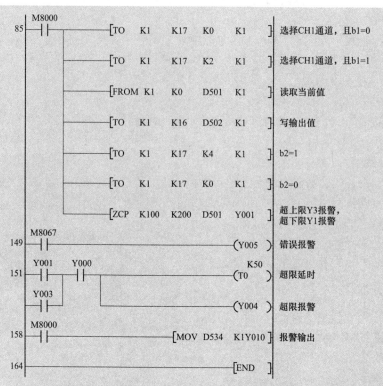

图 7-22　PLC 的 PID 控制程序（二）

注：在实际调试时，因控制对象存在差别，PID参数可以有较大幅度的变动

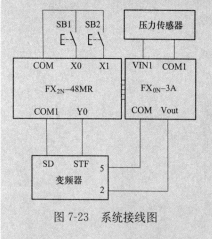

图 7-23　系统接线图

6. 实训器材

根据系统控制要求、PLC 的 I/O 分配以及系统接线图，完成本实训需要配备如下器材：

(1) 可编程控制器实训装置 1 台。

(2) 变频器模块 1 个。

(3) PLC 主机模块 1 个。

(4) 恒压供水实训装置 1 台。

(5) 计算机 1 台。

(6) 三相电动机 1 台。

(7) 电工常用工具 1 套。

(8) 导线若干。

7. 系统调试

(1) 编写好 FX$_{0N}$-3A 偏移/增益调整程序，连接好 FX$_{0N}$-3A 输入输出电路，通过 OFFSET 和 GAIN 旋钮调整好偏移/增益，其分别为 0V 和 5V。

(2) 按图 7-23 所示的接线图接好线路，按图 7-23 编写好 PLC 程序，并传送到 PLC。

(3) 设置好变频器参数。

(4) 使自动调谐开始时的偏差大于 150，然后选择自动调谐选择开关 X0，Y0 有输出，变频器运行，如变频器不运行，检查 Y0 输出是否有问题，或模拟输出是否正确，可用万用表测试输出电压是否正确，或查看 PID 运行的出错码。

(5) 当 M0 线圈失电时，表示自动调谐结束，此时合上 X1、断开 X0 进行正常 PID 控制，观察 PID 运行是否正常，如出现震荡，则可以停止运行，重新进行自动调谐，直到运行稳定。

(6) 通过编程软件，查看 PID 运行参数，改变 PID 参数，观察运行情况的变化，理解 PID 控制中每个参数的含意。

三、实训报告

1. 分析与总结

(1) 通过编程软件，查看 PID 运行参数，写出最佳参数。

(2) 总结系统调试的步骤和方法。

(3) 总结 FX_{0N}-3A 偏移/增益调整的过程和方法。

2. 巩固与提高

(1) 与上一实训进行比较，分析其异同和优劣。

(2) 若要求管网压力设为 0.4MPa，则系统程序如何设计？

第8章 PLC、变频器、触摸屏的通信及其应用

8.1 PLC 与 PLC 通信及应用

学习情景引入

如今已是网络时代，各种通信非常发达，那么 PLC 与 PLC 是否也能通信呢？它们是如何通信的呢？其通信格式如何？速率又是多少？组成网络时，其联机的数量是否有限制？等将是本章重点介绍的问题。

FX 系列 PLC 具有通信功能，它支持并行通信、N：N 通信、无协议通信、计算机链接和可选编程口五种类型的通信，但都需要扩展通信板或通信适配器。支持 FX$_{2N}$ 系列 PLC 的有 FX$_{2N}$-232-BD、FX$_{2N}$-485-BD、FX$_{2N}$-422-BD FX$_{2N}$-485-ADP、FX$_{2N}$-232-ADP 等。下面只介绍 PLC 的并行通信和 N：N 通信。

8.1.1 FX2N-485-BD 通信板

FX$_{2N}$-485-BD（简称 485BD）是用于 RS-485 通信的特殊功能板，可连接 FX$_{2N}$ 系列 PLC，其功能和接线如下。

1.485BD 的功能

（1）无协议的数据传送。通过 RS-485 转换器，可在各种带有 RS-232C 单元的设备之间进行数据通信（如个人计算机、条形码阅读机和打印机）。此时，数据的发送和接收是通过 RS 指令指定的数据寄存器来进行的，整个系统的扩展距离为 50m。

（2）专用协议的数据传送。使用专用协议，可在 1：N 的基础上通过 RS-485（或 RS-422）进行数据传送。在专用协议系统中，整个系统的扩展距离与无协议时相同，最多 16 个站（包括 A 系列的 PLC）。

（3）并行连接的数据传送。两台 FX$_{2N}$ 系列 PLC，可在 1：1 的基础上进行数据传送，可对 100 个辅助继电器和 10 个数据寄存器进行数据传送，整个系统的扩展距离为 50m（最大 500m）。

（4）N：N 通信网络的数据传送。通过 FX$_{2N}$ 系列 PLC，可在 N：N 的基础上进行数据传送，整个系统的扩展距离为 50m（最大 500m），最多为 8 个站。

2.485BD 的接线

FX$_{2N}$-485-BD 板如图 8-1 所示，其接线可分为双对子布线和单对子布线，485BD 的接线如图 8-2 所示。

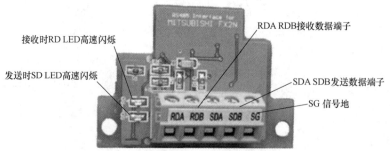

图 8-1　FX$_{2N}$-485-BD 板

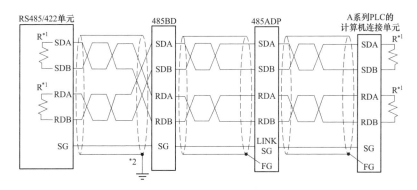

(a) 双对子布线

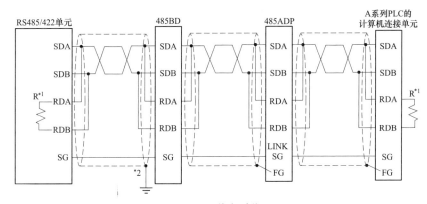

(b) 单对子布线

图 8-2　485BD 的接线

注　＊1——终端电阻（330Ω），接在端子 RDA 和 RDB 及 SDA 和 SDB 之间；

　　＊2——屏蔽双绞电缆的屏蔽线接地（100Ω 或更小）。

8.1.2　PLC 的并行通信

FX 系列 PLC 的并行通信即 1∶1 通信，它应用特殊辅助继电器和数据寄存器在 2 台 PLC 间进行自动的数据传送。并行通信有普通模式和高速模式两种，由特殊辅助继电器 M8162 识别；主、从站分别由 M8170 和 M8171 特殊辅助继电器来设定。

1. 通信规格

FX$_{2N(C)}$、FX$_{1N}$ 和 FX$_{3U}$ 系列 PLC 的数据传输可在 1∶1 通信的基础上，通过 100 个辅助继电器和 10 个数据寄存器来完成；而 FX$_{1S}$ 和 FX$_{0N}$ 系列 PLC 的数据传输可在 1∶1 通信的基础上，通过 50 个辅助继电器和 10 个数据寄存器来完成。1∶1 通信规格见表 8-1。

表 8-1　　　　　　　　　　　　　　　　　　　　1∶1 通信规格

项　　目	规　　格	
通信标准	与 RS-485 及 RS-422 一致	
最大传送距离	500m（使用通信适配器），50m（使用功能扩展板）	
通信方式	半双工通信	
传送速度	19 200bit/s	
可连接站点数	1∶1	
通信时间	一般模式：70ms	包括交换数据、主站运行周期和从站运行周期
	高速模式：20ms	

2. 通信标志

在使用1∶1通信网络时，FX系列PLC的部分特殊辅助继电器被用作通信标志，代表不同的通信状态。通信标志见表8-2。

表8-2 通信标志

元件	作 用
M8070	并行通信时，主站PLC必须使M8070为ON
M8071	并行通信时，从站PLC必须使M8071为ON
M8072	并行通信时，PLC运行时为ON
M8073	并行通信时，当M8070、M8071被不正确设置时为ON
M8162	并行通信时，刷新范围设置，ON为高速模式，OFF为一般模式
D8070	并行通信监视时间，默认500ms

3. 软元件分配

在使用1∶1通信网络时，FX系列PLC的部分辅助继电器和部分数据存储器被用于存放本站的信息，其他站可以在1∶1通信网络上读取这些信息，从而实现信息的交换，其辅助继电器和部分数据存储器的分配如下。

（1）一般模式。在使用1∶1通信网络时，若使特殊辅助继电器M8162为OFF，则选择一般模式进行通信，其通信时间为70ms。对于$FX_{2N(C)}$、FX_{1N}系列PLC，其部分辅助继电器和数据寄存器被用于传输网络信息，其分配如图8-3所示；对于FX_{0N}、FX_{1S}系列PLC，其辅助继电器和数据寄存器的分配如图8-4所示。

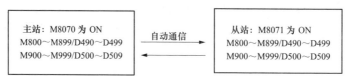

图8-3 辅助继电器和数据寄存器分配1

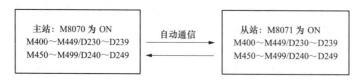

图8-4 辅助继电器和数据寄存器分配2

（2）高速模式。在使用1∶1通信网络时，若使特殊辅助继电器M8162为ON，则选择高速模式进行通信，其通信时间为20ms。对于$FX_{2N(C)}$、FX_{1N}系列PLC，其4个数据寄存器被用于传输网络信息，其分配如图8-5所示；对于FX_{0N}、FX_{1S}系列PLC，其4个数据寄存器的分配如图8-6所示。

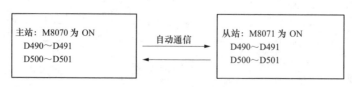

图8-5 数据寄存器分配1

图 8-6　数据寄存器分配 2

实训 23　PLC 的 1∶1 通信

一、实训任务

设计一个具有 2 台 PLC 的 1∶1 通信网络系统，并在实训室完成调试。

1. 实训要求

（1）该系统设有 2 个站，其中一个主站、一个从站，采用 RS-485-BD 板，通过 1∶1 网络的一般模式进行通信。

（2）主站输入信号（X0～X7）的 ON/OFF 状态要求从 2 台 PLC 的 Y0～Y7 输出。

（3）从站输入信号（X0～X7）的 ON/OFF 状态要求从 2 台 PLC 的 Y10～Y17 输出。

（4）主、从 PLC 的输入信号 X10 分别为其计数器 C0 的输入信号。当 2 个站的计数器 C0 的计数之和 $X < 5$ 时，系统输出 Y20；当 $5 \leqslant X \leqslant 10$ 时，系统输出 Y21；当 $X > 10$ 时，系统输出 Y22。

2. 实训目的

（1）掌握 1∶1 通信网络中辅助继电器的功能。

（2）掌握 1∶1 通信网络中软元件的分配。

（3）掌握 1∶1 通信网络程序的编写。

（4）能够组建 1∶1 通信网络，并能解决实际工程问题。

二、实训步骤

1. 设计思路

该 1∶1 通信网络系统由 2 台 PLC 组成，2 台 PLC 分别设为主站和从站。每个站除了将本站的信息挂到网上，同时，还要从网上接收需要的信息并进行处理，处理后执行相应的操作。实训时可以将相邻的 2 组同学组合成一个系统，2 组同学既有分工又有合作，共同制定与讨论实施方案。

2. I/O 分配及系统接线

根据系统的控制要求、设计思路，PLC 的 I/O 分配如下：X0～X10：SB0～SB8；Y0～Y7：对应主站的输入信号 X0～X7，Y10～Y17：对应从站的输入信号 X0～X7，Y20：计数之和 $X < 5$ 指示，Y21：计数之和 $5 \leqslant X \leqslant 10$ 指示，Y22：计数之和 $X > 10$ 指示。其系统接线图如图 8-7 所示。

3. 系统程序

根据 PLC 的输入输出分配及设计思路，PLC 的控制程序如图 8-8 所示。

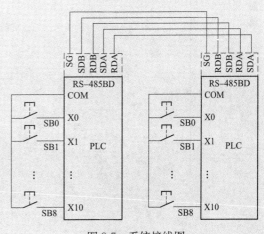

图 8-7　系统接线图

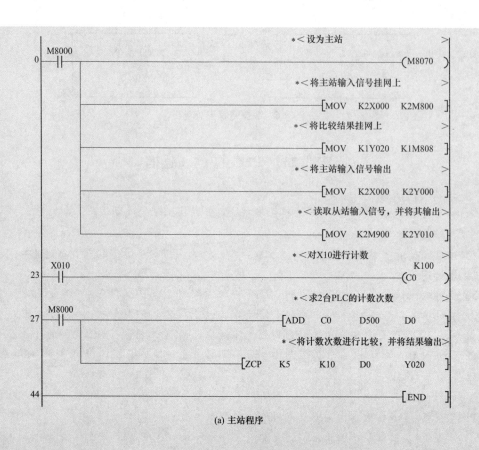

(a) 主站程序

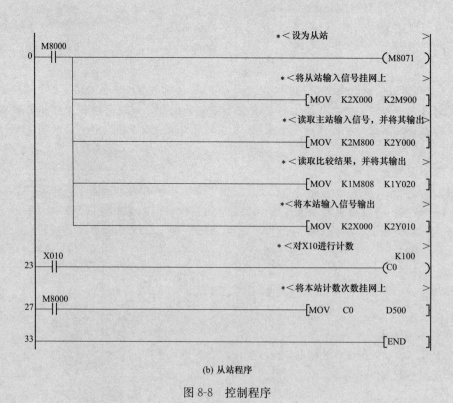

(b) 从站程序

图 8-8　控制程序

4. 实训器材

根据控制要求、PLC 的输入输出分配及系统接线图，完成本实训每组学生需要配备如下器材：

(1) 可编程控制器实训装置 1 台。

(2) PLC 主机模块 1 个。

(3) 计算机 1 台。

(4) FX_{2N}-RS-485-BD 板 1 块（配超五类网络线若干，下同）。

(5) 开关、按钮板模块 1 个。

(6) 电工常用工具 1 套。

(7) 导线若干。

5. 系统调试

(1) 按图 8-8 输入控制程序，下载至 PLC。

(2) 按图 8-7 所示的接线图连接好 PLC 输入电路及 RS-485 总线。

(3) 按主站的输入信号 SB0(X0)～SB7(X7) 中的任意若干个，则 2 个站的对应输出信号 Y0～Y7 指示亮。

(4) 按从站的输入信号 SB0(X0)～SB7(X7) 中的任意若干个，则 2 个站的对应输出信号 Y10～Y17 指示亮。

(5) 按任意站的输入信号 SB8(X10) 若干次，当所按次数之和 $X<5$ 时，2 个站的输出 Y20 指示亮；当 $5{\leqslant}X{\leqslant}1010$ 时，2 个站的输出 Y21 指示亮；当 $X>10$ 时，2 个站的输出 Y22 指示亮。

三、实训报告

1. 分析与总结

(1) 分析理解程序，并画出信息交换的路线图。

(2) 实训要求采用一般通信模式进行通信，但程序中没有进行设置，请说明理由。

2. 巩固与提高

(1) 程序中无计数器 C0 的复位程序，请补上。

(2) 主站程序中，计数器 C0 的设定值为 100，能否改为其他值？请说明理由。

(3) 主站程序的第 27 步，求 2 台 PLC 的计数次数的程序能否放到从站程序？若能，请设计系统程序，若不能请说明理由。

8.1.3　PLC 的 N∶N 通信

FX 系列 PLC 进行的数据传输可建立 N∶N 通信网络，N∶N 通信网络中必须有一台 PLC 为主站，其他 PLC 为从站，最多能够连接 8 台 FX 系列 PLC。在被连接的站点中，位元件（0～64 点）和字元件（4～8 点）可以被自动连接，每一个站可以监控其他站的共享数据。通信时所需的设备有 RS-485 适配器（FX_{0N}-485-ADP）或功能扩展板（FX_{2N}-485-BD、FX_{1N}-485-BD）。

1. 通信规格

N∶N 通信网络具有自己的通信规格，N∶N 通信规格见表 8-3。

2. 通信标志继电器

在使用 N∶N 通信网络时，FX 系列 PLC 的部分辅助继电器被用作通信标志，代表不同的通信状态，通信标志继电器的作用见表 8-4。

3. 数据寄存器

在使用 N∶N 通信网络时，FX 系列 PLC 的部分数据存储器被用于设置通信参数和存储错误代码，数据寄存器的作用见表 8-5。

表 8-3 　　　　　　　　　　　　　　　　N∶N 通信规格

项　目		规　格	备　　注
通信标准		RS-485	—
最大传送距离		500m（使用通信适配器），50m（使用功能扩展板）	—
通信方式		半双工通信	—
传送速度		38 400bit/s	—
可连接站点数		最多 8 个站	—
刷新范围	模式 0	位元件：0 点，字元件：4 点	若使用了 1 个 FX$_{1S}$，则只能用模式 0
	模式 1	位元件：32 点，字元件：4 点	
	模式 2	位元件：64 点，字元件：8 点	

表 8-4 　　　　　　　　　　　　　　通信标志继电器的作用

辅助继电器		名　称	作　用
FX$_{0N}$、FX$_{1S}$	FX$_{1N}$、FX$_{2N(C)}$		
M8038		网络参数设置标志	用于设置 N∶N 网络参数
M504	M8183	主站通信错误标志	当主站通信错误时为 ON
M505～M511	M8184～M8190	从站通信错误标志	当从站通信错误时为 ON
M503	M8191	数据通信标志	当与其他站通信时为 ON

表 8-5 　　　　　　　　　　　　　　　　数据寄存器的作用

数据寄存器		名　称	作　　用
FX$_{0N}$、FX$_{1S}$	FX$_{1N}$、FX$_{2N(C)}$		
D8173		站号存储	用于存储本站的站号
D8174		从站总数	用于存储从站的总数
D8175		刷新范围	用于存储刷新范围
D8176		站号设置	用于设置站号，0 为主站，1～7 为从站
D8177		从站数设置	用于在主站中设置从站的总数（默认 7）
D8178		刷新范围设置	用于设置刷新范围，0～2 对应模式 0～2（默认 0）
D8179		重试次数设置	用于在主站中设置重试次数 0～10（默认 3）
D8180		通信超时设置	设置通信超时的时间 50～2550ms，对应设置为 5～255（默认 5）
D201	D8201	当前网络扫描时间	存储当前网络扫描时间
D202	D8202	网络最大扫描时间	存储网络最大扫描时间
D203	D8203	主站通信错误数目	存储主站通信错误数目
D204～D210	D8204～D8210	从站通信错误数目	存储从站通信错误数目
D211	D8211	主站通信错误代码	存储主站通信错误代码
D212～D218	D8212～D8218	从站通信错误代码	存储从站通信错误代码

4. 软元件分配

在使用 N∶N 网络时，FX 系列 PLC 的部分辅助继电器和部分数据存储器被用于存放本站的信息，其他站可以在 N∶N 网络上读取这些信息，从而实现信息的交换，其辅助继电器和部分数据存储器的分配，即软元件的分配见表 8-6。

表 8-6　软元件的分配

站号	模式 0	模式 1		模式 2	
	字元件（D）	位元件（M）	字元件（D）	位元件（M）	字元件（D）
	4 点	32 点	4 点	64 点	8 点
0 号站	D0～D3	M1000～M1031	D0～D3	M1000～M1063	D0～D7
1 号站	D10～D13	M1064～M1095	D10～D13	M1064～M1127	D10～D17
2 号站	D20～D23	M1128～M1159	D20～D23	M1128～M1191	D20～D27
3 号站	D30～D33	M1192～M1223	D30～D33	M1192～M1255	D30～D37
4 号站	D40～D43	M1256～M1287	D40～D43	M1256～M1319	D40～D47
5 号站	D50～D53	M1320～M1351	D50～D53	M1320～M1383	D50～D57
6 号站	D60～D63	M1384～M1415	D60～D63	M1384～M1447	D60～D67
7 号站	D70～D73	M1448～M1479	D70～D73	M1448～M1511	D70～D77

5. 参数设置程序例

在进行 N∶N 通信网络时，需要在主站设置站号（0）、从站总数（2）、刷新范围（1）、重试次数（3）和通信超时（60ms）等参数，为了确保参数设置程序作为 N∶N 通信网络参数，通信参数设置程序必须从第 0 步开始编写，主站参数设置程序如图 8-9 所示。

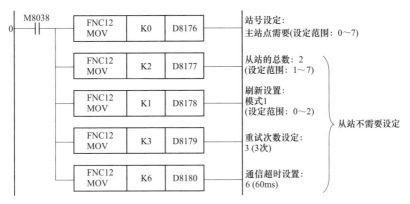

图 8-9　主站参数设置程序

实训 24　3 台 PLC 的 N∶N 通信

一、实训任务

设计一个具有 3 台 PLC 的 N∶N 通信网络系统，并在实训室完成调试。

1. 实训要求

（1）该系统设有 3 个站，其中一个主站，2 个从站，要求采用 RS-485-BD 板进行通信。其通信参数为刷新范围（1）、重试次数（4）和通信超时（50ms）。

（2）每个站的输入信号 X4 分别为各站 PLC 计数器 C0 的输入信号。当 3 个站的计数器 C0 的计数次数之和 $X < 5$ 时，系统输出 Y0；当 $5 \leqslant X \leqslant 10$ 时，系统输出 Y1；当 $X > 10$ 时，系统输出 Y2。

（3）主站的输入信号 X0～X3 分别控制 3 个站的输出信号 Y10～Y13。

（4）1 号站的输入信号 X0～X3 分别控制 3 个站的输出信号 Y14～Y17。

（5）2号站的输入信号 X0～X3 分别控制 3 个站的输出信号 Y20～Y23。

2. 实训目的

（1）掌握 N∶N 通信网络中辅助继电器和数据寄存器的功能。

（2）掌握 N∶N 通信网络中软元件的分配。

（3）掌握 N∶N 通信网络程序的编写。

（4）能够组建小型的 N∶N 通信网络，并能解决实际工程问题。

二、实训步骤

1. 设计思路

该 N∶N 通信网络系统由 3 台 PLC 组成，3 台 PLC 分别设为网络的 0 号站（即主站）、1 号站和 2 号站。每个站除了设置通信参数外，还要将本站的信息挂到网上，同时，还要接收网上相应的信息并进行处理，处理后执行相应的操作。实训时可以将相邻的 3 组同学组合成一个系统，3 组同学既有分工又有合作，共同制定与讨论实施方案。

2. I/O 分配及系统接线

根据系统的控制要求、设计思路，PLC 的 I/O 分配如下：X0：SB0；X1：SB1，X2：SB2，X3：SB3，X4：SB4；Y0：计数之和 $X<5$ 指示，Y1：计数之和 $5 \leqslant X \leqslant 10$ 指示，Y2：计数之和 $X>10$ 指示，Y10～Y23 为相应站的输入指示。其系统接线图如图 8-10 所示。

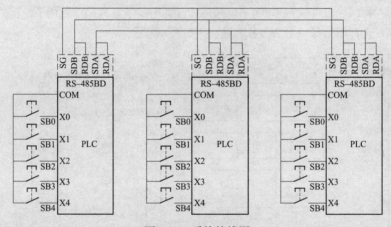

图 8-10 系统接线图

注 对于单对子布线，要在 RDA 与 RDB 之间并联 330Ω 的电阻。

3. 系统程序

根据 PLC 的输入输出分配及设计思路，PLC 的控制程序如图 8-11 所示。

4. 实训器材

根据控制要求、PLC 的输入输出分配及系统接线图，完成本实训需要配备如下器材：

（1）可编程控制器实训装置 1 台。

（2）PLC 主机模块 1 个。

（3）计算机 1 台。

（4）FX$_{2N}$-RS485-BD 板 1 块。

（5）开关、按钮板模块 1 个。

（6）电工常用工具 1 套。

（7）导线若干。

*通信参数设置

```
      M8038
  0 ──┤├──┬──────────────────────────────[MOV   K0        D8176 ]
         │
         ├──────────────────────────────[MOV   K2        D8177 ]
         │
         ├──────────────────────────────[MOV   K1        D8178 ]
         │
         ├──────────────────────────────[MOV   K3        D8179 ]
         │
         └──────────────────────────────[MOV   K5        D8180 ]
```

*主站输入和比较信息挂网上

```
      M8000
 26 ──┤├──┬──────────────────────────────[MOV   K1X000    K1M1000 ]
         │
         └──────────────────────────────[MOV   K1Y000    K1M1004 ]
```

*读1号站输入和计数信息

```
      M8000   M8184
 37 ──┤├─────┤/├──┬──────────────────────[MOV   K1M1064   K1Y014 ]
                 │
                 └──────────────────────[MOV   D10       D100 ]
```

*读2号站输入和计数信息

```
      M8000   M8185
 49 ──┤├─────┤/├──┬──────────────────────[MOV   K1M1128   K1Y020 ]
                 │
                 └──────────────────────[MOV   D20       D101 ]
```

*对X4进行计数，并挂网上

```
      X004                                            K100
 61 ──┤├──┬────────────────────────────────────────(C0    )
         │
         └──────────────────────────────[MOV   C0        D0 ]
```

*将本站输入和比较指示信息输出

```
      M8000
 70 ──┤├──────────────────────────────────[MOV   K1X000    K1Y010 ]
```

*求3个站的计数次数之和，并进行比较，再将比较结果输出

```
      M8000
 76 ──┤├──┬──────────────────────────────[ADD   D0   D100   D110 ]
         │
         ├──────────────────────────────[ADD   D110  D101   D120 ]
         │
         └──────────────────────────────[ZCP K5   K10   D120   Y000 ]

100 ─────────────────────────────────────────────────[END ]
```

(a) 主站程序

图 8-11　PLC 的控制程序（一）

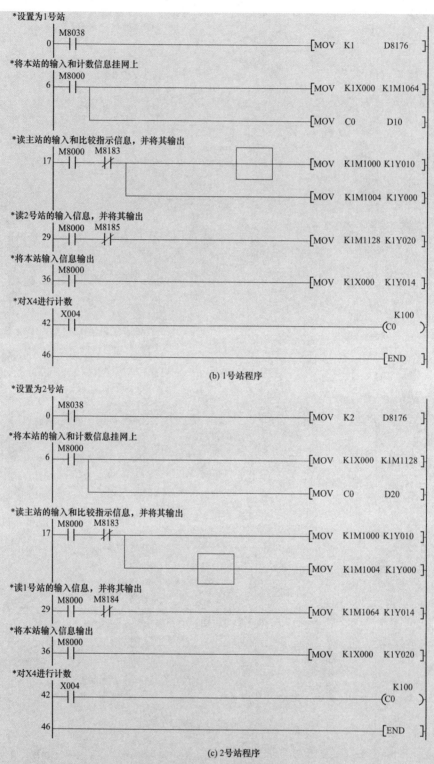

*设置为1号站

```
      M8038
0 ─┤├────────────────────────────────[MOV  K1      D8176 ]
```

*将本站的输入和计数信息挂网上

```
      M8000
6 ─┤├────────────────────────────────[MOV  K1X000  K1M1064]
      │
      └──────────────────────────────[MOV  C0      D10   ]
```

*读主站的输入和比较指示信息，并将其输出

```
      M8000   M8183
17 ─┤├────┤/├──────┐          ────────[MOV  K1M1000 K1Y010 ]
                   │
                   └──────────────────[MOV  K1M1004 K1Y000 ]
```

*读2号站的输入信息，并将其输出

```
      M8000   M8185
29 ─┤├────┤├──────────────────────────[MOV  K1M1128 K1Y020 ]
```

*将本站输入信息输出

```
      M8000
36 ─┤├────────────────────────────────[MOV  K1X000  K1Y014 ]
```

*对X4进行计数

```
      X004                                         K100
42 ─┤├───────────────────────────────────────────(C0    )
```

```
46 ───────────────────────────────────────────────[END  ]
```

(b) 1号站程序

*设置为2号站

```
      M8038
0 ─┤├────────────────────────────────[MOV  K2      D8176 ]
```

*将本站的输入和计数信息挂网上

```
      M8000
6 ─┤├────────────────────────────────[MOV  K1X000  K1M1128]
      │
      └──────────────────────────────[MOV  C0      D20   ]
```

*读主站的输入和比较指示信息，并将其输出

```
      M8000   M8183
17 ─┤├────┤/├──────────────────────────[MOV  K1M1000 K1Y010 ]
                                     ──[MOV  K1M1004 K1Y000 ]
```

*读1号站的输入信息，并将其输出

```
      M8000   M8184
29 ─┤├────┤/├──────────────────────────[MOV  K1M1064 K1Y014 ]
```

*将本站输入信息输出

```
      M8000
36 ─┤├────────────────────────────────[MOV  K1X000  K1Y020 ]
```

*对X4进行计数

```
      X004                                         K100
42 ─┤├───────────────────────────────────────────(C0    )
```

```
46 ───────────────────────────────────────────────[END  ]
```

(c) 2号站程序

图 8-11 PLC 的控制程序（二）

5. 系统调试

（1）按图 8-11 输入程序，下载至 PLC。

(2) 按图 8-10 所示的系统接线图连接好 PLC 输入线路及 RS-485 总线（将 RDA 和 SDA 连接作为 DA，将 RDB 和 SDB 连接作为 DB）。

(3) 按主站的输入信号 SB0(X0)、SB1(X1)、SB2(X2)、SB3(X3) 中的任意 1 个、2 个、3 个、4 个，则 3 个站的对应输出信号 Y10、Y11、Y12、Y13 指示亮。

(4) 按 1 号站的输入信号 SB0(X0)、SB1(X1)、SB2(X2)、SB3(X3) 中的任意 1 个、2 个、3 个、4 个，则 3 个站的对应输出信号 Y14、Y15、Y16、Y17 指示亮。

(5) 2 号站的输入信号 SB0(X0)、SB1(X1)、SB2(X2)、SB3(X3) 中的任意 1 个、2 个、3 个、4 个，则 3 个站的对应输出信号 Y20、Y21、Y22、Y23 指示亮。

(6) 按任意站的输入信号 SB4(X4) 若干次，当所按次数之和 $X<5$ 时，3 个站的输出 Y0 指示亮；当 $5 \leqslant X \leqslant 10$ 时，3 个站的输出 Y1 指示亮；当 $X>10$ 时，3 个站的输出 Y2 指示亮。

三、实训报告

1. 分析与总结

(1) 分析理解程序，了解程序中辅助继电器 M8038 的作用。

(2) 请画出单对子接线的接线图。

2. 巩固与提高

(1) 1 号站和 2 号站为什么没有求计数的次数？请说明理由。

(2) 请说明 1∶1 通信网络与 N∶N 通信网络各自的优缺点。

(3) 若刷新范围采用模式 2，请编写本实训程序。

8.2　PLC 与触摸屏通信及应用

 学习情景引入

前面我们学习的各类控制都采用主令电器（如按钮、开关等）来实现各种运行命令的发布，采用指示灯等来显示设备的运行状态。对于比较复杂的控制系统，则需要安装很多的主令电器和指示灯，而且有的时候我们还需要设置设备的运行参数、显示设备的运行数据，显然用主令电器和指示灯来实现这些功能很不现实，特别是数据的设置和显示，其难度就更大了，那么有没有更好的方法来实现上述功能呢？答案当然是肯定的，下面就介绍工业控制专用的人机界面（即触摸屏）及其与 PLC 的通信。

8.2.1　触摸屏概述

人机界面或称人机交互（human computer interaction）是系统与用户之间进行信息交互的媒介。近年来，随着信息技术与计算机技术的迅速发展，人机界面在工业控制中已得到了广泛的应用。工业控制领域通常所说的人机界面包括触摸屏和组态软件。触摸屏又叫图示操作终端（graph operation terminal，GOT），是工业控制领域应用较多的一种人机交互设备。

1. 触摸屏工作原理

为工业控制现场操作的方便，人们用触摸屏来代替鼠标、键盘和控制屏上的开关、按钮。触摸屏由触摸检测部件和触摸屏控制器组成。触摸检测部件安装在显示屏幕前面，用于检测并接受用户触摸信息；触摸屏控制器的主要作用是将触摸检测部件上接收的触摸信息转换成触点坐标，并发送给 CPU，同时还能接收 CPU 发来的命令并加以执行。所以，触摸屏工作时我们必须首先用手指或其他物体触摸安装在显示器前端的触摸屏，然后系统会根据触摸的图标或菜单来定位并选择信息输入。

2. 触摸屏的分类

按照触摸屏的工作原理和传输信息的介质，我们把触摸屏分为电阻式、电容感应式、红外线式以及表面声波式四类。电阻式触摸屏是利用压力感应来进行控制，电容感应式触摸屏是利用人体的电流感应进行工作的，红外线式触摸屏是利用 X、Y 方向上密布的红外线矩阵来检测并控制的，表面声波式触摸屏是利用声波能量传递进行控制的。本书主要介绍三菱触摸屏的使用。

3. 三菱通用触摸屏

三菱常用的人机界面有通用触摸屏 900（A900 和 F900）、1000（GT11 和 GT15）系列、显示模块（FX$_{1N}$-5DM、FX-10DM-E）和小型显示器（FX-10DU-E），种类达数十种。GT11 和 F900 系列触摸屏是目前应用最广泛的，典型产品有 GT1155-Q-C 和 F940GOT-SWD 等，GT1155-Q-C 具有 256 色 TFT 彩色液晶显示，F940GOT-SWD 具有 8 色 STN 彩色液晶显示，画面尺寸为 5.7 寸（对角），分辨率为 320×240，用户储存器容量 GT1155-Q-C 为 3MB，F940GOT-SWD 为 512kB，可生成 500 个用户画面，能与三菱的 FX 系列、Q 系列 PLC 进行连接，也可与定位模块 FX$_{2N}$-10GM、FX$_{2N}$-20GM 及三菱变频器进行连接，同时还可与其他厂商的 PLC 进行连接，如 OMRON、SIEMENS、AB 等。

4. 系统连接

F940GOT-SWD 有两个连接口，一个与计算机连接的 RS-232 连接口，用于传送用户画面，一个与可编程控制器等设备连接的 RS-422 连接口，用于与可编程控制器等进行通信。GT1155-Q-C 不仅具有 F940GOT-SWD 的 RS-232、RS-422 连接口，还增加了一个 USB 串口，与电脑连接更加方便，可实现画面的高速传送。

5. 画面构成

触摸屏与 PLC 连接后，用户可以调出系统画面，也可以根据用户要求制作用户画面，还可以通过触摸屏画面对 PLC 的各软元件进行监控。触摸屏画面功能说明见表 8-7。

表 8-7　触摸屏画面功能说明

状态	功能	功能概要	备注
画面状态	显示用户制作的画面	字符显示：可显示希腊字母、数字、片假名、英文、汉字等； 图形显示：可显示直线、圆、四边形等图形； 监视功能：用数值/条形图/折线图/仪表盘等形式显示 PLC 字元件（T、C、D、V、Z）的设定值和现在值； 画面指定区域的颜色可通过 PLC 位元件（X、Y、M、S、T、C）的 ON/OFF 状态的变化来切换； 数据变更功能：能以数值/条形图/折线图/仪表盘等形式变更 PLC 字元件（T、C、D、V、Z）的设定值或现在值； 开关功能：能以瞬间、交替、设置、复位等形式控制 PLC 位元件（X、Y、M、S、T、C）的 ON/OFF 状态； 画面切换：显示画面能够通过 PLC 或触摸键来切换； 数据文件传送：向 PLC 传送保存在 GOT 中的文件； 安全功能（画面保护功能）：只显示与密码级别一致的画面（系统画面也具有此项功能）； 报警功能：监控指定位元件的 ON/OFF 状态，显示报警发生的次数和报警发生的时间，并作为报警记录保存	—

续表

状态	功能	功能概要	备注
HPP状态	程序（清单）	可用命令清单程序的形式读出/写入/监视程序	FX 系列有效
	参数	可读出/写入程序容量、存储器锁定范围等的参数	FX 系列有效
	BFM 监视	可对 FX$_{2N}$、FX$_{2NC}$系列特殊块的后备存储器（BFM）进行监视，也可变更其设定值	FX$_{2N}$、FX$_{2NC}$系列有效
	软元件监视	可用元件号或注释监视位元件的 ON/OFF 及字元件的现在值和设定值	—
	变更现在值/设定值	可用元件号或注释来变更字元件的现在值及设定值	—
	强制 ON/OFF	可强制位元件（X、Y、M、S、T、C）的 ON/OFF 状态	—
	状态监视	自动显示、监视处于 ON 动作的状态（S）序号（与 MELSEC FX 系列连接时有效）	FX 系列有效
	PC 诊断	读出并显示 PLC 的错误信息	—
采样状态	条件设定	设定所采样的软元件（最多 4 点）及采样的开始/终止时间等条件	—
	结果显示	用清单或图表形式显示采样结果	
	数据清除	清除采样数据	
报警状态	状态显示	按顺序一览显示报警信息	—
	记录	按顺序将报警与时间存储到记录中	
	总计	存储每个报警信息的发生次数	
	记录清除	清除报警记录	
检测状态	画面清单	按序号显示用户制作的画面	—
	数据文件	变更接收功能中使用的数据	
	调试动作	可确认是否正确完成了用户制作画面显示时的键操作和画面切换	
其他状态	时间开关	使指定位元件在指定时间置 ON	—
	个人电脑传送	可在 GOT 与画面制作软件之间传送画面数据、采样结果和报警记录	
	打印机输出	用打印机打印采样结果、报警记录	
	关键字	可登录用于保护 PLC 程序的关键字；可进行系统语言、连接的 PLC、连续传送、标题画面、菜单画面呼出、现在时间设定、背景灯熄灯时间设定、蜂鸣器音量调整、液晶对比度调整、画面数据清除等初期设定	

8.2.2　运行原理

触摸屏能够通过其画面上的触摸键、指示灯、数据输入和数据显示等对 PLC 的软元件（位或字）进行读出和写入。下面以一个简单的起停控制（带运行指示和数字显示）来介绍触摸屏的运行原理。

（1）画面制作。PLC 与触摸屏系统连接并输入 PLC 程序，然后按图 8-12 所示制作触摸屏画面。

（2）起动运行。按触摸屏的"运行"触摸键，使位元件 M0 为 ON，起动运行如图8-13 所示。

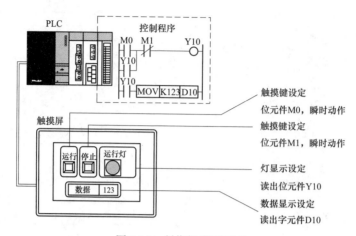

图 8-12　制作触摸屏画面

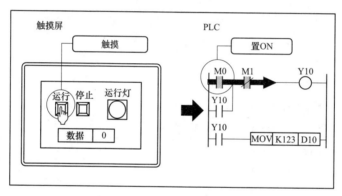

图 8-13　起动运行

（3）输出指示。软元件 M0 为 ON，则位元件 Y10 变为 ON。因为触摸屏的指示灯被设定为监视位元件 Y10，所以指示灯也显示 ON 的图形，输出指示如图 8-14 所示。

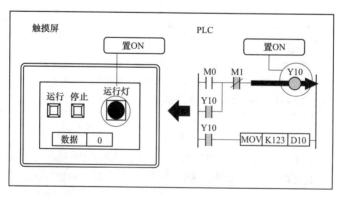

图 8-14　输出指示

（4）数据显示。因为位元件 Y10 为 ON，所以"123"被存入字元件 D10 中。此外，触摸屏的数据显示被设定为监视字元件 D10，所以数据显示显示为 123，数据显示如图8-15 所示。

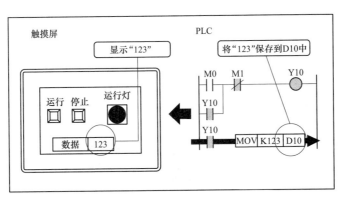

图 8-15　数据显示

（5）停止运行。按触摸屏的"停止"触摸键，软元件 M1 为 ON，则位元件 Y10 变为 OFF，所以，触摸屏的指示灯变为 OFF 的图形，停止运行如图 8-16 所示。

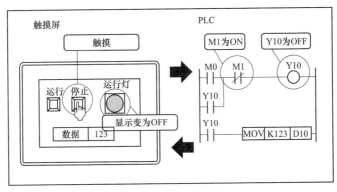

图 8-16　停止运行

8.2.3　调试软件

三菱触摸屏调试软件有 FX-DU/WIN-C 和 GT Designer 两类，FX-DU/WIN-C 是早期的版本，不支持全系列。GT Designer 目前已有两个版本，其中 GT Designer2 Version 2.19V（SW2D5C-GTD2-CL）支持全系列的触摸屏，下面介绍 GT Designer2 软件。

1. GT Designer2 的安装

本软件可以在 Windows 98 操作系统（CPU 在奔腾 200MHz 及内存 64MB 以上）和 Windows XP 操作系统（CPU 需在奔腾 300MHz 及内存 128MB 以上）中运行，硬盘空间要求在 300MB 以上。安装过程如下：

（1）首先插入安装光盘，找到安装文件，进入到"EnvMEL"文件夹，双击该文件夹中"SETUP. EXE"文件，按照向导指示安装系统运行环境。

（2）安装完系统运行环境后，再返回到安装文件，执行文件夹中的"GTD2-C. EXE"文件，弹出如图 8-17 所示画面，单击图 8-17 所示画面中的"GT Designer2 安装"即进入安装程序，安装过程按照向导指示执行即可，产品序列号在文件夹"ID. TXT"中。

2. 新建工程

新建工程的操作有如下几步：

（1）安装好软件后，单击屏幕左下角的"开始/程序/MELSOFT 应用程序/GT Designer2"，即起动调试软件，其过程如图 8-18 所示。

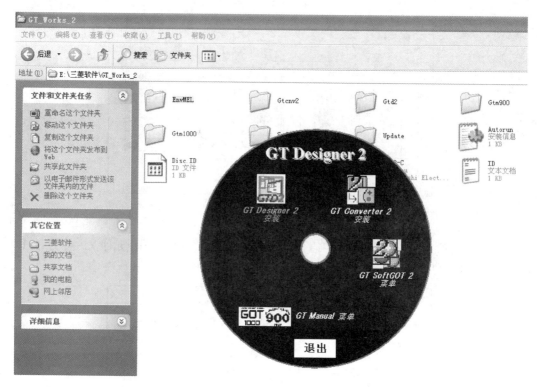

图 8-17　进入安装画面

图 8-18　起动程序调试软件画面

（2）起动调试软件后，就进入了如图 8-19 所示的新建/打开工程画面。

（3）然后在图 8-19 中选择"新建"，出现图 8-20 所示的新建工程向导画面。

（4）在图 8-20 中直接选择"下一步"，出现如图 8-21 所示的 GOT 系统设置画面。

（5）在图 8-21 中进行系统设置，即选择连接的 GOT（触摸屏）类型为 GT11 ＊ ＊-Q -C

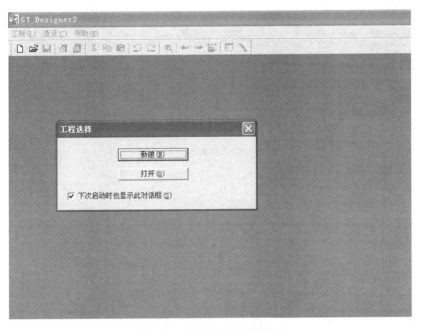

图 8-19　新建/打开工程画面

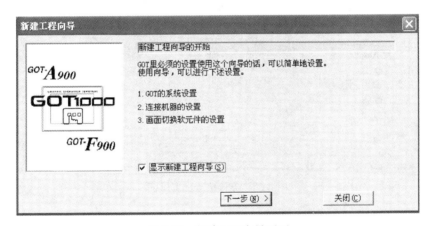

图 8-20　新建工程向导画面

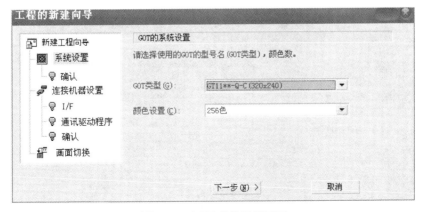

图 8-21　GOT 系统设置画面

（320×240），并设置为 256 色，再单击"下一步"，出现如图 8-22 所示的 GOT 系统设置确认画面。

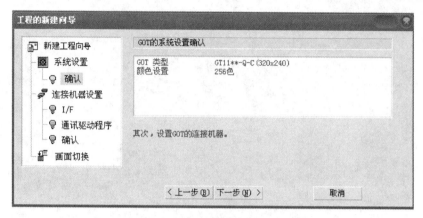

图 8-22　GOT 系统设置确认画面

（6）若需重新设置，则单击图 8-22 中的"上一步"；若确认以上操作，则单击"下一步"，出现如图 8-23 所示的连接机器设置画面。

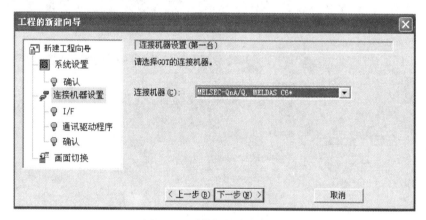

图 8-23　连接机器设置画面

（7）在图 8-23 中设置连接的机器，即选择触摸屏工作时连接的控制设备系列，选择 MELSEC FX，再单击"下一步"即出现如图 8-24 所示的连接机器端口设置画面。

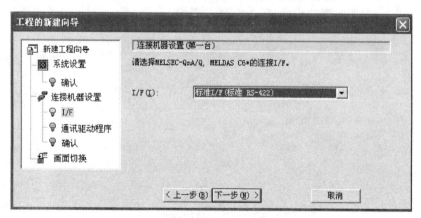

图 8-24　连接机器端口设置画面

（8）在图 8-24 中设置 I/F，即设置触摸屏与外部被控设备所使用的端口，选择 RS-422 端口，再单击"下一步"，出现如图 8-25 所示的通讯驱动程序选择画面。

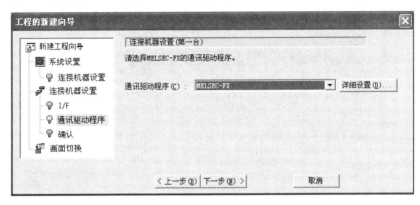

图 8-25　通讯驱动程序选择画面

（9）在图 8-25 中选择所连接设备的通讯驱动程序，系统会自动安装驱动，再单击"下一步"，出现如图 8-26 所示的确认操作画面。

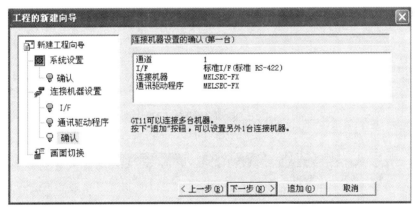

图 8-26　确认操作画面

（10）若需重新设置，则单击图 8-26 中的"上一步"；若确认以上操作，则直接单击"下一步"，出现如图 8-27 所示的画面切换软元件设置画面。

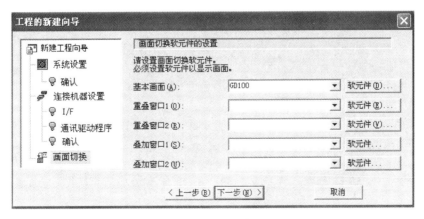

图 8-27　画面切换软元件设置画面

（11）在图 8-27 中设置画面切换时使用的软元件，再单击"下一步"，出现如图 8-28 所示的向导结束画面。

（12）若需重新设置，则单击图 8-28 中的"上一步"；若确认以上操作，则单击"结束"，进入如图 8-29 所示的画面属性设置画面。

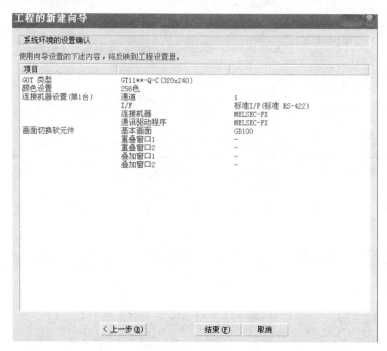

图 8-28　向导结束画面

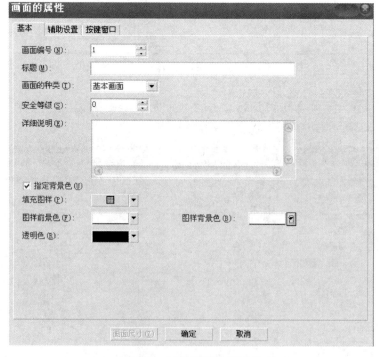

图 8-29　画面属性设置画面

（13）在图 8-29 所示的画面属性设置画面中，选中"指定背景色"，然后选择合适的"填充图样""图样前景色""图样背景色""透明色"，单击"确认"即进入如图 8-30 所示的软件开发环境画面。

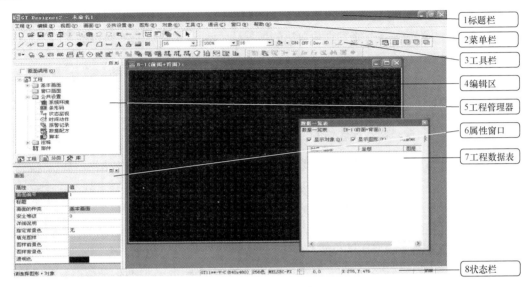

图 8-30　软件开发环境界面

3. 软件界面

三菱触摸屏调试软件 GT Designer2 的界面主要有以下几个栏目：

（1）标题栏。显示屏幕的标题，将光标移动到标题栏，则可以将屏幕拖动到希望的位置，GT Designer2 具有屏幕标题栏和应用窗口标题栏。

（2）菜单栏。显示 GT Designer2 可使用的菜单名称，单击某个菜单，就会出现一个下拉菜单，然后可以从下拉菜单中选择执行各种功能，GT Designer2 具有自适应菜单。

（3）工具栏。工具栏包括主工具栏、视图工具栏、图形/对象工具栏、编辑工具栏，工具栏以按钮形式显示，将光标移动到任意按钮，然后单击，即可执行相应的功能，在菜单栏当中，也有相应工具栏按钮所具有的功能。

（4）编辑区。制作图形画面的区域。

（5）工程管理器。显示画面信息，进行编辑画面切换，实现各种设置功能。

（6）属性窗口。显示工程中图形、对象的属性，如图形、对象的位置坐标、使用的软元件、状态、填充色等。

（7）工程数据表。显示画面中已有的图形、对象，也可以在数据表中选择图形、对象，并进行属性设置。

（8）状态栏。显示 GOT 类型、连接设备类型，图形、对象坐标和光标坐标等。

4. 对象属性设置

（1）数值显示功能。数值显示功能能实时显示 PLC 数据寄存器中的数据，数据可以以数字（或数据列表）、ASCII 码字符及时刻等方式显示。单击数值显示的相应图标 123 ASC 及 ⊙，即可选择相应的功能。然后在编辑区域单击鼠标即生成对象，再按计算机键盘的"Esc"键，拖动对象到任意需要的位置。双击该对象，设置相应的软元件和其他显示属性，设置完毕再按"确定"键即可。

（2）指示灯显示。指示灯显示能显示 PLC 位状态或字状态的图形对象，单击按钮 ⊙B ⊙B，将对象放到需要的位置，设定好相应的软元件和其他显示属性，点"确定"即可。

（3）信息显示功能。信息显示功能可以显示 PLC 相对应的注释和出错信息，包括注释、报警记录和报警列表。按编辑工具栏或工具选项板中的 ⬚⬚ 按钮及三个报警显示按钮 ⬚⬚⬚，即可以添加注释和报警记录，设置好属性后按"确定"键即可。

（4）动画显示功能。显示与软元件相对应的零件/屏幕，显示的颜色可以通过其属性来设置，同时，也可以根据软元件的 ON/OFF 状态来显示不同颜色，以示区别。

（5）图表显示功能。可以显示采集到 PLC 软元件的值，并将其以图表的形式显示。单击图形对象工具栏的 ⬚⬚⬚⬚⬚ 图标，然后将光标指向编辑区，单击鼠标即生成图表对象，设置好软元件及其他属性后按"确定"键。

（6）触摸键功能。触摸键在被触摸时，能够改变位元件的开关状态、字元件的值，也可以实现画面跳转。添加触摸键时须按编辑对象工具栏中的 ⬚⬛ 按钮，立即弹出下拉选项图标 ，分别是位开关、数据写入开关、扩展功能开关、画面切换开关、键代码开关、多用动作开关，将其放置到希望的位置，设置好软元件参数、属性后点"确定"键即可。

（7）数值输入功能。数值输入功能可以将任意数字和 ASCII 码输入软元件中。对应的图标是 ⬚⬚，操作方法和属性设置与上述相似。

（8）其他功能。包括硬拷贝功能、系统信息功能、条形码功能、时间动作功能，此外还具有屏幕调用功能、安全设置功能等。

实训 25　触摸屏与 PLC 控制的电动机正反转

一、实训任务

设计一个用触摸屏、PLC 控制电动机正反转的控制系统，并在实训室完成调试。

1. 实训要求

（1）若按触摸屏上的"正转按钮"，电动机则正转运行；若按"反转按钮"，电动机则反转运行。

（2）正转运行、反转运行、停止时均有相应文字显示。

（3）具有电动机的运行时间设置及已运行时间显示功能。

（4）运行时间到或按"停止按钮"，电动机即停止运行。

2. 实训目的

（1）掌握触摸屏与 PLC 控制系统的连接。

（2）掌握触摸屏的图形、对象的设置方法。

（3）会通过触摸屏调试软件（GT Designer2 Version 2.19V）制作触摸屏画面。

（4）能用触摸屏与 PLC 组成简易控制系统，解决简单的实际工程问题。

二、实训内容

1. 设计思路

利用触摸屏作为人机界面，发出控制命令并显示运行状态和有关运行数据；利用 PLC 的控制功能对电动机进行控制，这样就组成了触摸屏和 PLC 的联合控制系统。该控制系统要注意触摸屏软元件的属性以及与 PLC 软元件的对应关系。

2. 触摸屏、PLC 软元件分配

（1）触摸屏软元件分配。M100：正转按钮，M101：反转按钮，M102：停止按钮，M103：停止中显示；D100：运行时间设定，D101：定时器 T0 的设定值，D102：已运行时间显示；Y0：正转指示，Y1：反转指示。

（2）PLC 软元件分配。Y0：正转接触器，Y1：反转接触器；M103：停止；D101：定时器 T0 的设定值。

3. 触摸屏画面制作

根据系统的控制要求及触摸屏的软元件分配，制作触摸屏画面，触摸屏画面如图 8-31 所示。

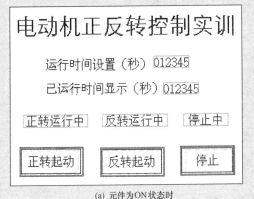

(a) 元件为ON状态时   (b) 元件为OFF状态时

图 8-31 触摸屏画面

（1）文本对象。图 8-31 所示画面中，"电动机正反转控制实训""运行时间设置（秒）""已运行时间显示（秒）"为文本对象，需要用文本对象来制作。选中图形/对象工具栏中的 **A** 按钮，单击编辑区即弹出如图 8-32 所示的文本对象设置窗口，然后按图进行设置。首先在文本栏中输入要显示的文字（电动机正反转控制实训），然后在下面文字属性中选择"文本类型""文本颜色""字体"和"尺寸"（用右侧的箭头进行选择）等，设置完毕后单击"确定"键，然后再将文本拖到编辑区合适的位置即可。图 8-31 中"运行时间设置（秒）"和"已运行时间显示（秒）"的操作方法与此相似。

（2）注释显示。图 8-31 所示画面的第三行可用"注释显示""指示灯"功能来制作，其操作方法大同小异，下面介绍"注释显示"的操作方法。首先单击对象工具栏 按钮，弹出如图 8-33 所示注释显示的设置窗口，然后在"基本"标签下的"软元件"选项中输入"Y0"，再在属

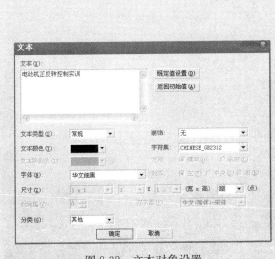

图 8-32 文本对象设置

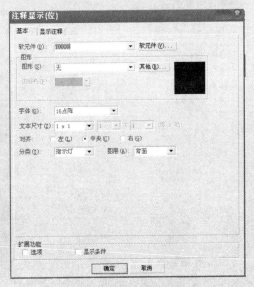

图 8-33 注释显示的设置 1

性中选择"图形"（可单击"其他"，在可视窗口中选择适合的形状）、"边框色"（即边框的颜色，单击右边的箭头可以设定边框的颜色）、"字体"和"文本尺寸"等；然后选中"显示注释"即弹出如图8-34所示窗口，在属性中选中"ON（N）"和"直接注释"，在文本框中输入文字"正转运行中"，再选择"文本色"和"文本类型"等；然后用类似的方法在属性中选中"OFF（F）"进行类似的设置，全部设置完毕后单击"确定"键即可。最后再将文本拖到编辑区合适的位置。图8-31中"反转运行中"和"停止中"的操作方法与此相似。

（3）触摸键。图8-31所示画面的第四行可用"触摸键"功能来制作，先单击图形/对象工具栏 S▼ 按钮，选择位开关，然后单击编辑窗口将触摸键拖到相应位置，并双击该触摸键，弹出如图8-35所示的属性设置窗口。在"基本"标签的"动

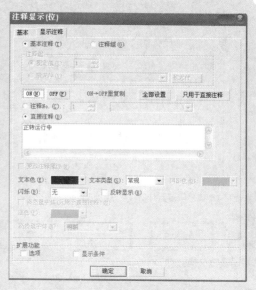

图 8-34　注释显示的设置2

作设置"选项中输入软元件"M100"（为触发元件），并选择动作方式"点动"。在"显示方式"选项中选择"ON"，然后分别在图形、边框色、开关色（即触摸键在"ON"时的颜色）、背景色（即触摸键的背景颜色）等选项中进行选择和设置；用类似的方法选择"OFF"进行选择和设置。

单击图8-35中的"文本/指示灯"，弹出如图8-36所示的画面。在文本选项中选中"ON"，在"文本色""文本类型""字体""文本尺寸"中设置或选择相关内容，然后在文本编辑栏中输入"正转起动"，再用类似的方法选中"OFF"进行设置或选择。"反转起动"和"停止"的制作方法与上述操作类似。

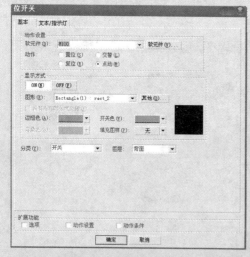

图 8-35　触摸键的设置1

图 8-36　触摸键的设置2

（4）数值输入和数值显示。运行时间设置需要用数值输入对象来实现，单击对象工具栏 按钮，其设置如图8-37所示。在"基本"属性中输入软元件"D100"，在"显示方式"

选项中选择"数据类型""数值色""显示位数""字体""数值尺寸"等,在"图形"选项中选择"图形""边框色""底色"等,其他为默认设置。已运行时间显示需要用数值显示对象来实现,其设置如图 8-38 所示,设定方法与数值输入对象类似。

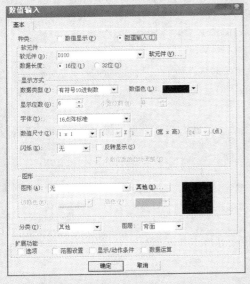 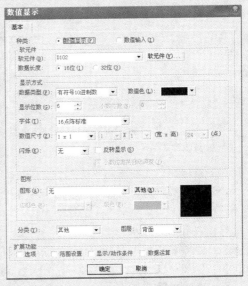

图 8-37　数值输入对象的设置　　　　图 8-38　数值显示对象的设置

4.PLC 程序设计

根据实训要求、触摸屏与 PLC 的输入输出分配以及触摸屏的画面,PLC 的控制程序如图 8-39 所示。

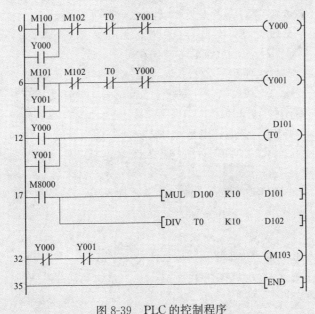

图 8-39　PLC 的控制程序

5. 系统接线图

根据实训要求、触摸屏与 PLC 的输入输出分配、触摸屏的画面以及 PLC 的控制程序,其计算机、PLC、触摸屏的系统接线图如图 8-40 所示。

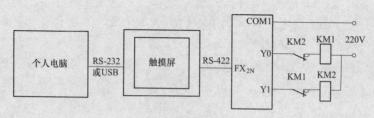

图 8-40　系统接线图

6. 实训器材

根据实训要求、触摸屏与 PLC 的输入输出分配、PLC 的控制程序以及系统接线图，完成本实训需要配备如下器材：

(1) 可编程控制器实训装置 1 台。

(2) 触摸屏模块 1 个（GT1155-Q-C 或 F940 触摸屏，下同）。

(3) 计算机 1 台（安装 GT Designer2 和 GX-Developer 软件，下同）。

(4) PLC 主机模块 1 个。

(5) 接触器模块 1 个。

(6) 电工常用工具 1 套。

(7) 导线若干。

7. 程序调试

(1) 按图 8-29 连接好通信电缆，即触摸屏 RS-232 接口与计算机 RS-232 接口连接，触摸屏 RS-422 接口与 PLC 编程接口连接，然后接通电源，写入触摸屏画面和 PLC 程序。如果无法写入，检查通信电缆的连接、触摸屏画面制作软件和 PLC 编程软件的通信设置。

(2) 程序和画面写入后，观察触摸屏显示是否与计算机制作画面一致，如显示"画面显示无效"，则可能是触摸屏中的"PLC 类型"不正确，须设置为 FX 类型，再进入"HPP 状态"，此时应该若可以读出 PLC 程序，说明 PLC 与触摸屏通信正常。

(3) 返回"画面状态"，并将 PLC 运行开关打至 RUN；按运行时间设定按钮，输入运行时间；若按"正转按钮"（或"反转按钮"），该键颜色改变后又立即变为红色，注释文本显示"正转运行中"（或"反转运行中"），PLC 的 Y0（或 Y1）指示灯亮；在正转运行或反转运行时，触摸屏画面能显示已运行的时间，并且，当按"停止按钮"或运行时间到时，正转或反转均复位，注释文本显示"停止中"，Y0、Y1 指示灯不亮。如果输出不正确，检查触摸屏对象属性设置和 PLC 程序，并检查软元件是否对应。

(4) 连接好 PLC 输出线路和电动机主回路，再运行程序。

三、实训报告

1. 分析与总结

(1) 说明"反转按钮"和"停止按钮"的属性设置方法。

(2) 简述用"指示灯显示"功能制作图 8-31 第三行的画面的操作方法。

2. 巩固与提高

(1) 若控制中增加热继电器，要求在热继电器动作后，触摸屏画面显示"热保护动作"，请设计其画面。

(2) 将"2.3.5 电动机循环正反转控制仿真实训（1）"改为触摸屏和 PLC 控制，要求可以通过触摸屏设定和显示正反转的运行时间、暂停时间 T 和循环次数 N 等参数。

8.3 变频器与触摸屏通信及应用

 学习情景引入

　　变频器的 PU 单元非常小巧，如果用它作为变频器的人机对话，操作不太方便，显示的信息也很有限（只能显示一种信息），设置参数的过程也比较麻烦，那么如何用其他设备实现人机对话呢？下面来介绍变频器与触摸屏的通信，最终实现用触摸屏作为变频器的人机界面来控制变频器的运行并监视其运行状态。

　　A500 变频器有一个 PU 口，用于与 PU 单元连接，A700 系列变频器有一个 PU 口和一个（并出两路）RS-485 接口，当 PU 通信口不与 PU 单元相连时，可通过专用电缆与计算机、PLC、其他自动化设备连接起来，从而实现变频器与外部设备的通信。利用此端口我们能通过用户程序控制变频器的运行、监视其运行状态以及进行参数的读写操作，也可通过专用电缆与触摸屏进行通信。以下介绍变频器与触摸屏通信时的参数设置及触摸屏的相应设置。

8.3.1 变频器通信参数

　　$Pr.117 \sim Pr.124$ 、$Pr.331 \sim Pr.337$、$Pr.341$ 是关于 RS-485 通信设置的参数区，其中 $Pr.117 \sim Pr.124$ 是 PU 口通信的相关参数区，$Pr.331 \sim Pr.337$、$Pr.341$ 是 RS-485 端口（对于 A700 系列变频器）通信的相关参数区。

　　(1) $Pr.117$（$Pr.331$）站号设置。当变频器与其他设备进行通信时，需要设定变频器的站号，站号设定范围 $0 \sim 31$。

　　(2) $Pr.118$（$Pr.332$）通信速率设置。可以设为 48、96、192，即 4.8k、9.6k、19.2k，A700 系列还可以设为 384 即 38.4k。

　　(3) $Pr.119$（$Pr.333$）字节长/停止位长设置。设定字节的长度和停止位的长度，设定范围为 0、1、10、11。设定为 0 时，字节长 8 位，停止位 1 位；设定为 1 时，字节长 8 位，停止位 2 位；设定为 10 时，字节长 7 位，停止位 1 位；设定为 11 时，字节长 7 位，停止位 2 位。

　　(4) $Pr.120$（$Pr.334$）奇偶校验有/无设置。设定范围为 0、1、2，设定为 0 无校验，设定为 1 奇校验，设定为 2 偶校验。

　　(5) $Pr.121$（$Pr.335$）通信校验再试次数设置。设定范围为 $0 \sim 10$ 和 9999，设定发生数据接收错误允许的再试次数，如果超过设定值，变频器报警停止。设定为 9999，通信错误发生时，变频器不报警停止，只能通过输入 MRS、RES 信号使变频器停止。

　　(6) $Pr.122$（$Pr.336$）通信校验时间间隔设置。设定范围为 $0 \sim 9999$，设定为 0 表示不进行通信；设定为 $1 \sim 9998$ 即 $0.1 \sim 999.8s$；设定为 9999 表示无通信状态持续时间超过允许时间时，变频器报警停止。

　　(7) $Pr.123$（$Pr.337$）等待时间设置。即设定变频器收到数据后信息返回的等待时间，设定范围为 $0 \sim 150$ 和 9999。设定为 $0 \sim 150$ 即 $0 \sim 150ms$，设定为 9999 时表示用通信数据进行设定。

　　(8) $Pr.124$（$Pr.341$）CR.LF 有/无设置。即回车和换行的有/无设定，设定范围 0、1、2，0 表示无回车和换行，1 表示有回车无换行，2 表示有回车有换行。

8.3.2 触摸屏通信设定

　　触摸屏的通信设定是在触摸屏调试软件 GT Designer2 中进行的，设定好后再下载至触摸屏中，其设定步骤如下：

　　(1) 在工程的新建向导中选择"连接机器设置"，连接机器选择"FREQROL 500/700 系列"，连接机器设置如图 8-41 所示，选择好连接机器之后进行通讯驱动程序的设置，通讯驱动程序选择如图 8-42 所示。

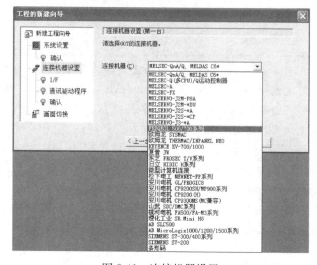

图 8-41　连接机器设置

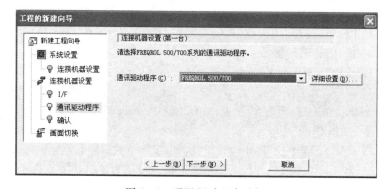

图 8-42　通讯驱动程序选择

（2）进入画面编辑状态后，在系统菜单"公共设置"中执行"系统环境"项，也可在工程管理器中起动"系统环境"项，出现如图 8-43 所示的系统环境设置界面。

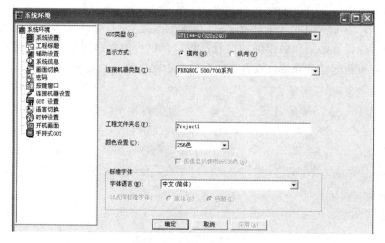

图 8-43　系统环境设置

（3）选择"连接机器设置"，连接机器设置如图 8-44 所示，单击"详细设置"进行连接机器详细设置，连接机器详细设置如图 8-45 所示。

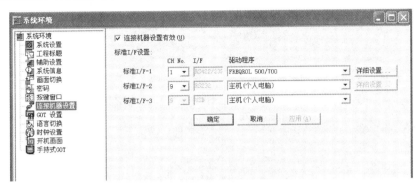

图 8-44　连接机器设置

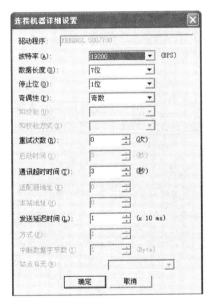

图 8-45　连接机器详细设置

（4）设置完毕，单击"确定"即完成设置，最后将设定好的参数与用户画面下载至触摸屏中。

注意：变频器的设置必须和触摸屏的设置一致，否则可能无法通信；变频器通信参数设置完毕后需关闭电源，重新起动变频器，设置方才有效，否则无效。

实训 26　触摸屏直接监控变频器的运行

一、实训任务

设计一个用触摸屏直接监控变频器运行的控制系统，并在实训室完成调试。

1. 控制要求

（1）通过触摸屏能够控制变频器的正反转及停止运行操作。

（2）通过触摸屏能够设定变频器的上限频率、下限频率、加速时间、减速时间、电子热保护及运行频率。

（3）通过触摸屏监视变频器的运行，能显示变频器的输出频率、输出电流、输出电压、输出功率等。

2. 实训目的

（1）进一步掌握触摸屏调试软件（GT Designer2）的使用。

（2）掌握变频器通信参数的设定。

（3）掌握触摸屏直接监控变频器的方法。

3. 实训器材

（1）可编程控制器实训装置1台。

（2）触摸屏模块1个。

（3）变频器模块1个。

（4）计算机1台。

（5）RS-422转RS-485专用通信线1条。

（6）电工常用工具1套。

（7）导线若干。

二、实训内容

1. 设计思路

根据控制要求，该控制系统要求实现触摸屏与变频器的通信，即通过触摸屏发送控制命令，并对变频器的运行情况进行监视，因此，其关键是设置变频器的通信参数和制作触摸屏的监控画面。

2. 数据线的连接

触摸屏与变频器的通信时，通信所使用的数据线一端接触摸屏的RS-422通信口，另一端接变频器的PU口或RS-485通信口。数据线采用专用数据线或转接线，转接线一般需要自己制作，数据线的连接如图8-46所示，A740 RS-485通信口定义如图8-47所示。

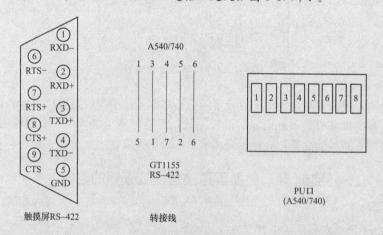

图8-46　数据线的连接

注　PU口（A540/740）定义：1脚和7脚SG，2和8脚PS5，3脚RDA，4脚SDB，5脚SDA，6脚RDB。

3. 触摸屏画面制作

根据系统的控制要求，触摸屏的控制画面如图8-48所示。

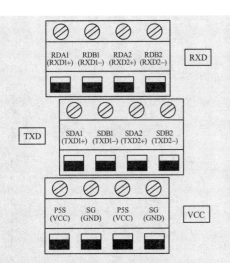

图 8-47　A740 RS-485 通信口定义

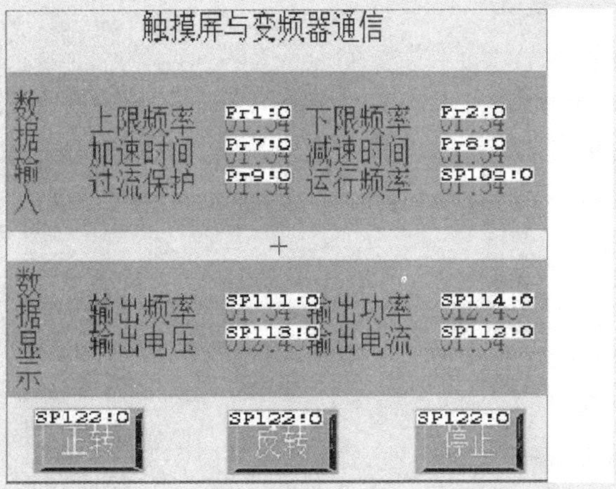

触摸屏与变频器通信

数据输入
　上限频率　Pr1:0　下限频率　Pr2:0
　加速时间　Pr7:0　减速时间　Pr8:0
　过流保护　Pr9:0　运行频率　SP109:0

＋

数据显示
　输出频率　SP111:0　输出功率　SP114:0
　输出电压　SP113:0　输出电流　SP112:0

SP122:0　正转　　SP122:0　反转　　SP122:0　停止

图 8-48　触摸屏的控制画面

（1）文本对象。参考上一实训进行制作。

（2）数据输入对象。以设置上限频率为例，在工具栏中单击 ，在编辑栏合适位置再单击（放置位置），再按"Esc"键，双击刚才添加的对象，出现如图 8-49 所示窗口，单击"软元件"设置为 $Pr.1$ 和站号为 0；数据类型选择"实数"；显示位数设置为 5 位；小数位数 2 位；数字尺寸选 1×1；图形选择喜欢的即可。

（3）数据显示对象。以设置输出频率为例，在工具栏中单击 ，在编辑栏合适位置再单击，再按"Esc"键，双击刚才添加的对象，出现如图 8-50 所示窗口，设置方法与数字输入设置方法类似。

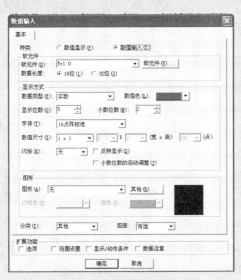

图 8-49　数字输入对象设置

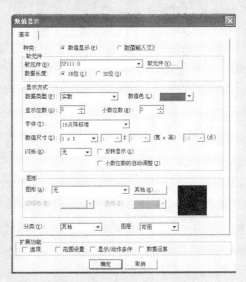

图 8-50　数字显示对象设置

（4）按钮对象。以正转起动按钮为例，在工具栏中单击 图标下的数据写入开关，在编辑区合适位置单击，再按"Esc"键，双击刚才添加的按钮对象，出现如图 8-51 所示窗口，软元件选择 SP122，站号为 0，设置值选中固定值并输入 2，显示方式分别设置 ON 和 OFF 下的图形样式和颜色，设置完毕，单击"文本/指示灯"标签。

在 OFF/ON 状态下，选择合适的文本色、字体和文本尺寸，在 OFF 状态下，文本输入"正转"，在 ON 状态下，文本输入"正转中"，在指示灯功能选中"字"软元件，输入 SP122，站号为 0，在 ON 状态设置范围 SP122＝＝2，在 OFFICE 状态设置范围 SP122＝＝0，如图 8-52 所示。

反转按钮、停止按钮设置方法与起动按钮设置方法基本相同，反转按钮在动作设置中输入固定值为 4，停止按钮则设置为 0，指示灯功能中也做相应的设置。

图 8-51　数据写入开关设置 1　　　　　　图 8-52　数字写入开关设置 2

4. 变频器参数设置

首先清除变频器的所有设置项 CLEAR ALL，并设置以下参数，设置完毕，关闭变频器电源重起变频器。

(1) $Pr.79=1$，PU 运行模式。

(2) $Pr.117=0$，变频器站台号设置为 00。

(3) $Pr.118=192$，通信速率设置为 19.2kbit/s。

(4) $Pr.119=10$，数据长度设置为 7 位，停止位 1 位。

(5) $Pr.120=1$，奇校验。

(6) $Pr.121=9999$，通信再试次数没有设定，表示发送错误时，变频器没有报警停止。

(7) $Pr.122=9999$，通信校验时间间隔，表示无通信超时报警停止。

(8) $Pr.123=0$，等待时间为 0ms。

(9) $Pr.124=1$，有回车。

(10) $Pr.52=14$，显示功率的设定。

(11) $Pr.77=2$，允许运行时修改变频器的运行参数。

5. 系统调试

(1) 连接好触摸屏 24V 电源、通信数据线、变频器主电路，并将画面传入触摸屏。

(2) 画面传入后如提示"显示屏无效"，则检查画面中对象设置是否完整，重新设置后再传入修改后的画面。

(3) 查看能否看到显示的数值，如显示"???"则表示触摸屏与变频器没有正常通信，检查数据电缆和变频器相关参数设置是否正确。

(4) 通过触摸屏设置相关的运行参数，如不能正常设置，检查是否将数据输入功能设置为数字显示功能。

（5）按"正转"按钮，电动机正转，如不能起动，检查按钮对象设置和变频器参数，"反转""停止"按钮的操作类似。

（6）观察输出频率、输出电流、输出电压和输出功率的数据显示是否正确。

（7）分别按"上限频率""下限频率""加速时间""减速时间""过流保护""运行频率"按钮，改变相关设置，观察其运行情况是否正常。

三、实训报告

1. 分析与总结

（1）总结触摸屏与变频器通信的设置方法。

（2）总结各图形/对象的设置步骤和方法。

2. 巩固与提高

（1）制作一条触摸屏和变频器的通信线。

（2）添加一个变频器过载的报警显示功能。

8.4　PLC与变频器通信及应用

学习情景引入

A700系列变频器一般都配备有RS-485端子，用于RS-485通信，A500系列变频器的PU口也可以作为RS-485端口使用，FX系列PLC也有用于RS-485通信的FX_{2N}-485-BD、FX_{3U}-485-BD等通信功能板，那么，PLC与变频器之间能否通过RS-485通信方式进行信息交换？如何进行通信？需要设置哪些通信参数？以上问题将在本节得到解决。

RS-485串行总线标准是工业控制广泛采用的通信方式，其距离为几十米到上千米，RS-485采用平衡发送和差分接收，因此，具有抑制共模干扰的能力。RS-485采用半双工或全双工工作方式，多点互连时非常方便，可以省掉许多信号线。应用RS-485可以联网构成分布式系统，其最多允许并联32台驱动器或接收器。

8.4.1　PLC的相关功能指令

PLC与变频器之间通信是通过串行数据传送指令来完成的，因此，首先介绍与通信有关的功能指令。

1. 串行数据通信指令RS

RS指令是串行数据传送指令，该指令为16位指令，用于对RS-232及RS-485等扩展功能板及特殊适配器进行串行数据的发送和接收，RS指令形式如图8-53所示。

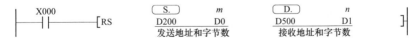

图8-53　RS指令形式

图8-53中m和n是发送和接收数据的字节数，可以用数据寄存器（D）或直接用K、H常数来设定。在不进行数据发送（或接收）的系统中，请将发送（或接收）的字节数设定为0。

注：本指令在编程时可以多次使用，但在运行时任一时刻只能有一条指令被激活。

（1）通信格式的设定（D8120）。在PLC中，特殊功能数据寄存器D8120用于设定通信格式，D8120除了用于RS指令的无顺序通信外，还可用于计算机链接通信。D8120位信息表见表8-8。

表 8-8   **D8120 位信息表**

位号	名称	内　容	
		0（OFF）	1（ON）
B0	数据长	7 位	8 位
B1 B2	奇偶性	格式：（B2，B1） （0，0）：无 （0，1）：奇数（ODD） （1，1）：偶数（EVEN）	
B3	停止位	1 位	2 位
B4 B5 B6 B7	传送速率 （bit/s）	格式：（B7，B6，B5，B4） （0，0，1，1）：300 　（0，1，1，1）：4800 （0，1，0，0）：600 　（1，0，0，0）：9600 （0，1，0，1）：1200 　（1，0，0，1）：19 200 （0，1，1，0）：2400	
B8	起始符	无	有（D8124）初始值 STX（02H）
B9	终止符	无	有（D8125）初始值 ETX（02H）
B10 B11	控制线	无顺序　格式：（B11，B10） （0，0）：无（RS-232 接口） （0，1）：普通模式（RS-232 接口） （1，0）：互锁模式（RS-232 接口） （1，1）：调制解调器模式（RS-232 接口，RS-485 接口） 计算机链接通信　格式：（B11，B10） （0，0）：RS-485 接口 （1，0）：RS-232 接口	
B12		不可使用	
B13	和校验	不附加	附加
B14	协议	不使用	使用
B15	控制顺序	方式 1	方式 4

若通信格式的设定为表 8-9，则 D8120 的设定程序如图 8-54 所示。

表 8-9   **设定举例**

数据长度	7 位	起始符	无
奇数偶性	奇数	终止符	无
停止位	1	控制线	无
传输速率	19 200bit/s		

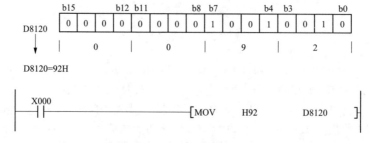

图 8-54　D8120 的设定程序

（2）RS 指令收发数据的程序。RS 指令指定 PLC 发送数据的起始地址与字节数以及接收数据的起始地址与字节数，RS 指令接收和发送数据的程序如图 8-55 所示。

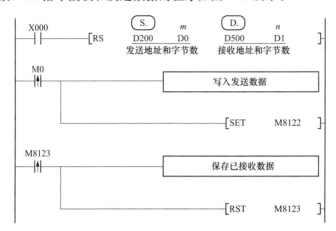

图 8-55　RS 指令接收和发送数据的程序

（3）发送请求标志（M8122）。在图 8-55 中，RS 指令的驱动输入 X0 为 ON 时，PLC 即进入发送和接收等待状态。在发送和接收等待状态时，用脉冲指令置位特殊辅助继电器 M8122，开始发送从 D200 开始的 D0 长度的数据，数据发送完毕，M8122 自动复位。

（4）接收完成标志（M8123）。数据接收完成后，接收完成标志特殊辅助继电器 M8123 置位，M8123 需通过程序复位，但在复位前，请将接收的数据进行保存，否则接收的数据将被下一次接收的数据覆盖。复位完成后，则再次进入接收等待状态。

（5）数据处理模式（M8161）。特殊辅助继电器 M8161 是 RS、HEX、ASCI 和 CCD 指令公用的特殊标志。当特殊辅助继电器 M8161 状态为 OFF 时，将 16 位数据分为高、低 8 位进行发送和接收，即 16 位数据处理模式；当特殊辅助继电器 M8161 状态为 ON 时，忽略高 8 位，仅低 8 位有效，即 8 位数据处理模式。

2. HEX→ASCII 变换指令 ASCI

ASCI 指令是将十六进制数转换成 ASCII 码的指令，其使用说明如下：

（1）16 位模式。当 M8161 状态为 OFF 时，[S.] 中的 HEX 数据的各位按低位到高位的顺序转换成 ASCII 码后，向目标元件 [D.] 的高 8 位、低 8 位分别传送、存储 ASCII 码，传送的字符数由 n 指定。如（D100）=0ABCH，当 n=4 时，则（D200）=4130H，即 ASCII 码字符 "A" 和 "0"，（D201）=4342H，即 ASCII 码字符 "C" 和 "B"；当 n=2 时，则（D200）=4342H，即 ASCII 码字符 "C" 和 "B"。

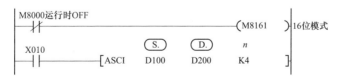

（2）8 位模式。当 M8161 状态为 ON 时，[S.] 中的 HEX 数据的各位转换成 ASCII 码后，向目标元件 [D.] 的低 8 位传送、存储 ASCII 码，高 8 位将被忽略（为 0），传送的字符数由 n 指定。如（D100）=0ABCH，当 n=4 时，则（D200）=0030H，即 ASCII 码字符 "0"，（D201）=0041H，即 ASCII 码字符 "A"，（D202）=0042H，即 ASCII 码字符 "B"，（D203）=0043H，即 ASCII 码字符 "C"；当 n=2 时，则（D200）=0042H 即 ASCII 码字符 "B"，（D201）=0043H 即 ASCII 码字符 "C"。

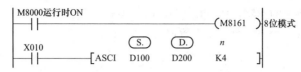

3. 校验码指令 CCD

CCD 指令是计算校验码的专用指令，可以计算总和校验和水平校验数据。在通信数据传输时，常常用 CCD 指令生成校验码，其使用说明如下：

(1) 16 位模式。当 M8161 状态为 OFF 时，将 [S.] 指定的元件为起始的 n 个字节，将其高低各 8 位的数据总和与水平校验数据存于 [D.] 和 [D.] +1 的元件中，总和校验溢出部分无效。

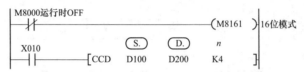

(2) 8 位模式。当 M8161=ON 时，将 [S.] 指定的元件为起始的 n 个数据的低 8 位，将其数据总和与水平校验数据存于 [D.] 和 [D.] +1 的元件中，[S.] 的高 8 位将被忽略，总和校验溢出部分无效。

```
M8000运行时ON
├┤├─────────────────────────(M8161 )8位模式
X010                    (S.)    (D.)    n
├┤├──────────────[CCD   D100   D200   K4]
```

8.4.2 变频器的 RS-485 通信

变频器的运行可以用 PU 面板控制、外部端子控制，还可以用 RS-485 通信方式进行控制。A500 和 A700 系列变频器都具有 RS-485 通信功能。A500 系列变频器的 PU 口就是 RS-485 通信口，此外 A500 系列还可以用 FR-A5NR 扩展板扩展 RS-485 通信口；A700 系列在 A500 系列基础上还新增了专用 RS-485 端口。

1. RS-485 通信的数据格式

变频器与计算机、PLC 等进行 RS-485 通信时，其通信格式有多种，分别是 A、A′、B、C、D、E、E′、F 格式。

(1) 数据写入时从计算机到变频器的通信请求数据格式（见表 8-10）。

表 8-10　　　　　　　　　　计算机通信请求时的数据格式

格式	字符排列												
	1	2	3	4	5	6	7	8	9	10	11	12	13
A	ENQ	变频器站号		指令代码		等待时间	数据				总和校验码		CR/LF
A′	ENQ	变频器站号		指令代码		等待时间	数据		总和校验码		CR/LF		—
B	ENQ	变频器站号		指令代码		等待时间	总和校验码		CR/LF		—		

(2) 数据写入时从变频器到计算机的应答数据格式（见表 8-11）。

表 8-11　　　　　　　　　　变频器应答时的数据格式

格式	字符排列				
	1	2	3	4	5
C	ACK	变频器站号		CR/LF	—
D	NAK	变频器站号		错误代码	CR/LF

（3）读出数据时变频器到计算机的应答数据格式（见表 8-12）。

表 8-12　　　　　　　　　　　　　　读数据时变频器的应答数据格式

格式	字符排列										
	1	2	3	4	5	6	7	8	9	10	11
E	STX	变频器站号		读的数据				ETX	总和校验码		CR/LF
E'	STX	变频器站号		读的数据		ETX	总和校验码		CR/LF		—
D	NAK	变频器站号		错误代码	CR/LF			—			

（4）读出数据时从计算机到变频器的发送数据格式（见表 8-13）。

表 8-13　　　　　　　　　　　　　　读数据时计算机的发送数据格式

格式	数据排列			
	1	2	3	4
C	ACK	变频器站号		CR/LF
F	NAK	变频器站号		CR/LF

在以上通信格式中其控制代码有不同的意义，控制代码的意义见表 8-14。

表 8-14　　　　　　　　　　　　　　控制代码的意义

控制符	ASCII 码	内容
STX（start of text）	H02	数据开始
ETX（end of text）	H03	数据结束
ENQ（enquiry）	H05	通信请求
ACK（acknowledge）	H06	无数据错误
LF（line feed）	H0A	换行
CR（carriage return）	H0D	回车
NAK（negative acknowledge）	H15	有数据错误

变频器站号是指与计算机、PLC 通信的变频器的站号，可指定为 0～31。指令代码是指计算机、PLC 等发送到变频器，指定变频器需要执行的操作代码，如运行、停止、监视等。数据是指与变频器运行相关的数据，如频率、参数等。等待时间是指变频器收到计算机、PLC 的数据和传输应答数据之间的等待的时间，它由 $Pr.123$ 来设定；若 $Pr.123$ 设定为 9999 时，才在此通信数据中进行设定；若 $Pr.123$ 设定为 0～150 时，则通信数据不用设定等待时间，通信数据则少一个字符。

总和校验码是指通信数据的 ASCII 码的代数和，取其低 2 位（16 进制数）数字的 ASCII 码。总和校验码的方法见表 8-15、表 8-16。

表 8-15　　　　　　　　　　　　　　总和校验的方法 1

A 格式	ENQ	站号		指令代码		等待时间	数据				总和校验码	
数据位	1	2	3	4	5	6	7	8	9	10	11	12
原始数据	H05	0	1	E	1	1	0	7	A	D	F	4
ASCII 码	H05	H30	H31	H45	H31	H31	H30	H37	H41	H44	H46	H34
求总校验和	H30＋H31＋H45＋H31＋H31＋H30＋H37＋H41＋H44＝H1F4 所以，HF4 为总和校验原始数据											

表 8-16   总和校验的方法 2

E 格式	STX	站号		读出数据				ETX	总和校验码	
数据位	1	2	3	4	5	6	7	8	9	10
原始数据	H02	0	1	1	7	7	0	H03	3	0
ASCII 码	H02	H30	H31	H31	H37	H37	H30	H03	H33	H30
求总校验和		H30＋H30＋H31＋H37＋H37＋H30＝H130 所以，H30 为校验总和原始数据								

2. 运行指令代码

变频器是通过执行计算机或 PLC 发送来的指令代码［HFA 和 HF9（扩展时）］和相关数据来运行的，运行指令代码的数据位定义见表 8-17。

表 8-17   运行指令代码的数据位定义

指令代码	位长	数据位定义	指令代码	位长	数据位定义
HFA	8 位	b0：AU（电流输入选择） b1：正转指令 b2：反转指令 b3：RL（低速指令） b4：RM（中速指令） b5：RH（高速指令） b6：RT（第 2 功能选择） b7：MRS（输出停止）	HF9 扩展时	16	b0～b7：与 HFA 指令代码相同 b8：JOG（点动运行） b9：CS（瞬时停电再起动选择） b10：STOP（起动自动保持） b11：RES（复位） b12～b15：未定义

如设定正转起动，则可将 HFA 运行指令代码的数据位设定为 b1＝1，即将数据设定为 H02；如要反转，则将 HFA 运行指令代码的数据位设定 b2＝1，即将数据设定为 H04。

3. 运行状态监视指令代码

变频器运行状态监视是指通过读取该指令代码的数据位数据，来监视变频器的运行状态，运行状态监视指令代码的数据位定义见表 8-18。

表 8-18   运行状态监视指令代码的数据位定义

指令代码	位长	数据位定义	指令代码	位长	数据位定义
H7A	8 位	b0：RUN（变频器运行中） b1：正转中 b2：反转中 b3：SU（频率到达） b4：OL（过负荷） b5：IPF（瞬时停电） b6：FU（频率检测） b7：ABC1（异常）	H79 扩展时	16	B0～b7：与 H7A 指令代码相同 b8：ABC2（异常） b15：发生异常 b9～b14：未定义

4. 其他指令代码

其他指令代码包括有监视器、频率的写入、变频器复位、参数清除等指令功能，其他指令代码的数据位定义见表 8-19。

表 8-19　　　　　　　　　　　　　　　　其他指令代码的数据位定义

序号	项目名称		读/写	指令代码	数据位定义	指令格式
1	运行模式		读	H7B	H0000：网络运行；H0001：外部运行；H0002：PU 运行	B，E，D
			写	HFB		A，C，D
2	监视器	输出频率/转速	读	H6F	H0000～HFFFF：输出频率单位 0.01Hz（转速单位 1r/min，$Pr.37 = 1～9998$ 或者 $Pr.144 = 2～12$，$102～112$ 时）	B，E，D
		输出电流	读	H70	H0000～HFFFF：输出电流（16 进制）单位 0.01A（55kW 以下）/0.1A（75kW 以上）	B，E，D
		输出电压	读	H71	H0000～HFFFF：输出电压（16 进制）单位 0.1V	B，E，D
		特殊监视器	读	H72	H0000～HFFFF：根据指令代码 HF3 选择的监视器数据	B，E，D
		特殊监视器选择代码	读	H73	H01～H36	B，E′，D
			写	HF3		A，C，D
		异常内容	读	H74～H77	H0000～HFFFF 　　　　b15～b8　　　　b7～b0 H74：2 次前的异常　　最新异常 H75：4 次前的异常　　3 次前的异常 H76：6 次前的异常　　5 次前的异常 H77：8 次前的异常　　7 次前的异常	B，E，D
3	运行指令（扩展）		写	HF9	略	A′，C，D
	运行指令		写	HFA		A，C，D
4	变频器状态监视器（扩展）		读	H79	略	B，E，D
	变频器状态监视器		读	H7A		B，E，D
5	读取设定频率（RAM）		读	H6D	在 RAM 或 EEPROM 中读取设定频率/旋转数。范围 H0000～HFFFF；设定频率，单位 0.01Hz；设定旋转数，单位 r/min（$Pr.37 = 1～9998$ 或 $Pr.144 = 2～12$，$102～112$ 时）	B，E，D
	读取设定频率（EEPROM）		读	H6E		
	写入设定频率（RAM）		写	HED	在 RAM 或 EEPROM 中写入设定频率/旋转数。频率范围 H0000～H9C40（0～400.00Hz）；频率单位 0.01Hz（16 进制）旋转数范围 H0000～H270E（0～9998）；旋转数单位 r/min（$Pr.37 = 1～9998$，$Pr.144 = 2～12$，$102～112$ 时）	
	写入设定频率（RAM，EEPROM）		写	HEE		A，C，D
6	变频器复位		写	HFD	H9696：先复位变频器，由于变频器复位无法向计算机发送返回数据	A，C，D
					H9966：向计算机返回 ACK 后，变频器复位	A，D
7	异常内容一揽子清除		写	HF4	H9696：一揽子清除异常历史记录	A，C，D

续表

序号	项目名称	读/写	指令代码	数据位定义	指令格式
8	参数全部清除	写	HFC	有以下几种不同的清除方式 执行 H9696 或 H9966 时，所有参数清除，只有 $Pr.75$ 不被清除。	A, C, D
9	参数	读	H00～H63	请参照指令代码，根据需要实施写入、读取。设定 $Pr.100$ 以后的参数时，需要进行链接参数扩展设定	B, E, D
10		写	H80～HE3		A, C, D
11	链接参数扩展设定	读	H7F	根据 H00～H09 的设定，进行参数内容的切换	B, E′, D
		写	HFF		A′, C, D
12	第2参数切换 （指令代码 HFF=1，9）	读	H6C	设定校正参数时	B, E′, D
		写	HEC	H00：补偿/增益 H01：设定参数的模拟值 H02：从端子输入的模拟值	A′, C, D

序号 8 数据位定义中的表格：

数据	Pr			
	通信参数	校准	其他参数	HEC HF3 HFF
H9696	√	×	√	√
H9966	√	√	√	√
H5A5A	×	×	√	√
H55AA	×	√	√	√

实训 27　通过 RS-485 通信实现单台电动机的变频运行

一、实训任务

设计一个通过 RS-485 通信实现单台电动机变频运行的控制系统，并在实训室完成调试。

1. 控制要求

（1）利用变频器的指令代码表进行 PLC 与变频器的通信。

（2）使用 PLC 输入信号，通过 PLC 的 RS-485 总线控制变频器正转、反转、停止。

（3）使用 PLC 输入信号，通过 PLC 的 RS-485 总线在运行中直接修改变频器的运行频率。

（4）使用触摸屏，通过 PLC 的 RS-485 总线实现上述功能。

2. 实训目的

（1）掌握 RS 指令的使用方法。

（2）掌握 PLC 与变频器的 RS-485 通信的数据传输格式。

（3）掌握 PLC 与变频器的 RS-485 通信的通信设置。

（4）掌握 PLC 与变频器的 RS-485 通信的有关参数的确定。

（5）会利用 PLC 与变频器的 RS-485 通信解决简单的实际工程问题。

二、实训步骤

1. 设计思路

系统采用 PLC 与变频器的 RS-485 通信方式进行控制，因此，变频器通信参数的设置和 PLC 与变频器通信程序的设计是问题的关键。

(1) 数据传输格式。PLC 与变频器的 RS-485 通信就是在 PLC 与变频器之间进行数据的传输，只是传输的数据必须以 ASCII 码的形式表示。一般按照通信请求→站号→指令代码→数据内容→校验码的格式进行传输，即格式 A 或 A′；校验码是求站号、指令代码、数据内容的 ASCII 码的总和，然后取其最低 2 位的 ASCII 码。如求站号（00H）、指令代码（FAH）、数据内容（02H）的校验码，首先将待传输的数据变为 ASCII 码，站号（30H30H）、指令代码（46H41H）、数据内容（30H32H），然后求待传输的数据的 ASCII 码的总和（149H），再求低 2 位（49H）的 ASCII 码（34H39H）即为校验码。

(2) 通信格式设置。通信格式设置是通过特殊数据寄存器 D8120 进行的，根据控制要求，其通信格式设置如下：

1）设数据长度为 8 位，即 D8120 的 b0＝1。

2）奇偶性设为偶数，即 D8120 的 b1＝1，b2＝1。

3）停止位设为 2 位，即 D8120 的 b3＝1。

4）通信速率设为 19 200bit/s，即 D8120 的 b4＝b7＝1，b5＝b6＝0。

5）D8120 的其他各位均设为 0（请参考表 8-8）。

因此，通信格式设置为 D8120＝9FH。

(3) 变频器参数设置。根据上述的通信设置，变频器必须设置如下参数：

1）操作模式选择（PU 运行）$Pr.79＝1$。

2）站号设定 $Pr.117＝0$（设定范围为 0～31 号站，共 32 个站）。

3）通信速率 $Pr.118＝192$（即 19 200bit/s，要与 PLC 的通信速率一致）。

4）数据长度及停止位长 $Pr.119＝1$（即数据长为 8 位，停止位长为 2 位，要与 PLC 的设置一致）。

5）奇偶性设定 $Pr.120＝2$（即偶数，要与 PLC 的设置一致）。

6）通信再试次数 $Pr.121＝1$（数据接收错误后允许再试的次数，设定范围为 0～10，9999）。

7）通信校验时间间隔 $Pr.122＝9999$（即无通信时，不报警，设定范围为 0，0.1～999.8s，9999）。

8）等待时间设定 $Pr.123＝20$（设定数据传输到变频器的响应时间，设定范围为 0～150ms，9999）。

9）换行/回车有无选择 $Pr.124＝0$（即无换行/回车）。

10）其他参数按出厂值设置。

注意：变频器参数设置完后或改变与通信有关的参数后，变频器都必须停机复位，否则将无法运行。

2．软元件分配

(1) PLC 的 I/O 分配：X3：手动加速，X4：手动减速；Y0：正转指示，Y1：反转指示，Y2：停止指示。

(2) 触摸屏元件分配：M10：正转按钮，M11：反转按钮，M12：停止按钮，M3：手动加速，M4：手动减速。

3．触摸屏画面制作

按图 8-56 所示制作触摸屏画面。

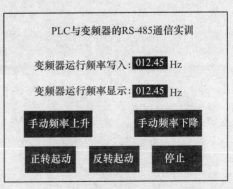

图 8-56　触摸屏画面

4. 程序设计

根据 PLC 的输入输出分配及程序设计思路，设计 PLC 的控制程序，PLC 的控制程序如图 8-57 所示。

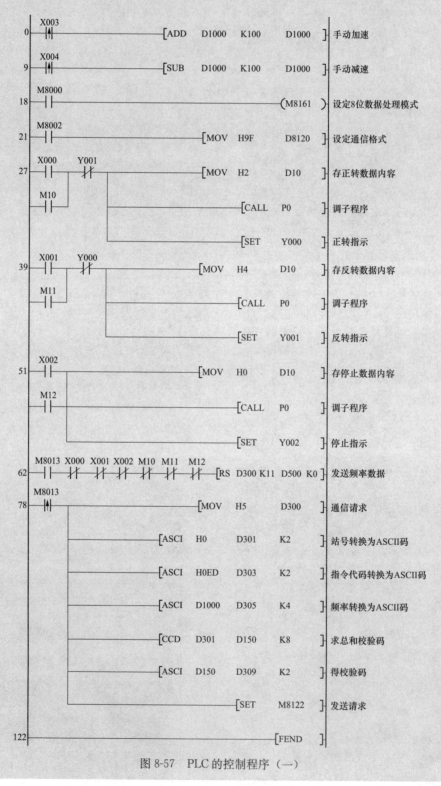

图 8-57　PLC 的控制程序（一）

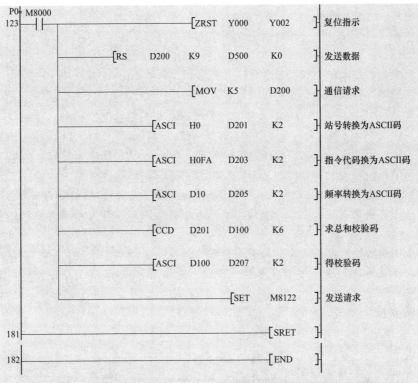

图 8-57　PLC 的控制程序（二）

5. 系统接线图

根据系统控制要求，设计系统接线图，系统接线图如图 8-58 所示。

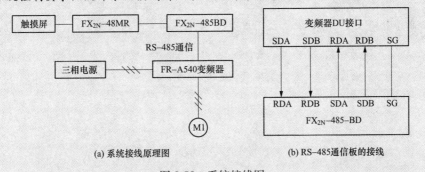

(a) 系统接线原理图　　　　　　(b) RS-485通信板的接线

图 8-58　系统接线图

6. 实训器材

根据控制任务、控制程序及系统接线图，完成本实训需要配备如下器材：

（1）可编程控制器实训装置 1 台。

（2）变频器模块 1 个。

（3）FX$_{2N}$-485-BD 通信板 1 块（配通信线若干）。

（4）触摸屏模块 1 个。

（5）三相电动机 1 台。

（6）计算机 1 台。

（7）指示灯、开关按钮板模块各 1 个。

（8）电工常用工具1套。

（9）连接导线若干。

7. 系统调试

（1）设定参数，按上述变频器的参数值设定变频器的参数。

（2）输入程序，将设计的程序正确输入PLC中。

（3）触摸屏与PLC的通信调试。将制作好的触摸屏画面传送给触摸屏，并将触摸屏与PLC连接好，通过操作PLC输入信号或触摸屏上的触摸键，观察触摸屏指示和PLC输出指示灯的变化是否符合要求，若不符合要求则检查并修改触摸屏画面或PLC程序，直至指示正确。

（4）空载调试。按图8-58（b）所示的接线图正确连接好RS-485的通信线（变频器不接电动机），进行PLC、变频器的空载调试。观察变频器的操作面板和PLC的输出指示灯的状态是否符合要求，若不符合要求则检查系统接线、变频器参数、PLC程序及触摸屏画面，直至按要求指示。

（5）系统调试。按要求正确连接好全部设备，进行系统调试，观察电动机能否按控制要求运行，否则，检查系统接线、变频器参数、PLC程序及触摸屏画面，直至电动机按控制要求运行。

三、实训报告

1. 分析与总结

（1）描述电动机的运行情况，总结操作要领。

（2）试说明PLC的通信格式特殊数据寄存器D8120＝H9F的依据。

（3）请写出本实训程序中校验码的计算过程。

2. 巩固与提高

（1）查阅相关资料，看看本实训中的RS-485的接线是全双工还是半双工？两种方式有何异同？

（2）如果参数单元$Pr.123$设置为"9999"，程序应该如何修改？

第9章　PLC、变频器、触摸屏的工程应用

9.1　PLC、变频器在机床控制系统中的应用

 学习情景引入

　　在机械加工行业中，常用的机床设备有车床、铣床、磨床、冲床、刨床、钻床、镗床等，由于加工材质和加工精度不同，需要的转速也会不同，但常规的调速方法很难满足机械加工设备对恒速度、恒转矩、恒功率的要求。若利用变频器的软起动、无级调速、恒转矩、恒功率，并配合PLC灵活多样的控制功能，将会产生意想不到的效果，下面以龙门刨床为例对该控制过程进行介绍。

9.1.1　龙门刨床概述

1. 基本结构

　　龙门刨床主要用来加工各种平面、斜面和槽，更适合于加工大型而狭长的工件，如机床床身、横梁、立柱、导轨和箱体等。龙门刨床结构如图 9-1 所示，其主要由机座、工作台、立柱、横梁、垂直刀架、左右侧刀架、工作台拖动电机七个部分组成。

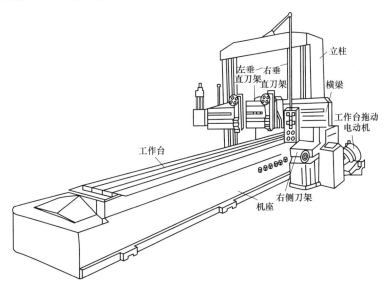

图 9-1　龙门刨床结构

　　（1）机座。一个箱形体，上有 V 形和 U 形导轨，用于安置工作台。

　　（2）工作台。也叫刨台，用于安置工件。下有传动机构，可顺着床身的导轨作往复运动。

　　（3）立柱。用于安置横梁及刀架。

　　（4）横梁。用于安置垂直刀架，在切削过程中严禁动作，仅在更换工件时移动，用以调整刀架的高度。

　　（5）垂直刀架。安装在横梁上，可沿水平方向移动，刨刀也可沿刀架本身的导轨垂直移动。

　　（6）左右侧刀架。安置在立柱上，可上、下移动。

（7）工作台拖动电机。用于拖动工作台的往复循环运动。

2．龙门刨床的运动

龙门刨床的运动主要有主运动、进给运动和辅助运动三种。

（1）主运动。工作台的往复运动。

（2）进给运动。刀具垂直于主运动的运动。

（3）辅助运动。横梁的夹紧、放松及升降。

3．拖动系统的要求

（1）调速范围。通常采用直流电动机调压调速，并加一级机械变速，使工作台调速范围达 1：20，工作台低速挡的速度为 6～60m/min，高速挡为 9～90m/min。

（2）静差度。要求负载变动时，工作台速度的变化在允许范围内。龙门刨床的静差度（又称静差率）一般要求为 0.05～0.1，B2012A 型为 0.1。

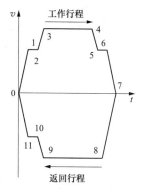

图 9-2　龙门刨床工作台
运动的速度无线

（3）工作台往复运动中的速度能根据要求相应变化。要求有刀具慢速切入，即工作台开始前进时速度要慢，避免刀具切入工件时的冲击使刀具崩裂；刨削加工恒速，即刀具切入工件后，工作台速度增加到规定值，并保持恒定，使得工件表面均匀光滑；刀具慢速退出，即行程末尾工作台减速，刀具慢速离开工件，防止工件边缘剥落，减小工作台对机械的冲击。除此之外，还包括快速返回和缓冲过渡过程，龙门刨床工作台运功的速度曲线如图 9-2 所示。

（4）调速方案能满足负载性质的要求。$n < 25r/min$ 时，输出转矩恒定；$n > 25r/min$ 时，输出功率恒定；低速磨削时，$n = 1r/min$。另外，工作台正反向过渡过程快，且有必要的联锁。

4．刨台运动的机械特性曲线

刨台运动特性分以下两种情况：

（1）低速区。刨台运行速度较低时，刨刀允许的切削力由电动机的最大转矩决定。电动机确定后，即确定了低速加工时的最大切削力。因此，在低速加工区，电动机为恒转矩输出。

（2）高速区。刨台运行速度较高时，切削力受机械结构的强度限制，允许的最大切削力与速度成反比，因此，电动机为恒功率输出。

刨台运动系统直流电动机的运行机械特性曲线如图 9-3 所示。

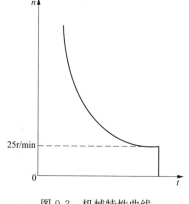

图 9-3　机械特性曲线

5．主拖动系统的组成

主拖动系统通常采用电机扩大机调速系统，电机扩大机由三相交流电动机 MB 拖动，其输出电压给直流发电机 G1 的励磁绕组供电；而三相交流电动机 MA 则拖动直流发电机 G1 和励磁机 G2，它们又分别给直流电动机的电枢和励磁绕组供电，通过控制线路实现对直流电动机的调速控制，主拖动系统工作示意图如图 9-4 所示。

6．交流主电路

交流主电路包括了主拖动机组、刀架控制、横梁控制等电路，交流主电路如图 9-5 所示。主拖动机组由交流电动机 MA 拖动直流发电机 G1、励磁机 G2 构成，刀架控制有刀架的快速移动和自动进刀（M_Z、M_Y、M_C）控制，横梁控制有横梁的升降、放松和夹紧（M_H、M_J）控制。

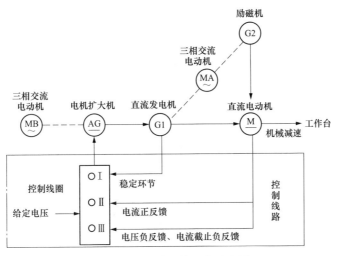

图 9-4　主拖动系统工作示意图

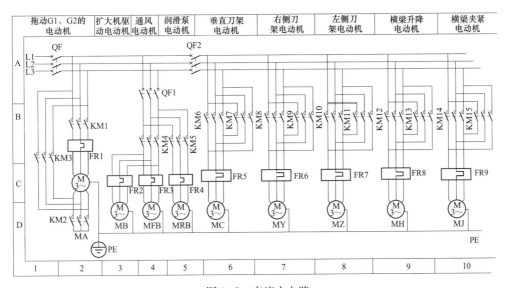

图 9-5　交流主电路

7. 工作台控制电路

（1）工作台对电控系统的要求。调整机床时，工作台能以较低的速度"步进"或"步退"；能按规定的速度图完成自动往复循环；工作台停止时有制动，防止"爬行"；磨削时应低速；有必要的联锁保护。

（2）工作台控制电路。工作台具有步进、步退和自动循环功能。B2012A 型龙门刨床的床身上装有 6 个行程开关，分别为前进减速 SQ1、前进换向 SQ2、后退减速 SQ3、后退换向 SQ4、前进终端 SQ5、后退终端 SQ6。工作台侧面装有 A、B、C、D 四个撞块，行程开关及撞块布置示意图如图 9-6

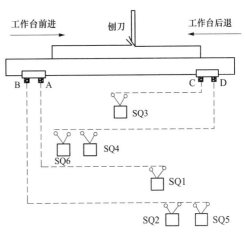

图 9-6　行程开关及撞块布置示意图

261

所示。减速与换向行程开关状态表见表 9-1。

表 9-1 减速与换向时行程开关状态表

触点 \ 状态		原位	加速	工进	减速	停止	快速退回		减速	停止
前进减速	SQ1—a	−	−	+	+	+	+	−	−	−
行程开关	SQ1—b	+	+	+	−	−	−	+	+	+
前进换向	SQ2—b	+	+	+	−	−	+	+	+	+
行程开关	SQ2—a	−	−	−	+	−	−	−	−	−
后退减速	SQ3—a	+	+	+	+	+	+	+	+	−
行程开关	SQ3—b	−	−	+	−	−	−	−	−	+
后退换向	SQ4—b	+	+	+	+	+	+	+	−	−
行程开关	SQ4—a	+	−	−	−	−	−	−	−	+

注 "＋"表示触点接通，"—"表示触点断开；"a"表示常开，"b"表示常闭。

当主拖动机组起动完毕，横梁已经夹紧，油泵已经工作，并且机床润滑油供给情况正常时，工作台自动往返工作的控制电路将处于准备状态。

由表 9-1 可知，工作台停在返回行程终了位置上时，SQ1-b、SQ2-b、SQ3-a 和 SQ4-a 触点是闭合的，SQ1-a、SQ2-a、SQ3-b 和 SQ4-b 触点是断开的。此时，若按下起动按钮，刨床工作台将按表 9-1 所示的规律运行，即正向起动慢速切入→工作进程→慢速退出→反向起动并快速退回→反向减速。

9.1.2 龙门刨床拖动系统存在的问题

从图 9-4 所示的主拖动系统工作示意图可以发现，其刨台拖动系统采用 G-M（发电机-电动机组）调速系统。该调速系统结构比较复杂，尽管直流电动机在额定转速以上可以进行具有恒功率性质的弱磁调速，但由于在弱磁调速时无法利用电流反馈和速度反馈环节来改善机械特性，故不能用于切削过程中。同时，该系统中的电动机功率比负载实际所需功率要大很多，因此能量消耗较大。另外，由于调速系统结构复杂，也会带来故障率高、维护保养工作量大等缺点。

9.1.3 龙门刨床拖动系统变频调速的可行性分析

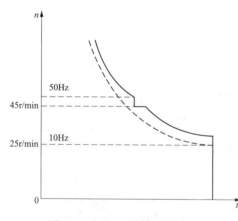

图 9-7 变频调速机械特性曲线

根据变频调速理论可知，当频率低于额定频率时，电动机调速具有恒转矩输出特性，而当高于额定频率时，电动机电压不能升高，具有恒功率输出特性。因此，采用变频调速时，电动机的机械特性曲线刚好与刨台运动所对应的特性曲线相符。由此可见，采用变频调速对龙门刨床主拖动系统进行改造比较适宜，且变频调速可使电动机的工作频率适当提高至额定频率以上。

由于龙门刨床的传动机构在速度 45r/min 处分为两档，故电动机的变频调速的机械特性也以 45r/min 分为两段相似曲线，变频调速机械特性曲线如图 9-7 所示。

9.1.4 变频调速方案分析

1. 变频器的选择

（1）变频器的型号。龙门刨床常常与铣削或磨削兼用，而铣削和磨削时的进刀速度约只有刨削时的 1/100，考虑到龙门刨床本身对机械特性的硬度和动态响应能力的要求较高，故要求拖动系统具有良好的低速运行性能。

综合各方面因素，本系统选用日本三菱公司生产的 FR-A540 系列变频器。该变频器即使工作在无反馈矢量控制的情况下，也能在 0.3Hz 时使输出转矩达到额定转矩的 150%，从而能够满足拖动的要求。

(2) 变频器的容量。变频器的容量只需和配用电动机容量相符即可。

2. 刨台变频调速方案

采用变频器对龙门刨床主拖动系统中的刨台进行速度控制可以克服传统龙门刨床拖动系统存在的问题，刨台变频调速系统图如图 9-8 所示。

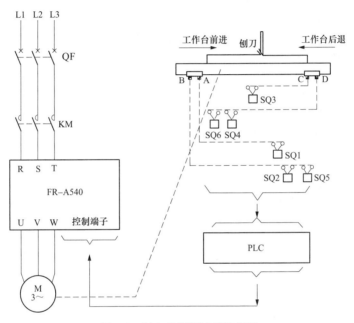

图 9-8　刨台变频调速系统框图

9.1.5　变频改造后的效果

龙门刨床主拖动系统采用变频改造后，具有以下优点：

(1) 原有的电机扩大机调速系统、直流电动机、直流发电机及各种反馈环节等均得到了很大程度的简化，主拖动系统只用一台三相交流异步电动机即可。

(2) 运行可靠性得到提高，维护工作量减小。

(3) 完全满足龙门刨床工艺特点对拖动系统的要求。

(4) 生产效率大幅度提高。

实训 28　PLC、 变频器在刨床控制系统的综合应用

一、实训任务

利用 PLC、变频器对龙门刨床主拖动系统进行改造，并在实训室完成模拟调试。

1. 实训要求

根据龙门刨床主拖动系统的控制要求，结合龙门刨床主拖动系统变频调速的可行性分析和变频调速方案分析，采用 PLC、变频器对龙门刨床主拖动系统进行改造，并在实训室完成模拟调试。

2. 实训目的

（1）了解龙门刨床的基本结构及其拖动系统的控制要求。

（2）掌握 PLC、变频器综合控制的有关参数的确定和设置。

（3）能设计 PLC、变频器和外部设备的电气原理图。

（4）能利用 PLC、变频器等新型器件对通用机床设备进行改造。

二、实训步骤

1. 设计思路

根据系统的控制要求，可以利用变频器的多段调速功能来控制龙门刨床工作台的往复运动，即低速时用于刨刀切入、刨刀退出，中速时用于刨削加工，高速时用于空刀返回。

2. I/O 分配

根据系统的控制要求及设计思路，其 PLC 的 I/O 分配如下：X0：SB0 系统总起动，X1：SB1 系统总停止，X2：KP 油泵故障，X3：SB2 起动按钮，X4：SB3 停止按钮，X5：SB4 正向点动按钮，X6：SB5 反向点动按钮，X7：SB6 故障复位按钮，X10：变频器报警输出（AC 常开触点），X11：SQ1 刨台行程开关 1，X12：SQ2 刨台行程开关 2，X13：SQ3 刨台行程开关 3，X14：SQ4 刨台行程开关 4，X15：SQ5 刨台行程开关 5，X16：SQ6 刨台行程开关 6，X17：手动/自动；Y1：电动机正转（STF），Y2：电动机反转（STR），Y3：变频器 3 档速度控制（RH），Y4：变频器 2 档速度控制（RM），Y5：变频器 1 档速度控制（RL），Y10：交流接触器 KM，Y11：变频器故障时灯光报警，Y12：变频器故障时音响报警，Y13：油泵故障指示，Y14：返回行程终了位置指示。

3. 变频器参数的设置

为了达到龙门刨床主拖动系统的控制要求，发挥 PLC、变频器的优势，必须设定如下参数：

（1）上限频率 $Pr.1=50\text{Hz}$。

（2）下限频率 $Pr.2=0\text{Hz}$。

（3）基底频率 $Pr.3=50\text{Hz}$。

（4）加速时间 $Pr.7=2\text{s}$。

（5）减速时间 $Pr.8=3\text{s}$。

（6）电子过电流保护 $Pr.9=$ 电动机的额定电流。

（7）操作模式选择（组合）$Pr.79=3$。

（8）多段速度设定（高速）$Pr.4=45\text{Hz}$。

（9）多段速度设定（中速）$Pr.5=30\text{Hz}$。

（10）多段速度设定（低速）$Pr.6=10\text{Hz}$。

4. 程序设计

根据龙门刨床主拖动系统的控制要求、设计思路及 I/O 分配，其控制程序可用状态转移图来设计，状态转移图如图 9-9 所示。

5. 系统接线图

根据控制要求、程序设计思路和 PLC 的 I/O 分配，可画出龙门刨床主拖动系统 PLC、变频调速综合控制的接线图，控制系统接线图如图 9-10 所示。

6. 实训器材

可用一台成套的智能综合机床教学设备，也可用下列设备及材料（括号内所列设备及材料仅供参考），具体操作时也可根据实际情况选用如下器材。

（1）可编程控制器实训装置 1 台。

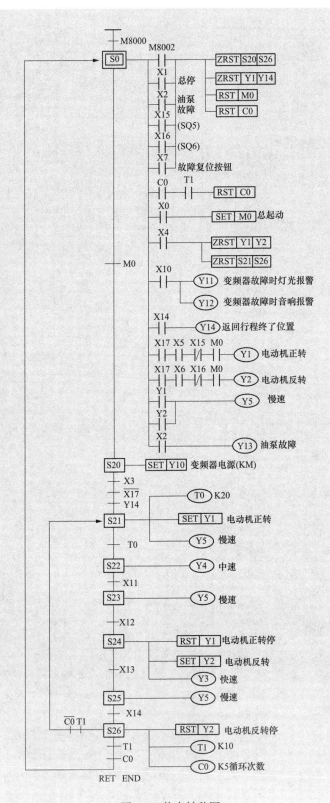

图 9-9　状态转移图

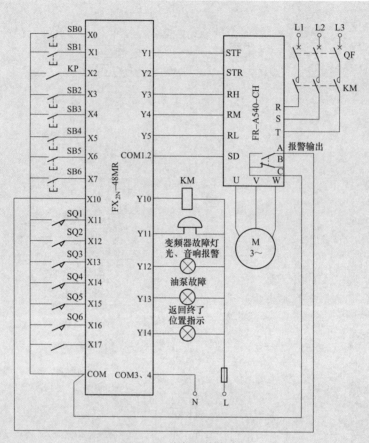

图 9-10　控制系统接线图

（2）PLC 主机模块 1 台。

（3）变频器模块 1 个。

（4）龙门刨床 1 台（或龙门刨床显示模块）。

（5）三相电动机 1 台。

（6）电工常用工具 1 套。

（7）连接导线若干。

7. 系统调试

（1）设定参数。按上述变频器参数值设定变频器的参数。

（2）输入程序。按图 9-9 所示的状态转移图正确输入程序。

（3）PLC 模拟调试。按图 9-10 所示的控制系统接线图正确连接好输入设备，进行 PLC 的模拟调试，即根据龙门刨床工作台速度图模拟主拖动系统工作台的工作循环进程，按手动/自动选择功能进行系统总起动、停止和主拖动系统的正向点动、反向点动/起动、停止等控制，观察PLC 的输出指示灯是否按要求指示，否则，检查并修改程序，直至指示正确。

（4）空载调试。按图 9-10 所示的接线图，将 PLC 与变频器连接好（不接电动机），进行PLC、变频器的空载试运行，即根据龙门刨床工作台速度图模拟主拖动系统工作台的工作循环进程，按手动/自动选择功能进行系统总起动、停止和主拖动系统的正向点动、反向点动/起动、停止等控制，通过变频器的操作面板观察变频器的输出频率是否符合要求，否则，检查系统接线、变频器参数、PLC 程序，直至变频器按要求运行。

（5）系统调试。按图9-10所示的接线图正确连接好全部设备，进行系统调试，即模拟主拖动系统工作台的工作循环进程，按手动/自动选择功能进行系统总起动、停止和主拖动系统的正向点动、反向点动/起动、停止等控制，观察电动机能否按控制要求运行，否则，检查系统接线、变频器参数、PLC程序，直至电动机按控制要求运行。

三、实训报告

1. 分析与总结

（1）总结采用PLC、变频器对龙门刨床主拖动系统进行改造的方法和步骤。

（2）进一步理解和掌握龙门刨床主拖动系统PLC、变频调速的综合控制接线图的设计。

2. 巩固与提高

（1）龙门刨床自动运行前，必须闭合哪些信号？又有哪些信号输出？

（2）系统改造时，原来系统的6个行程开关及4个撞块是否需要改动？请说明理由。

9.2 PLC、变频器在电梯控制系统中的应用

 学习情景引入

电梯已成为人类现代生活广泛使用的运输工具，其主要应用于高层建筑、百货商场、宾馆、酒店、机场、地铁等场所。微电子技术、自动控制技术、通信技术和电力电子技术的不断发展，又进一步促进了变频器和PLC在电梯控制系统中的应用，从而满足了人们对电梯安全性、高效性、舒适性的需求。下面就变频器和PLC在电梯中的综合应用作具体的介绍。

9.2.1 电梯的结构

电梯包括机房、井道、厅门、轿厢、操纵箱等，电梯的结构示意图如图9-11所示。

1. 控制屏

电梯电气控制的集中部件，根据操纵装置的指令，通过控制屏上的电器元件使电动机起动或停止、正转或反转、快速或慢速，以达到预期的自动和安全运行的目的。

2. 选层器

当大楼层站高于7层时，电梯就要增设选层器。选层器能起到指示和反馈轿厢位置、决定运行方向、发出加减速信号等作用。当层站低于7层时，选层器一般并入控制屏成为一体。

3. 曳引机组

电梯的曳引机组一般由电动机、制动器、减速箱及底座组成。拖动装置的动力不经中间减速箱而直接传递到曳引轮上的曳引机称为无齿轮曳

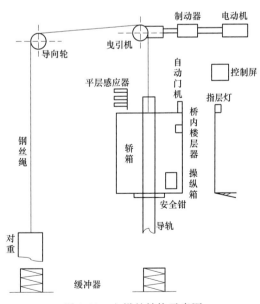

图9-11 电梯的结构示意图

引机，无齿轮曳引机的电动机电枢与制动轮和曳引轮同轴线直接相连。拖动装置的动力通过中间减速箱传到曳引轮上的曳引机称为有齿轮曳引机，2.0m/s以上的高速电梯多选用无齿轮曳引机。

随着变频变压调速（variable voltage & variable frequency timing，VVVF）技术的发展，交流有齿轮曳引机已应用于高速电梯或超高速电梯上。减速箱一般采用蜗轮蜗杆传动，其特点是传动比大、结构紧凑、传动平稳。VVVF控制系统与斜齿轮曳引机相结合的高速电梯，其运行速度可达6m/s，一般作为超高层大楼电梯曳引机组使用。

4. 终端保护装置

当由于某种事故，轿厢在最终层站越过平层位置，上行或下行至终端限位开关也不起作用，而致使轿厢越过平层位置300mm时，终端保护装置就动作。终端保护装置通过钢丝绳带动总电源开关切断电源，使曳引机失电制动。

5. 限速安全系统

电梯的限速安全系统由限速器和安全钳两部分组成。限速器是限制轿厢（或对重）速度的装置，通常安装在机房内或井道顶部。安全钳则是使轿厢（或对重）停止运动的装置。凡是由钢丝绳悬挂的轿厢均需设安全钳，安全钳设在轿厢下横梁上，并成对的同时在导轨上起作用。

限速器和安全钳必须联合动作才能发挥作用。当电梯出现故障而超速下行时，若下行速度达到限速器动作速度，则限速器动作。限速器的卡块卡住限速轮，连接限速器钢丝绳的杠杆向上提，连杆系统经安全钳块拉条带动钳块上提，楔入安全钳钳体与导轨之间，依靠摩擦力使轿厢急停下来，从而避免超速下行产生的危险。

6. 轿厢和轿架

轿厢一般由轿架、轿底、轿壁和轿顶组成。轿厢是金属结构并有一定容量的厢柜。在曳引钢丝绳的作用下，借助于上、下部4只导靴沿着电轨作上、下运动，以完成载运工作。轿架由下梁、拉条、直梁、上梁等部件组成。

7. 自动门机构

电梯门按其开门方向可分为中分式、旁开式和直分式3种。客梯多选用中分式、旁开式。

电梯门的自动开关是通过开门机构来实现的，除了某些特殊场合，一般电梯基本上都采用自动机构。自动门机构设在轿厢顶部，自动门电机的控制箱也设在轿厢顶部。从机构形式来分有传统的曲柄式、滚珠螺杆式和单臂传动式。随着VVVF技术的发展，在一些高层建筑电梯中也有采用VVVF控制的直接皮带式门机构，该机构可使自动门机构的传动更加平稳可靠。

8. 导轨

导轨是电梯在工作时轿厢和对重借助于导靴在导轨面上进行上、下运动的部件。电梯中大量使用的是T形导轨，其具有通用性强、抗弯性能良好的优点。

9. 导靴

导靴是电梯导轨与轿厢之间的可以滑动的尼龙块，它可以将轿厢固定在导轨上，让轿厢只可以上下移动。每台电梯轿厢安装四套导靴，分别安装在上梁两侧和轿厢底部安全钳座下面。

10. 曳引钢丝绳

曳引钢丝绳承受着电梯的全部悬挂重力，并在电梯运行中绕着曳引轮、导向轮或反绳轮作单向或交变弯曲。钢丝绳由于弯曲次数多，以及电梯的制动及偶然急刹车等因素，承受着不容忽视的动载荷，因此钢丝绳应具有较大的安全系数。

11. 对重

对重又称为平衡重，对重的作用是借助其自身的质量来平衡轿厢质量和额定载荷质量的40%~50%，以改善曳引机的曳引性能。对重块可由铸铁制造或用钢筋混凝土来填充。

12. 缓冲器

缓冲器是电梯机械安全装置的最后一道措施。当电梯在井道下部运行时，由于断绳或其他故障，下部限位开关不起作用时，轿厢会有向底坑掉落蹲底的趋势，但设置在底坑的缓冲器可以减缓轿厢与底坑之间的冲击，使轿厢停止运动。缓冲器有弹簧缓冲器和液压缓冲器两种。

13. 厅门

厅门也称为层门，层门设在层站入口处，根据需要，井道在每层楼设一个或两个出入口。不设层站出入口的楼层在电梯工程中被称为盲层。层门数与层站出入口相对应。由于轿厢门是随着轿厢一起运动的，因此是轿厢门是主动门，而层门则是被动门。

14. 召唤按钮盒

召唤按钮盒一般安装在厅门（层门）外离地面 1.3～1.5m 的右侧墙壁上，而集选群控电梯是把按钮装在两台电梯的中间位置。当乘客按召唤按钮时，按钮盒内信号灯亮，同时轿厢内操纵箱召唤灯也亮或者蜂鸣器发声。当电梯到达乘客目的层站时，召唤灯自动熄灭。

15. 层楼指示器

层楼指示器主要用以显示轿厢的运行方向和所处的层站，其规格一般由生产厂家视需求而定。

9.2.2　电梯系统存在的问题

随着驱动控制技术的发展，电梯经历了直流电动机驱动控制、交流单速电动机驱动控制、交流双速电动机驱动控制、直流有齿轮/无齿轮调速驱动控制、交流调压调速驱动控制、交流变压变频调速驱动控制、交流永磁同步电动机变频调速驱动控制等发展阶段。

在电梯的驱动方式中，直流电动机虽有良好的调速性能，但直流电动机的维修工作量较大。交流电动机具有结构简单、工作可靠的优点，而且其不同的调速方式满足了不同电梯的需要。低速电梯常采用交流双速电动机拖动，控制环节少，故障率低，但其主要缺点是平层准确度和乘坐舒适感很难两全。中速电梯多采用调压调速（alternation current variable voltage，ACVV）技术，通过改变电压的方式来改变电动机的转矩，通过对电动机转矩与负载转矩之间差值的调整，来控制电动机正、负角加速度，并用全闭环的控制方式使电梯在受控的速度下运行，该种调速系统曾经是国产电梯的主导产品，但其调速性能、可靠性方面还有许多不尽人意的地方。

9.2.3　改造的可行性分析

近年来，微电子技术、自动控制技术、通信技术和电力电子技术的发展，促进了 PLC 控制技术和变频调速技术的不断发展，从而推动了电动机控制技术的进步，电梯拖动控制的主流已从传统的控制方式转变为变频控制方式。

变频控制方式可以提高工作效率，降低设备电源容量，节约电能和实现设备小型化。电梯的电力拖动系统如果采用变频器的矢量控制技术，系统则可以通过速度图形和按距离直接停靠方式以及运行时电压、电流和速度的多路反馈，对交流曳引电动机进行准确的调节控制，从而使电梯的运行性能更趋完美。实践表明，电梯拖动系统采用变频调速具有以下特点：

（1）功能先进。具有多种先进的功能，给用户带来更多更好的选择空间，用户可按建筑物的使用功能选择电梯功能，使电梯使用更加合理，乘客操作更加方便。

（2）舒适感好。电力拖动系统的交流变频调速技术，配备了适应人体生理特性的速度运行曲线，采用按距离直接停靠层站原则，使电梯运行更加平稳、高效，保证电梯运行时的乘坐舒适感、运行效率和平层准确度。

（3）维护保养方便。直观的工作状态显示功能，给电梯的维护保养带来极大方便，若电梯出现故障，维保人员可方便地通过系统的状态显示找出故障点，对照电梯使用维修保养手册即能进行维修，同时，也可支持变频故障呼叫系统和远程诊断。

（4）节约电能。高精度和高效率的矢量控制变频技术，不仅使电梯运行更加平稳，而且还可大量节约电能，与同规格的交流调压调速电梯相比可节省电能 50％以上，可大大地节省用户的使用费用。

由此可见，对传统的电梯控制方式进行改造无论是在电梯运行的可靠性、舒适性、功能的先进性，还是在节省电能和维护保养等方面都具有特别重要的意义。

9.2.4 变频调速方案分析

采用变频调速技术改造电梯系统具有可靠性高、舒适感好、节约电能等特点。电梯普遍采用的控制方式主要有两种，第一种是采用微机作为信号控制单元，完成电梯信号的采集、运行状态和功能的设定，实现电梯的自动调度和集选运行功能，拖动控制则由变频器来完成；第二种是用可编程序控制器取代微机实现信号集选控制。从控制方式和性能上来讲，这两种方法基本相同。由于生产规模较小，自行设计和制造微机控制装置成本较高，而 PLC 具有可靠性高、程序设计方便灵活的优点，所以，国内大多数厂家都选择第二种方式。

实训 29　PLC、变频器在三层电梯控制系统中的综合应用

一、实训任务

试用 PLC、变频器设计一个由编码器定位的三层电梯的控制系统，并在实训室完成模拟调试。

1. 控制要求

（1）电梯停在一层或二层，三层呼叫时，则电梯上行至三层停止。

（2）电梯停在三层或二层，一层呼叫时，则电梯下行至一层停止。

（3）电梯停在一层，二层呼叫时，则电梯上行至二层停止。

（4）电梯停在三层，二层呼叫时，则电梯下行至二层停止。

（5）电梯停在一层，二层和三层同时呼叫时，则电梯上行至二层停止，停止时间为 T，然后继续自动上行至三层停止。

（6）电梯停在三层，二层和一层同时呼叫时，则电梯下行至二层停止，停止时间为 T，然后继续自动下行至一层停止。

（7）电梯上行途中，下降招呼无效；电梯下降途中，上行招呼无效。

（8）轿箱所停位置层召唤时，电梯不响应召唤。

（9）电梯楼层定位采用旋转编码器脉冲定位，不设磁感应位置开关。

（10）具有上行、下行定向指示，上行或下行延时起动。

（11）电梯到达目的层站时，先减速后平层，减速脉冲数根据现场确定。

（12）电梯具有快车速度 50Hz、爬行速度 6Hz，当平层信号到来时，电梯从 6Hz 减速到 0Hz。

（13）电梯起动加速时间、减速时间由教师现场给定。

（14）具有轿箱所停位置楼层数码管显示。

2. 实训目的

（1）了解电梯的基本结构及控制要求。

（2）熟悉 PLC、变频器综合控制的有关参数的确定和设置。

（3）能应用基本逻辑指令和功能指令编制复杂的控制程序。

（4）能设计 PLC、变频器和外部设备的电气原理图。

二、实训步骤

1. 设计思路

电梯由曳引电动机拖动，电动机采用变频调速，而变频器的运行则通过 PLC 来控制，PLC 采集呼叫信号和旋转编码器输出的高速脉冲（送到 X0），然后，PLC 根据脉冲的变化进行控制。

本系统采用 1000 个脉冲/r 的旋转编码器，2 极电动机的转速为 3000r/min，则 50Hz 时的每秒脉冲个数：3000r/min × 1000 脉冲/r = 3 000 000 脉冲/min = 50 000 脉冲/s。设电梯每层相隔 200 000 个脉冲，提前 10 000 个脉冲减速，且电梯运行前必须先强制复位。三层电梯脉冲个数的分配如图 9-12 所示。

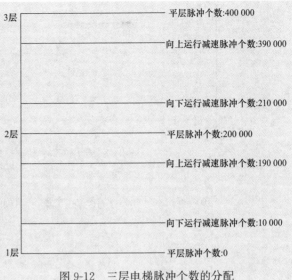

图 9-12　三层电梯脉冲个数的分配

2. I/O 分配

根据系统的控制要求、设计思路，PLC 的 I/O 分配如下：X0：高速脉冲输入，X11：一楼呼按钮（SB1），X12：二楼呼按钮（SB2），X13：三楼呼按钮（SB3）；Y0：上升指示（L1），Y1：下降指示（L2），Y4：上升 STF，Y5：下降 STR，Y6：减速爬行信号（RH），Y10～Y16：七段数码管（电梯轿厢位置显示）。

3. PLC、变频器参数的确定和设置

为使电梯准确平层，增加电梯的舒适感，发挥 PLC、变频器的优势，必须设定如下参数：

(1) 上限频率 $Pr.1 = 50Hz$。

(2) 下限频率 $Pr.2 = 0Hz$。

(3) 多段速度 $Pr.4 = 6\ Hz$（电梯爬行速度）。

(4) 加速时间 $Pr.7 = 2s$。

(5) 减速时间 $Pr.8 = 1s$。

(6) 电子过电流保护 $Pr.9$（等于电动机额定电流）。

(7) 起动频率 $Pr.13 = 0Hz$。

(8) 适应负荷选择 $Pr.14 = 2$。

(9) 点动频率 $Pr.15 = 5Hz$。

(10) 点动加减速时间 $Pr.16 = 1s$。

(11) 加减速基准频率 $Pr.20 = 50Hz$。

(12) PU 运行频率（50Hz）。

(13) 操作模式选择 $Pr.79 = 3$。

(14) PLC 定时器 T0 的定时时间 = T（设为 2s）+ 变频器的制动时间 = 3s。

以上参数必须设定，其余参数可默认为出厂设定值，当然，实际运行中的电梯，还必须根据实际情况设定其他参数。

4. 程序设计

根据系统的控制要求，该程序主要由以下几部分组成：

(1) 选中 C235 高速双向计数器的梯形图。C235 是保持型的计数器，必须有初始复位；同时要让 C235 计数器工作，必须选中 C235，即驱动 C235。当电梯上升时，C235 作加计数，当电梯下降时，C235 作减计数。选中 C235 高速双向计数器的梯形图如图 9-13 所示。

(2) 各楼层脉冲数分配的梯形图。根据图 9-12 的脉冲个数分配，各楼层脉冲数分配的梯形图如图 9-14 所示。

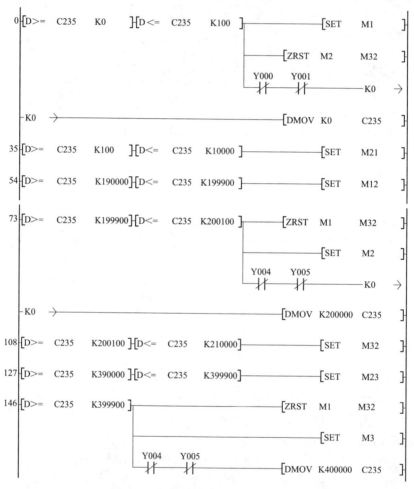

图 9-13　选中 C235 高速双向计数器的梯形图

图 9-14　各楼层脉冲数分配的梯形图

　　（3）各楼层单独呼梯控制的梯形图。根据控制要求，一（或三）层单独呼梯时，只有在无上升（或下降）指示时才有效，当电梯到达一（或三）层时单独呼梯响应完毕；二层单独呼梯时，当电梯未过一层至二层（M12）或三层至二层（M32）的减速点时有效，当电梯到达二层时单独呼梯响应完毕。各楼层单独呼梯控制的梯形图如图 9-15 所示。

　　（4）同时呼梯控制的梯形图。根据控制要求，同时呼梯有二、三层同时呼和一、二同时呼，当电梯到达二层时且停完 2s 后，同时呼信号应变为无效。同时呼梯控制的梯形图如图 9-16 所示。

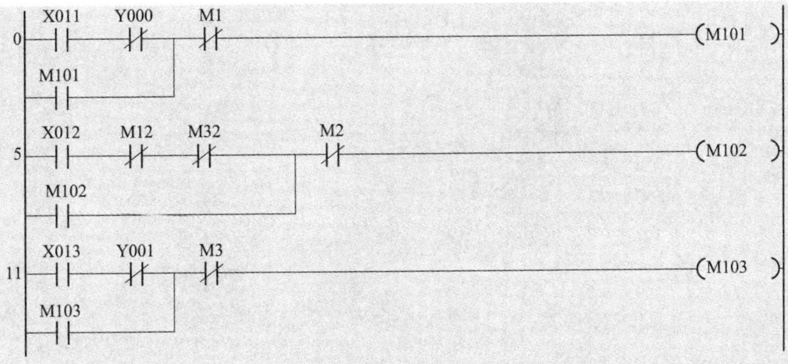

图 9-15　各楼层单独呼梯控制的梯形图

图 9-16　同时呼梯控制的梯形图

（5）上下指示梯形图（见图 9-17）。

图 9-17　上下指示梯形图

（6）起动前的延时梯形图（见图 9-18）。

图 9-18　起动前的延时梯形图

（7）上下运行梯形图（见图 9-19）。

（8）电梯爬行梯形图。一层呼有效后，当电梯到达二层至一层的减速点（M21）时，电梯应该减速爬行；同样，三层呼有效后，当电梯到达二层至三层的减速点（M23）时，电梯应该减速爬行；二层呼有效后，当电梯到达一层至二层的减速点（M12）或者电梯到达三层至二层的减速点（M32）时，电梯应该减速爬行，电梯爬行梯形图如图 9-20 所示。

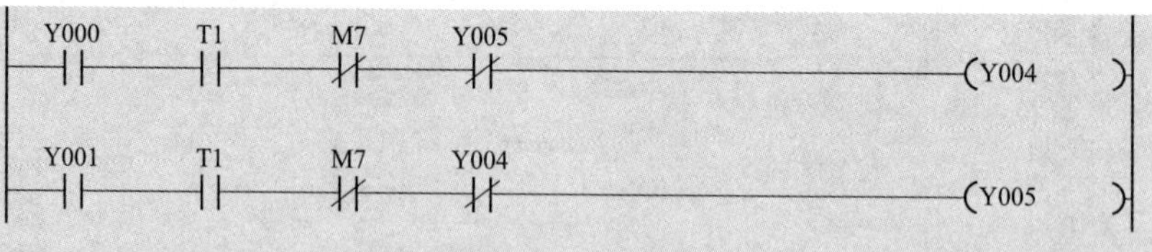

Y000
T1
M7
Y005
Y004
Y001
T1
M7
Y004
Y005

图 9-19　上下运行梯形图

M21
M101
0
Y006
M12
M102
M32
M23
M103

图 9-20　电梯爬行梯形图

（9）楼层显示梯形图（见图 9-21）。

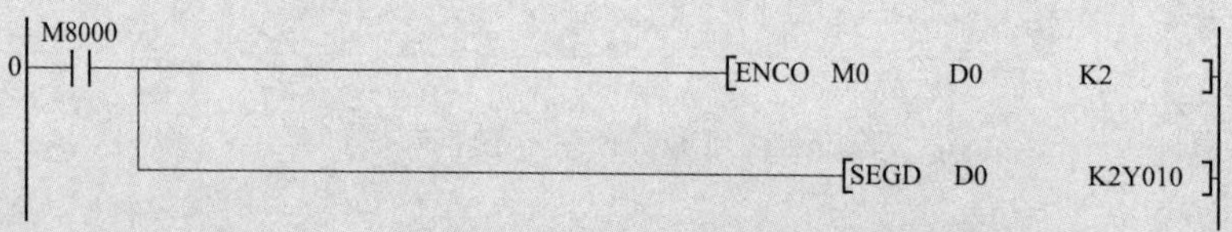

M8000
0
ENCO M0 D0 K2
SEGD D0 K2Y010

图 9-21　楼层显示梯形图

（10）电梯控制程序。根据以上控制方案的分析，将上述程序连贯起来就构成了三层电梯的程序。

5．系统接线图

根据控制要求、程序设计思路、PLC 的 I/O 分配和程序设计，可画出由编码器定位的三层电梯综合控制接线图。由编码器定位的三层电梯控制系统接线图如图 9-22 所示。

SB1
SB2
SB3
COM
X0
X11
X12
X13
FX2N-48MR
COM1,3,4
Y0
Y1
Y10
……
Y16
COM2
Y4
Y5
Y6
a b c d e f g h
七段数码管
SD
STF
STR
RH
FR-A540
+24V
0V
PLG
绿
黑
红
0V
+24V
M
3~

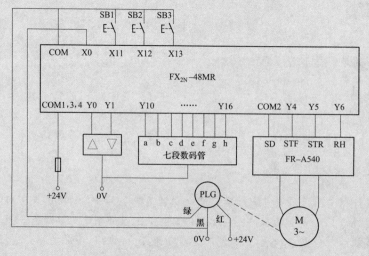

图 9-22　由编码器定位的三层电梯控制系统接线图

6. 实训器材

可用一台成套的"三层微型教学电梯"，也可用下列设备及材料（括号内所列设备及材料仅供参考），具体操作时，也可根据实际情况选用如下器材。

(1) 可编程控制器实训装置1台。

(2) PLC 主机模块1个。

(3) 变频器模块1个。

(4) 三层电梯1台（或三层电梯显示模块）。

(5) 三相电动机1台。

(6) 七段数码管（共阴极）1个。

(7) 电工常用工具1套。

(8) 连接导线若干。

7. 系统调试

(1) 设定参数。按上述变频器参数值设定变频器的参数。

(2) 输入程序。按图 9-13～图 9-21 所示的梯形图正确输入程序。

(3) PLC 模拟调试。按图 9-22 所示的接线图正确连接好输入设备，进行 PLC 的模拟调试，即模拟电梯的各种控制信号，观察 PLC 的输出指示灯是否按要求指示，否则，检查并修改程序，直至指示正确。

(4) 空载调试。按图 9-22 所示的接线图将 PLC 与变频器连接好（不接电动机），进行 PLC、变频器的空载调试，即模拟电梯的各种控制信号，通过变频器的操作面板观察变频器的输出频率是否符合要求，否则，检查系统接线、变频器参数、PLC 程序，直至变频器按要求运行。

(5) 系统调试。按图 9-22 所示的接线图正确连接好全部设备，进行系统调试，即模拟电梯的各种控制信号，观察电动机能否按控制要求运行，否则，检查系统接线、变频器参数、PLC 程序，直至电动机按控制要求运行。

三、实训报告

1. 分析与总结

(1) 描述该三层电梯的动作情况，总结操作要领。

(2) 与实际的电梯比较，分析此系统在功能上的不足，并在此基础上提出理想的设计方案，设计其控制系统。

2. 巩固与提高

(1) 若要设置电梯轿厢门的开和关，且电梯停后才能开门，电梯门关后才能开始运行，控制系统该如何设计？

(2) 图 9-21 所示的楼层显示是通过编码和七段译码显示指令来实现的，请用其他功能指令实现楼层显示。

(3) 参照本实训的控制要求，设计一个八层电梯的控制系统。

9.3　PLC、变频器、触摸屏在中央空调节能控制系统中的综合应用

学习情景引入

　　随着高层建筑的不断增加，中央空调的使用越来越广泛，那么，中央空调系统是如何制冷（或制热）的呢？它由哪些部分组成？使用了哪些先进的器件？采取了哪些现代的控制技术？下面就中央空调的电气控制系统进行学习。

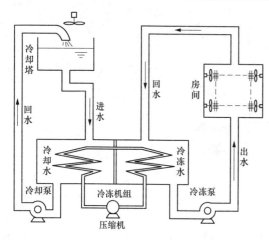

图 9-23　中央空调的系统组成

9.3.1　中央空调系统的组成

　　中央空调系统主要由冷冻机组、冷冻水循环系统、冷却水循环系统与冷却风机等几部分组成，中央空调的系统组成如图 9-23 所示。

　　1. 冷冻机组

　　冷冻机组也叫制冷装置，是中央空调的制冷源。通往各个房间的循环水在冷冻机组内进行内部热交换，冷冻机组吸收热量，冷冻水温度降低；同时，流经冷却塔的循环水也在冷冻机组内部进行热交换，冷冻机组释放热量，冷却水温度升高。

　　2. 冷冻水循环系统

　　冷冻水循环系统由冷冻泵、冷冻水管及房间盘管组成。从冷冻机组流出的冷冻水（7℃）经冷冻泵加压后送入冷冻水管道，在各房间盘管内进行热交换，带走房间内的热量，使房间内的温度下降。同时，冷冻水的温度升高，温度升高了的冷冻水（12℃）流回冷冻机组后，冷冻机组的蒸发器又吸收冷冻水的热量，使之又成为低温的冷冻水，如此往复循环，是一个闭式系统。

　　从冷冻机组流出、进入房间的冷冻水简称为出水，流经所有房间后回到冷冻机组的冷冻水简称为回水。由于回水的温度高于出水的温度，因而形成温差。

　　3. 冷却水循环系统

　　冷却水循环系统由冷却泵、冷却水管道及冷却塔组成。冷冻机组在进行内部热交换、使冷冻水降温的同时，又使冷却水温度升高。冷却泵将升温的冷却水（37℃）压入冷却塔，使之在冷却塔中与大气进行热交换，然后冷却了的冷却水（32℃）又流回冷冻机组，如此不断循环，带走了冷冻机组释放的热量，它通常是一个开式系统。

　　流进冷冻机组的冷却水简称为进水，从冷冻机组流回冷却塔的冷却水简称为回水。同样，回水的温度高于进水的温度，也形成了温差。

　　4. 冷却风机

　　冷却风机又分为盘管风机和冷却塔风机两种。盘管风机又称为室内风机，安装于所有需要降温的房间内，用于将冷却了的冷空气吹入房间，加速房间内的热交换。冷却塔风机用于降低冷却塔中冷却水的温度，将回水带回的热量加速散发到大气中去。

　　由上可知，中央空调系统的工作过程是一个不断地进行热交换的能量转换过程。在这里，冷冻水和冷却水循环（总称为循环水）系统是能量的主要传递者。因此，对冷冻水和冷却水循环系统的控制是中央空调控制系统的重要组成部分。

9.3.2　中央空调系统存在的问题

一般来说，中央空调系统的最大负载能力是按照天气最热、负荷最大的条件来设计的，存在着很大宽裕量，但实际上系统极少在这些极限条件下工作。根据有关资料统计，空调设备 97% 的时间运行在 70% 负荷以下，并时刻波动，所以，实际负荷总不能达到设计的负荷，特别是冷气需求量少的情况下，主机负荷量低。为了保证有较好的运行状态和较高的运行效率，主机能在一定范围内根据负载的变化加载和卸载（近年来，许多生产厂商也对主机进行变频调速，但更多涉及制冷的内容，这里不进行介绍），但与之相配套的冷却水泵和冷冻水泵却仍在高负荷状态下运行（水泵电动机的功率是按高峰冷负荷对应水流量的 1.2 倍选配），存在很大的能量损耗，同时还会带来以下一系列问题：

（1）水流量过大使循环水系统的温差降低，恶化了主机的工作条件、引起主机热交换效率下降，造成额外的电能损失。

（2）由于水泵流量过大，通常都是通过调整管道上的阀门开度来调节冷却水和冷冻水流量，因此阀门上存在着很大的能量损失。

（3）水泵电动机通常采用星—三角起动，但起动电流仍然较大，会给供电系统带来一定冲击。

（4）传统的水泵起、停控制不能实现软起、软停，在水泵起动和停止时，会出现水锤现象，对管网造成较大冲击，增加管网阀门的泡冒滴漏现象。

由于中央空调循环水系统运行效率低、能耗大，存在许多弊端，并且属长期运行，因此，对循环水系统进行节能技术改造是完全必要的。

9.3.3　节能改造的可行性分析

1. 方案分析

在长期的工程实践中，我们常采用以下几种改造方案。

（1）通过关小水阀门来控制流量。工程实践证明，这种方法通常达不到节能的效果，且控制不好还会引起冷冻水末端压力偏低，造成高层用户温度过高，也常引起冷却水流量偏小，造成冷却水散热不够，温度偏高。

（2）根据制冷主机负载较轻时实行间歇停机。这种方法由于再次起动主机时，主机负荷较大，实际上并不省电，且易造成空调时冷时热，令人产生不适感。

（3）采用变频器调速，由人工根据负荷轻重来调整变频器的频率。这种方法人为因素较大，虽然投资较小，但达不到最大节能效果。

（4）通过变频器、PLC、数模转换模块、温度模块、温度传感器和人机界面等构成温度（或温差）闭环自动控制系统，根据负载轻重自动调整水泵的运行频率。这种方法一次投入成本较高，但节能效果好、自动化程度高，在实践中已经被广泛应用。

2. 节能分析

（1）水泵的特性。水泵是一种平方转矩负载，其流量 Q 与转速 n，扬程 H 与转速 n 的关系如下：

$$Q_1/Q_2 = n_1/n_2 \tag{9-1}$$

$$H_1/H_2 = n_1^2/n_2^2 \tag{9-2}$$

式（9-1）、式（9-2）表明，水泵的流量与其转速成正比，水泵的扬程与其转速的平方成正比。当电动机驱动水泵时，电动机的轴功率 $P(\mathrm{kW})$ 可按下式计算：

$$P = (\rho \cdot Q \cdot H)/(n_c \cdot n_f) \times 10^{-2} \tag{9-3}$$

式中　P——电动机的轴功率，kW；

　　　ρ——液体的密度，$\mathrm{kg/m^3}$；

H——扬程，m；

Q——流量，m^3/s；

n_c——传动装置效率；

n_f——水泵的效率。

由式（9-3）可知，水泵电动机的轴功率与流量、扬程成正比，因此，水泵电动机的轴功率与其转速的立方成正比，即

$$P_1/P_2 = n_1^3/n_2^3 \qquad (9-4)$$

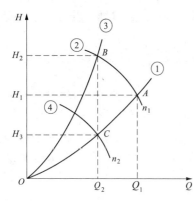

图 9-24　扬程-流量（H-Q）关系曲线

（2）节能分析。扬程-流量（H-Q）关系曲线如图 9-24 所示，图中曲线①是当阀门全部打开时，供水系统的阻力特性；曲线②是额定转速时，水泵的扬程特性。这时供水系统的工作点为 A 点（流量为 Q_1、扬程为 H_1）。由式（9-3）可知，电动机的轴功率与面积 AH_1OQ_1 成正比。若要将流量减到 Q_2，主要的调节方法有如下两种：

1）转速不变，减小阀门开度。这时阻力特性如曲线③所示，工作点移至 B 点（流量为 Q_2、扬程为 H_2）。电动机的轴功率与面积 BH_2OQ_2 成正比。

2）阀门开度不变，降低水泵转速。这时扬程特性如曲线④所示，工作点移至 C 点，流量仍为 Q_2，但扬程为 H_3。电动机的轴功率与面积 CH_3OQ_2 成正比。

以上分析可知，采用调节转速的方法来调节流量，电动机所用的功率将大为减少，其节能效果十分显著。

9.3.4　变频调速方案分析

采用变频调速技术改造中央空调的循环水系统，具有节能效果好、自动化程度高等优势，具体实施时，我们可以采用半变频和全变频两种技术方案。

1. 半变频

半变频就是一台工频一台变频，即正常运行的两台电动机，一台电动机采用工频运行，另一台电动机变频运行，且可以按一定方式轮换工作。常用的半变频控制方案如图 9-25 所示，其切换方法如下：

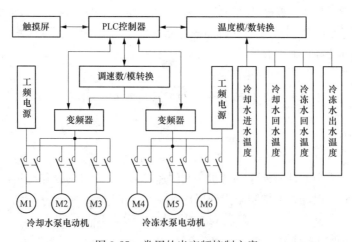

图 9-25　常用的半变频控制方案

（1）先变频起动1号水泵，进行恒温度（差）控制。

（2）当1号水泵的工作频率上升至50Hz（通常为48Hz）时，将它切换到工频电源，同时变频起动2号水泵，此时系统1号泵工频运行，2号泵变频运行，进行恒温度（差）控制。

（3）当2号水泵的工作频率上升至50Hz时，系统又将它切换到工频电源，同时变频起动3号泵，此时1号、2号工频运行，3号变频运行，进行恒温度（差）控制。

（4）当3号水泵的工作频率下降至设定的下限切换值时，关闭先起动的1号水泵，系统进入2号工频、3号变频运行状态。

（5）当3号水泵的工作频率下降至设定的下限切换值时，关闭先起动的2号水泵，这时只有3号水泵处于变频运行状态。

2. 全变频

全变频就是全部变频运行，即正常运行的电动机（可以是1台，也可以是多台）采用变频运行。常用的全变频控制方案如图9-26所示，其切换方法如下：

（1）先变频起动1号水泵，进行恒温度（差）控制。

（2）当工作频率上升至设定的上限切换值时，起动2号水泵，1号和2号水泵同时进行变频运行，进行恒温度（差）控制。

（3）当工作频率又上升至设定的上限切换值时，起动3号水泵，1号、2号、3号水泵同时进行变频运行，进行恒温度（差）控制。

（4）当三台水泵同时运行，而工作频率下降至设定的下限切换值时，关闭先起动的1号水泵，系统进入两台变频运行状态。

（5）当两台水泵同时运行，而工作频率又下降至设定的下限切换值时，再关闭先起动的2号水泵，系统进入单台变频运行状态。

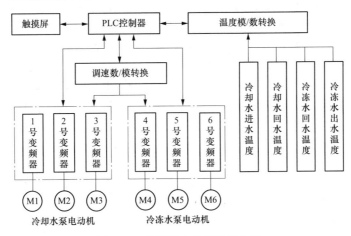

图9-26　常用的全变频控制方案

3. 节能效果比较

（1）半变频器方案。设一台水泵工频运行，处于全速工作状态，提供的流量为 Q，其对应的功率为 P。另一台水泵变频运行，只需提供 $0.5Q$ 的流量，根据水泵的流量与其转速成正比的关系，则变频器的输出频率 $f = 25Hz$（多台水泵并联运行时，每台水泵的下限不能过低，通常为30Hz，最低不低于25Hz，所以，在半变频方式中，这已经是最低的功率消耗了）。两台水泵合计提供 $1.5Q$ 的流量，其消耗的总功率为

$$P_{\sum 1} = P + P \times 0.5^3 = 1.125P \qquad (9-5)$$

（2）全变频方案。两台水泵都由变频器拖动，同样提供 $1.5Q$ 的流量，即每台各提供 75% 的流量，则变频器的输出频率 $f=37.5\text{Hz}$，其总功率消耗为

$$P_{\sum 2}=2\times P\times 0.75^{3}=0.843\,75P \tag{9-6}$$

由此可见，采用全变频的方案节能效果更理想，但其投资费用略高。

9.3.5 循环水系统的变频调速

冷冻水和冷却水两个循环水系统主要完成中央空调系统的外部热交换。循环水系统的回水与进（出）水温度之差，反映了需要进行热交换的热量，但是冷冻水和冷却水系统又略有不同，具体的控制如下。

1. 冷却水循环系统的控制

冷却水的进水温度也就是冷却塔内水的水温，它取决于环境温度和冷却风机的工作情况，且随环境温度而变化；冷却水的回水温度主要取决于冷冻机组内产生的热量，但还与进水温度有关。

（1）温差控制。最能反映冷冻机组的发热情况、体现冷却效果的是回水温度与进水温度之间的温差。因为温差的大小反映了冷却水从冷冻机组带走的热量，所以把温差作为控制的主要依据，通过变频调速实现恒温差控制是比较合理的。温差大，说明冷冻机组产生的热量多，应提高冷却泵的转速，增大冷却水的流量；温差小，说明冷冻机组产生的热量少，可以降低冷却泵的转速，减缓冷却水的循环，以节约能源。实际运行表明，温差控制为 $3\sim 5℃$ 比较适宜。

由于夏季天气炎热，冷却水回水与进水的温差控制，在一定程度上还不能满足实际的需求，因此在气温高（即冷却水进水温度高）的时候，采用冷却水回水的温度进行自动调速控制，而在气温低时，采用自动返回温差控制调速，这是一种最佳的节能模式。

（2）温差与进水温度综合控制。由于进水温度是随环境温度而改变的，因此把温差恒定为某值并非上策。因为，当采用变频调速时，所考虑的不仅仅是冷却效果，还必须考虑节能效果。温差值定低了，水泵的平均转速上升，影响节能效果；温差值定高了，在进水温度偏高时，又影响冷却效果。实践表明，根据进水温度来随时调整温差的大小是可取的。即进水温度低时，应主要着眼于节能效果，温差的目标值可适当地高一点；而进水温度高时，则必须保证冷却效果，温差的目标值应低一些。

实践证明，温差与进水温度综合控制是冷却泵变频调速系统中常用的控制方式，是同时兼顾节能效果和冷却效果的控制方案。反馈信号是由温差控制器得到的与温差成正比的电流或电压信号，目标信号是一个与进水温度 t_{A} 相关的、并且与目标温差成正比的值，目标值范围如图 9-27 所示。由图 9-27 可知，当进水温度高于 $32℃$ 时，温差的目标定为 $3℃$；当进水温度低于 $24℃$ 时，温差的目标值定为 $5℃$；当进水温度为 $24\sim 32℃$ 时，温差的目标值将按照这个曲线自动调节。

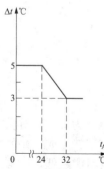

图 9-27 目标值范围

2. 冷冻水循环系统的控制

冷冻水循环系统和冷却水循环系统一样，可以采用回水与出水的温度之差来进行控制。但是，由于冷冻水的出水温度是冷冻机组"冷冻"的结果，常常比较稳定，因此，单是回水温度的高低就足以反映房间内的温度。所以，冷冻泵变频调速系统可以简单地根据回水温度进行控制，即回水温度高，说明热交换多，房间温度高，应提高冷冻泵的循环速度，以带走房间更多的热量，反之相反。

对于冷冻水循环系统，回水温度是控制的依据，即通过变频调速，实现回水的恒温控制。同时，为了确保最高楼层具有足够的压力，在回水管上接一个压力表，如果回水压力低于规定值，则电动机的转速将不再下降。冷冻水系统变频调速方案可以有以下两种方式：

（1）压差为主，温度为辅的控制。以压差信号为反馈信号，进行恒压差控制。而压差的目标

值可以在一定范围内根据回水的温度进行适当调整。当房间温度较低时，可以使压差的目标值适当下降一些，减小冷冻泵的平均转速，提从而高节能效果，这样，既考虑了环境温度的因素，又改善了节能效果。

（2）温（差）度为主，压差为辅的控制。以温度或温差信号为反馈信号，进行恒温度（差）控制，而目标信号可以根据压差大小做适当调整。当压差偏高时，说明其负荷较重，应该适当提高目标信号，增加冷冻泵的平均转速，以确保最高楼层具有足够的压力。

9.3.6　变频改造后的效果

（1）采用变频改造后，由于冷冻和冷却水泵大多数时间运行在额定转速以下，因此节电率达30％以上。

（2）由于变频器采用软起动方式，起动电流得到了有效的抑制，避免了原来降压起动带来的对供电设备的冲击，特别是对变压器的冲击，为系统设备和变压器的安全运行提供了保障。

（3）采用变频器运行后，提高了机组运行的工作效率，降低了电动机的噪声和温升，也降低了电动机的振动。因此，电气故障率降低，可靠性提高，维护周期延长，维护费用成倍减少，综合经济效益大幅提高。

实训 30　在中央空调循环水节能控制系统中的综合应用

一、实训任务

设计一个中央空调循环水系统的电气控制系统，并在实训室完成模拟调试。

1. 控制要求

（1）循环水系统配有冷却水泵两台（M1 和 M2），冷冻水泵两台（M3 和 M4），均为一用一备，冷却水泵和冷冻水泵的控制过程相似，实训时只需设计冷却水泵的电气控制系统。

（2）正常情况下，系统运行在变频节能状态，其上限运行频率为 50Hz，下限运行频率为30Hz，当节能系统出现故障时，可以进行手动工频运行。

（3）在变频节能状态下可以自动调节频率，也可以手动调节频率，每次的调节量为 0.5Hz。

（4）自动调节频率时，采用温差控制，两台水泵可以进行手动轮换。

（5）上述的所有操作都通过触摸屏来进行。

2. 实训目的

（1）了解中央空调循环水系统节能的基本原理。

（2）掌握 PLC、变频器、触摸屏和模拟量模块的综合控制。

（3）掌握 PLC、变频器和外部设备的程序及电路设计。

（4）能运用 PLC、变频器、触摸屏等新器件解决实际工程问题。

二、实训步骤

1. 任务分析

在冷却水循环系统中，PLC 通过温度传感器及温度模块将冷却水的回水温度和进水温度读入内存，根据回水和进水的温差来控制变频器的转速，调节冷却水的流量，控制热交换的速度。因此，对冷却水来说，以回水和进水的温差作为控制依据，实现回水和进水的恒温差控制是比较合理的。温差大，说明冷冻机组产生的热量大，应提高冷却泵的转速，加大冷却水的循环速度；温差小，说明冷冻机组产生的热量小，应降低冷却泵的转速，减缓冷却水的循环速度，以节约电能。因此，中央空调冷却水系统的控制可采用变频调速来实现，变频器的频率采用回进水温差来控制。

根据控制要求，可画出冷却水泵的主电路原理图。冷却水泵的主电路原理图如图 9-28 所示，图中KM1、KM2分别为M1、M2的变频接触器，KM3、KM4为工频接触器，变频接触器通过PLC进行控制，工频接触器通过继电器电路进行控制（实训时该部分不作要求），并且，它们相互之间有电气互锁。

控制部分通过两个铂温度传感器（PT100、3线100）采集冷却水的回水和进水温度，然后通过与之连接的FX$_{2N}$-4AD-PT特殊功能模块，将采集的模拟量转换成数字量传送给PLC，再通过PLC进行运算，将运算的结果通过FX$_{2N}$-2DA将数字量转换成模拟量（DC 0～10V）来控制变频器的转速。触摸屏可以发出控制信号，并能对系统的运行进行监视，其系统控制图如图9-29所示。

2. 程序设计思路

根据系统的控制要求，该程序包括了冷却水回进水温度的检测程序、D/A转换程序、手动调速程序、自动调速程序以及变频器的起、停、报警、复位、冷却泵的轮换等程序。

3. PLC、触摸屏的软元件分配

根据系统的控制要求及设计思路，PLC、触摸屏的软元件分配如下：

X0：变频器报警输出信号；M0：冷却泵起动按钮，M1：冷却泵停止按钮，M2：冷却泵手动加速，M3：冷却泵手动减速，M5：变频器报警复位，M6：冷却泵M1运行，M7：冷却泵M2运行，M10：冷却泵手/自动调速切换；Y0：变频运行信号（STF），Y1：变频器报警复位，Y4：变频器报警指示，Y6：冷却泵自动调速指示，Y10：冷却泵M1变频运行，Y11：冷却泵M2变频运行。

另外，程序中还用到了一些元件，如数据寄存器D20为冷却水进水温度，D21为冷却水回水温度，D25为冷却水进回水温差，D1010为D/A转换前的数字量，D1001为变频器运行频率显示。

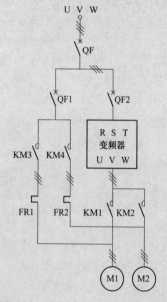

图9-28 冷却水泵的主电路原理图

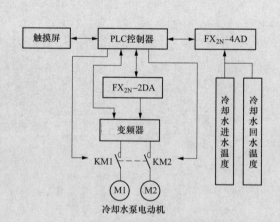

图9-29 系统控制图

4. 程序设计

根据系统的控制要求，该控制程序主要由以下几部分组成：

（1）冷却水回进水温度检测及温差计算程序。CH1通道为冷却水进水温度（D20），CH2通道为冷却水回水温度（D21），D25为冷却水回进水温差。冷却水回进水温度检测及温差计算程序如图9-30所示。

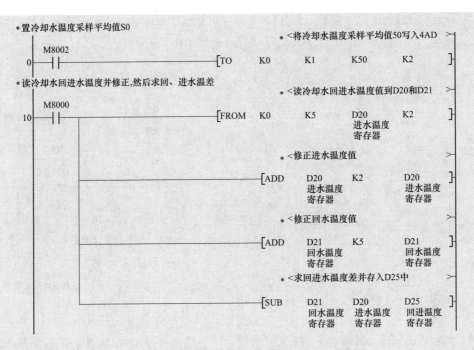

图 9-30　冷却水回进水温度检测及温差计算程序

（2）D/A 转换程序。进行 D/A 数模转换的数字量存放在数据寄存器 D1010 中，它通过 FX_{2N}-2DA 模块将数字量变成模拟量，由 CH1 通道输出给变频器，从而控制变频器的转速达到调节水泵转速的目的。D/A 转换程序如图 9-31 所示。

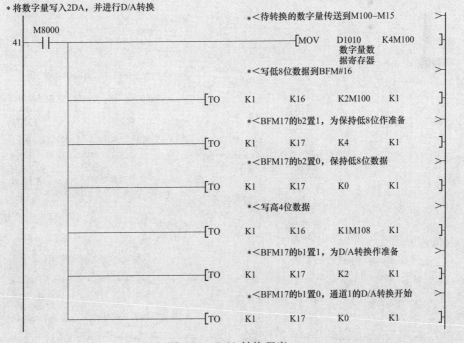

图 9-31　D/A 转换程序

（3）手动调速程序。M2 为冷却泵手动转速上升（上升沿有效），每按一次频率上升 0.5Hz，

M3 为冷却泵手动转速下降（上升沿有效），每按一次频率下降 0.5Hz，冷却泵的手动/自动频率调整的上限都为 50Hz，下限都为 30Hz，手动调速程序如图 9-32 所示。

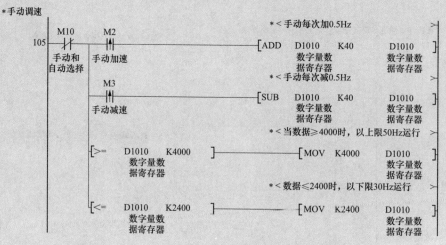

图 9-32 手动调速程序

（4）自动调速程序。因冷却水温度变化缓慢，温差采集周期 4s 比较符合实际需要。当温差大于 5℃ 时，变频器运行频率开始上升，每次调整 0.5Hz，直到温差小于 5℃ 或者频率升到 50Hz 时才停止上升；当温差小于 4.5℃ 时，变频器运行频率开始下降，每次调整 0.5Hz，直到温差大于 4.5℃ 或者频率下降到 30Hz 时才停止下降。这样保证了冷却水回进水的恒温差（4.5~5℃）运行，从而达到了最大限度的节能，自动调速程序如图 9-33 所示。

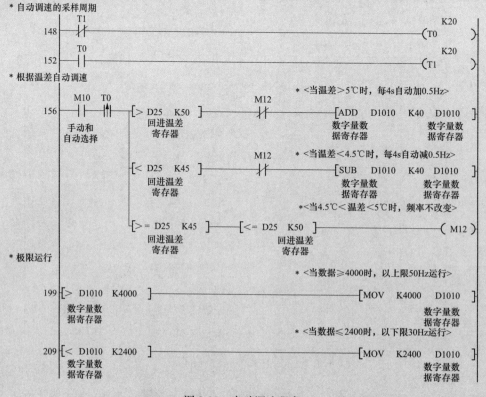

图 9-33 自动调速程序

此外，变频器的起、停、报警、复位、冷却泵的轮换及变频器频率的设定、频率和时间的显示等均采用基本逻辑指令来控制，变频器、水泵起停报警的控制程序如图 9-34 所示。将图 9-29～图 9-34 的程序组合起来，即为系统的控制程序。

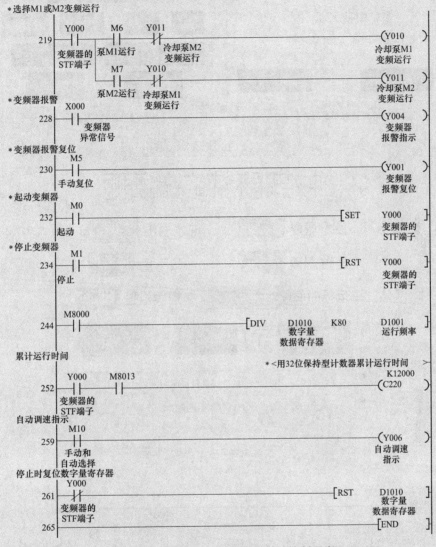

图 9-34　变频器、水泵起停报警的控制程序

5. 触摸屏画面制作

按图 9-35 所示制作触摸屏的画面。

6. 系统接线图

根据控制要求、设计思路及 PLC 的 I/O 分配，可画出冷却泵的控制电路，冷却泵的控制电路如图 9-36 所示。

7. 变频器参数设置

根据控制要求，变频器的具体设定参数如下：

(1) 上限频率 $Pr.1 = 50\text{Hz}$。

(2) 下限频率 $Pr.2 = 30\text{Hz}$。

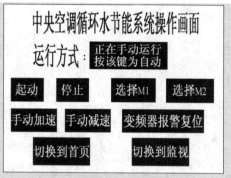

(a) 触摸屏首页画面

(b) 触摸屏操作画面

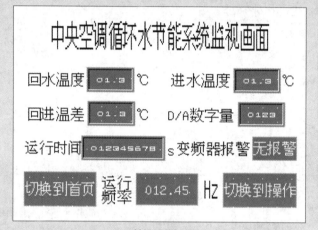

(c) 触摸屏监视画面

图 9-35　触摸屏的画面

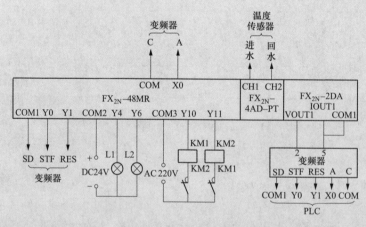

图 9-36　冷却泵的控制电路

（3）基底频率 $Pr.3 = 50\text{Hz}$。

（4）加速时间 $Pr.7 = 3\text{s}$。

（5）减速时间 $Pr.8 = 3\text{s}$。

（6）电子过电流保护 $Pr.9 =$ 电动机的额定电流。

(7) 起动频率 $Pr.13=10\text{Hz}$。

(8) DU 面板的第三监视功能为变频繁器的输出功率 $Pr.54=14$。

(9) 智能模式选择为节能模式 $Pr.60=4$。

(10) 选择端子 2～5 为 0～10V 的电压信号 $Pr.73=0$。

(11) 允许所有参数的读/写 $Pr.160=0$。

(12) 操作模式选择（外部运行）$Pr.79=2$。

8. 实训器材

(1) 可编程控制器实训装置 1 台。

(2) PLC 主机模块 1 个。

(3) 变频器模块 1 个。

(4) 触摸屏模块 1 个。

(5) FX_{2N}-4AD-PT 特殊功能模块 1 台（配 PT100 温度传感器 2 个）。

(6) FX_{2N}-2DA 特殊功能模块 1 台。

(7) 三相电动机 2 台（Y-112-0.55）。

(8) 交流接触器模块 2 个。

(9) 开关、按钮板模块 1 个。

(10) 指示灯模块 1 个。

(11) 电工常用工具 1 套。

(12) 连接导线若干。

9. 系统调试

(1) 设定参数。按上述变频器的设定参数值设置变频器的参数。

(2) 输入程序。将设计的程序正确输入 PLC 中。

(3) 触摸屏与 PLC 的通信调试。将制作好的触摸屏画面传送给触摸屏，并将触摸屏与 PLC 连接好，通过操作触摸屏上的触摸键，观察触摸屏指示和 PLC 输出指示灯的变化是否按要求指示，否则，检查并修改触摸屏画面或 PLC 程序，直至指示正确。

(4) 手动调速的调试。按图 9-36 所示的控制电路图连接 PLC、变频器、FX_{2N}-4AD-PT、FX_{2N}-2DA。调节 FX_{2N}-2DA 的零点和增益，使 D1010 为 2400 时，变频器的输出频率为 30Hz；使 D1010 为 4000 时，变频器的输出频率为 50Hz；D1010 每增减 40 时，变频器的输出频率增减 0.5Hz，然后，通过触摸屏手动操作，观察变频器的输出频率。

(5) 自动调速的调试。在手动调速成功的基础上，将两个温度传感器放入温度不同的水中，通过变频器的操作面板观察变频器的输出是否符合要求，否则，修正进水、回水的温度，使回进水温差与变频器输出的频率相符。

(6) 空载调试。按图 9-36 所示的控制电路图连接好各种设备（不接电动机），进行 PLC、变频器、特殊功能模块的空载调试。分别在手动调速和自动调速的情况下，通过变频器的操作面板观察变频器的输出是否符合要求，否则，检查系统接线、变频器参数、PLC 程序，直至变频器按要求运行。

(7) 系统调试。按图 9-28 和图 9-36 正确连接好全部设备，进行系统调试，观察电动机能否按控制要求运行，否则，检查系统接线、变频器参数、PLC 程序，直至电动机按控制要求运行。

三、实训报告

1. 分析与总结

(1) 描述电动机的运行情况，总结操作要领。

（2）画出整个系统的接线图，写出必要的设计说明。

2. 巩固与提高

（1）若触摸屏画面上的运行时间显示不是以秒为单位显示，而是显示小时、分钟和秒，则该部分的触摸屏画面如何制作？PLC程序如何设计？

（2）若将控制要求改为两台水泵全变频，即高峰时两台水泵全变频运行，当两台水泵达到48Hz时即切换为工频运行；当负载下降到变频器的下限30Hz时，即退出一台，另一台变频运行；当负载增加到变频器的上限50Hz运行时，即切换为两台水泵全变频。请参照本实训的格式设计其电气控制系统。

9.4 PLC、变频器、触摸屏在恒压供水控制系统中的综合应用

 学习情景引入

随着变频调速技术的发展，变频恒压供水系统已逐渐取代原有的恒速泵组切换加压供水、调节阀门开度供水、高位水塔供水等供水系统，广泛应用于住宅小区生活及消防供水系统。变频恒压供水系统具有水压恒定、水质好、占地小、无高位水箱、噪声小、节能等优点。那么，变频恒压供水系统由哪些部分组成？使用了哪些先进的器件？采取了哪些现代的控制技术？下面就变频恒压供水的电气控制系统进行学习。

9.4.1 控制方式分析

变频恒压供水系统使用较多的控制器有微处理器（单片机或DSP）、PLC或专用变频器，其控制原理基本一样，主要有PID调节器、变频/工频自动切换、水网压力检测等环节。为了保持供水管道的压力恒定，必须实时检测管道压力并将其回馈给供水控制器，以构成压力闭环控制系统。

变频恒压供水系统的恒压值一般选用最不利点（管端）恒压控制比较准确，但该压力信号传输距离太长，一方面容易受到干扰，另一方面也容易出现故障。因此在用户对供水压力精度要求不很高时，常将供水母管出口处压力作为恒压值进行控制。

常用的控制方式有变频器的多段调速控制、变频器的PID控制和PLC的PID控制等几种。对于变频器的多段调速控制，通过PLC控制变频器的多段调速来实现供水压力恒定，具体案例可见实训31。对于变频器PID控制，多使用专用变频器，其压力传感器将检测到的管网压力直接送入变频器中的PID调节器输入口，压力设定值可以通过变频器输入设定，也可以通过电位器送入。对于PLC的PID控制方式，压力设定值以及管网压力检测值则送入微处理器中，经内部PID控制程序的计算，输给变频器一个转速控制信号。当变频器频率达到最大时，若仍没有达到压力设定值，就进行变频/工频切换，同时重新给变频器输入一个转速控制信号；一旦管网压力达到设定值，该输入控制信号就恒定下来，系统稳定运行，具体过程可见实训32。

9.4.2 PID控制

在工程实际中，应用最广泛的调节器控制规律为比例、积分、微分控制，简称PID控制，又称PID调节。PID控制器问世至今已有近70年历史，它以结构简单、稳定性好、工作可靠、调整方便的优点成为工业控制的主要技术之一。当被控对象的结构和参数不能完全掌握，或得不到精确的数学模型，控制理论的其他技术难以采用时，系统控制器的结构和参数必须依靠经验和现场调试来确定，这时应用PID控制技术最为方便。即当我们不完全了解一个系统和被控对象，或不能通过有效的测量手段来获得系统参数时，最适合用PID控制技术。对于PID控制，实际中也有PI控制和PD控制。

PID 控制器就是根据系统的误差，利用比例、积分、微分计算出控制量进行控制的。

（1）比例控制。比例控制是最简单的一种控制方式，其控制器的输出与输入误差信号成比例关系。当仅有比例控制时，系统输出存在稳态误差（steady-state error，指系统进入稳态后，系统希望的输出值与实际的输出值之差）。

（2）积分控制。在积分控制中，控制器的输出与输入误差信号的积分成正比关系。对于自动控制系统，如果进入稳态后存在稳态误差，则称这个控制系统有稳态误差，简称为有差系统（system with steady-state error）。为了消除稳态误差，在控制器中必须引入积分项，对误差的积分项取决于时间的积分，随着时间的增加，积分项会增大。这样，即便误差很小，积分项也会随着时间的增加而加大，它推动控制器的输出增大使稳态误差进一步减小，直至为零。因此，比例＋积分（PI）控制器，可以使系统在进入稳态后无稳态误差。

（3）微分控制。在微分控制中，控制器的输出与输入误差信号的微分（即误差的变化率）成正比关系。自动控制系统在克服误差的调节过程中可能会出现振荡甚至失稳，其原因是系统存在较大惯性组件（环节）或有滞后（delay）组件，此类组件具有抑制误差的作用，其变化总是落后于误差的变化。解决的办法是使抑制误差的作用的变化"超前"，即在误差接近零时，抑制误差的作用就应该是零。这就是说，在控制器中仅引入比例项往往是不够的，比例项的作用仅是放大误差的幅值，因此需要增加微分项，微分项能预测误差变化的趋势。具有比例＋微分的控制器，能够提前使抑制误差的控制作用等于零，甚至为负值，从而避免了被控量的严重超调。所以对有较大惯性或滞后的被控对象，比例＋微分（PD）控制器能改善系统在调节过程中的动态特性。

（4）PID 控制。PID 控制需要设定 K_P（比例系数）、T_I（积分时间）和 T_D（微分时间）3 个主要参数，无论哪一个参数选择得不合适，都会影响控制效果。因此，在设定参数时应把握 PID 参数与系统动态、静态性能之间的关系。

比例部分与误差信号在时间上是一致的，只要误差一出现，比例部分就能及时地产生与误差成正比的调节作用，具有调节及时的特点。比例系数 K_P 越大，比例调节作用越强，系统的稳态精度越高。但是对于大多数系统，K_P 过大会使系统的输出量振荡加剧，稳定性降低。

积分作用与当前误差的大小和误差的历史情况都有关系，只要误差不为零，控制器的输出就会因积分作用而不断变化，直到误差消失，系统处于稳定状态，输出量不再变化。因此，积分部分可以消除稳态误差，提高控制精度，但是积分作用的动作缓慢，可能给系统的动态稳定性带来不良影响。积分时间 T_I 决定了积分速度的快慢和积分作用的强弱，T_I 增大时，积分作用减弱，积分速度变慢，消除静差的时间拉长，系统的动态性能（稳定性）可能有所改善，但是消除稳态误差的速度减慢，可以减少系统超调。

微分部分为提高 PI 调节的动态响应速度而设置，可根据误差变化的速度，提前给出较大的调节作用，使误差消除在萌芽状态。微分部分反映了系统变化的趋势，较比例调节更为及时，所以微分部分具有超前和预测的特点。微分时间 T_D 增大时，超调量减小，动态性能得到改善，但是抑制高频干扰的能力下降。

除此之外，还有采样周期（T_S）也很重要，选取采样周期 T_S 时，应使它远远小于系统阶跃响应的纯滞后时间或上升时间。为使采样值能及时反映模拟量的变化，T_S 越小越好。因为 T_S 太小会增加 CPU 的运算工作量，相邻两次采样的差值几乎没有什么变化，所以 T_S 也不宜过小。

因此，在实际使用时，如何确定其控制参数是工程技术人员最头痛的事，下面介绍三种方法。

9.4.3　PID 控制方法

1．阶跃响应法

阶跃响应法就是用来确定 PID 控制的 K_P、T_I、T_D 三个参数的一种方法。为了使 PID 控制获得良好的效果，必须求得适合于控制对象的 3 个参数的最佳值，工程上常采用阶跃响应法求这 3 个参数（仅适用于 FX$_{2N}$ V2.00 以上版本）。

阶跃响应法是使控制系统产生 0～100% 的阶跃输出，通过测量输入变化对输出的动作特性（无用时间 L、最大斜率 R）来换算出 PID 的 3 个参数，阶跃响应法求 PID 参数的方法如图 9-37 所示。

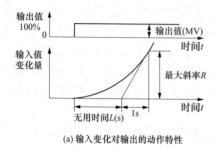

	比例增益 (K_P)%	积分时间 (T_I)(0.1s)	微分时间 (T_D)(0.1s)
仅有比例 控制(P动作)	$(1/R \times L) \times$输出值(MV)	—	—
PI控制 (PI动作)	$(0.9/R \times L) \times$输出值(MV)	$33L$	—
PID控制 (PID动作)	$(1.2/R \times L) \times$输出值(MV)	$20L$	$50L$

(a) 输入变化对输出的动作特性　　　　　　　　(b) 动作特性与3个参数的关系

图 9-37　阶跃响应法求 PID 参数的方法

2．自动调谐法

为了得到最佳的 PID 控制效果，最好使用自动调谐功能，其操作方法如下：

（1）传送自动调谐用的输出值至输出值［D.］中。根据输出设备的不同，自动调谐用的输出值应选用可能输出最大值的 50%～100%。

（2）设定自动调谐的采样时间、输出滤波、微分时间以及目标值等。为了正确执行自动调谐，目标值的设定应保证自动调谐开始时的测定值与目标值之差要大于 150 以上。若不能满足大于 150 以上，可以先设定自动调谐的目标值，待自动调谐完成后，再次设定目标值。自动调谐时的采样时间应大于 1s 以上，并且要远大于输出变化的周期时间。

（3）［S3.］＋1 动作方向（ACT）的 bit4 设定为 ON 后，则自动调谐开始。当当前值达到设定值的 1/3 时，自动调谐标志（［S3］＋1 的 b4＝1）会被复位，自动调谐完成，转为正常的 PID 控制，这时可将设定值改回到正常设定值而不要令 PID 指令 OFF。

注意：自动调谐应在系统处于稳态时进行，否则不能正确进行调谐。

3．凑试法

设定 PID 参数时，如果能够有理论的方法确定 PID 参数当然是最理想的方法，但在实际应用中，更多的是通过凑试法来确定 PID 的参数。

（1）K_P、T_I、T_D。增大比例系数 K_P 一般将加快系统的响应，在有静差的情况下有利于减小静差，但是过大的比例系数会使系统有比较大的超调，并产生振荡，使稳定性变坏。

增大积分时间 T_I 有利于减小超调，减小振荡，使系统的稳定性增加，但是系统静差消除时间变长。

增大微分时间 T_D 有利于加快系统的响应速度，使系统超调量减小，稳定性增加，但系统对扰动的抑制能力减弱。

（2）凑试步骤。在凑试时，可参考以上参数对系统控制过程的影响趋势，对参数调整实行先比例、后积分、再微分的设定步骤。

首先设定比例系数。将比例系数由小变大，并观察相应的系统响应，直至得到反应快、超调小的响应曲线。如果系统没有静差或静差已经小到允许范围内，并且对响应曲线已经满意，则只需要比例调节即可。

如果在比例调节的基础上系统的静差不能满足设计要求，则必须加入积分环节。在设定时，先将积分时间设定到一个比较大的值，然后将已经调节好的比例系数略为缩小（一般缩小为原值的 0.8），然后减小积分时间，使得系统在保持良好动态性能的情况下，静差得到消除。在此过程中，可根据系统的响应曲线的好坏反复改变比例系数和积分时间，以期得到满意的控制过程和设定参数。

如果在上述调整过程中对系统的动态过程反复调整还不能得到满意的结果，则可以加入微分环节。首先把微分时间 T_D 设置为 0，在上述基础上逐渐增加微分时间，同时相应地改变比例系数和积分时间，逐步凑试，直至得到满意的调节效果。

（3）经验数据。在长期的工程实际中，我们积累了各种调节系统的工程数据，在进行 PID 调节时，可在 P、I、D 参数经验数据的基础上进行拼凑，将会有意想不到效果。

对于温度系统：K_P 20%～60%，T_I(s) 180～600，T_D(s) 3～180；

对于流量系统：K_P 40%～100%，T_I(s) 6～60；

对于压力系统：K_P 30%～70%，T_I(s) 24～180。

实训 31　变频器多段调速控制的恒压供水系统

一、实训任务

请使用 PLC、变频器设计一个有七段速度的恒压供水系统，并在实训室完成模拟调试。

1. 控制要求

（1）共有 3 台水泵，按设计要求 2 台运行，1 台备用，运行与备用 10 天轮换一次。

（2）用水高峰时，1 台工频全速运行，1 台变频运行；用水低谷时，只需 1 台变频运行。

（3）3 台水泵分别由电动机 M1、M2、M3 拖动，而 3 台电动机又分别由变频接触器 KM1、KM3、KM5 和工频接触器 KM2、KM4、KM6 控制，主电路接线原理图如图 9-38 所示。

（4）电动机的转速由变频器的七段调速来控制，七段速度与变频器的控制端子的对应关系见表 9-2。

表 9-2　　　　　　　　七段速度与变频器的控制端子的对应关系

速度	1	2	3	4	5	6	7
接点	RH				RH	RH	RH
接点		RM		RM		RM	RM
接点			RL	RL	RL		RL
频率（Hz）	15	20	25	30	35	40	45

（5）变频器的七段速度及变频与工频的切换由管网压力继电器的压力上限接点与下限接点控制。

（6）水泵投入工频运行时，电动机的过载由热继电器保护，并有报警信号指示。

（7）变频器的有关参数自行设定。

（8）实训时 KM1、KM3、KM5 并联接变频器与电动机，KM2、KM4、KM6 用指示灯代替；压力继电器的压力上限接点与下限接点分别用按钮来代替；运行与备用 10 天轮换一次改为 100s 轮换一次。

2. 实训目的

（1）了解 PLC 与变频器综合控制的设计思路。

（2）掌握变频器七段调速的参数设置和外部端子的接线。

（3）能运用变频器的外部端子和参数实现变频器的多段速度控制。

（4）能运用变频器的多段调速解决工程实际问题。

二、实训步骤

1. 程序设计思路

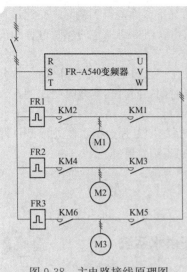

图 9-38　主电路接线原理图

电动机的七段速度由变频器的七段调速来控制，变频器的七段运行由变频器的控制端子来选择，变频器控制端子的信号通过 PLC 的输出继电器来提供（即通过 PLC 控制变频器的 RL、RM、RH 以及 STF 端子与 SD 端子的通和断），而 PLC 输出信号的变化则通过管网压力继电器的压力上限接点与下限接点来控制。

2. PLC 软元件分配

根据系统的控制要求、设计思路和变频器的设定参数，PLC 的 I/O 分配如下：X0：起动按钮，X1：水压下限，X2：水压上限，X3：停止按钮，X4：FR1（常开），X5：FR2（常开），X6：FR3（常开）；Y0：运行（STF），Y1：多段速度（RH），Y2：多段速度（RM），Y3：多段速度（RL），Y4～Y11：KM1～KM6，Y12：FR 动作报警。

3. 程序设计

根据系统的控制要求，该控制是顺序控制，其中一个顺序控制是 3 台泵的切换，3 台泵的切换如图 9-39 所示；另一个顺序是七段速度的切换，七段速度的切换如图 9-40 所示。这两个顺序是同时进行的，所以，可以用并行性流程来设计系统的程序。恒压供水系统的状态转移图如图 9-41 所示。

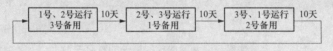

图 9-39　3 台泵的切换

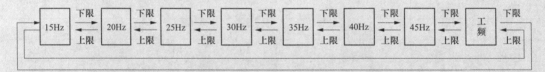

图 9-40　七段速度的切换

4. 系统接线图

根据控制要求及 I/O 分配，恒压供水系统接线图如图 9-42 所示。

5. 变频器参数设置

根据控制要求，变频器的具体设定参数如下：

（1）上限频率 $Pr.1 = 50\text{Hz}$。

（2）下限频率 $Pr.2 = 0\text{Hz}$。

（3）基底频率 $Pr.3 = 50\text{Hz}$。

（4）加速时间 $Pr.7 = 2\text{s}$。

（5）减速时间 $Pr.8 = 2\text{s}$。

（6）电子过电流保护 $Pr.9 =$ 电动机的额定电流。

（7）操作模式选择（组合）$Pr.79 = 3$。

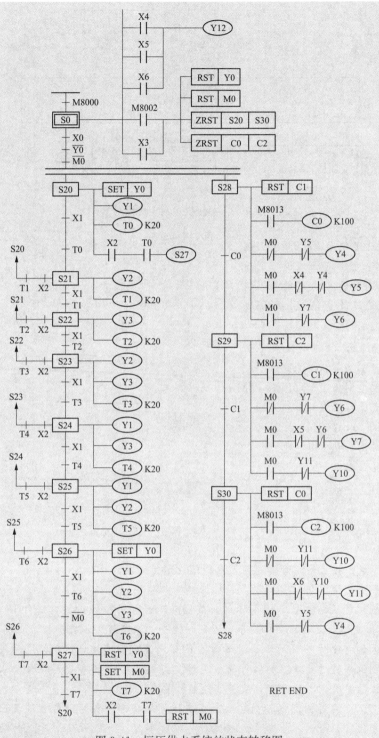

图 9-41　恒压供水系统的状态转移图

（8）多段速度设定 $Pr.4=15\mathrm{Hz}$。

（9）多段速度设定 $Pr.5=20\mathrm{Hz}$。

（10）多段速度设定 $Pr.6=25\mathrm{Hz}$。

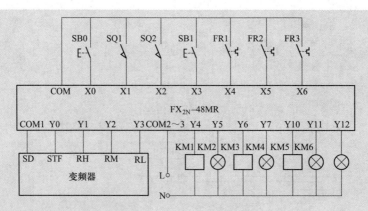

图 9-42　恒压供水系统接线图

（11）多段速度设定 $Pr.24＝30\,\mathrm{Hz}$。

（12）多段速度设定 $Pr.25＝35\,\mathrm{Hz}$。

（13）多段速度设定 $Pr.26＝40\,\mathrm{Hz}$。

（14）多段速度设定 $Pr.27＝45\,\mathrm{Hz}$。

6. 实训器材

（1）变频器 1 台（三菱 FR-A540）。

（2）电位器 1 个（2W/1kW）。

（3）可编程控制器 1 台（FX_{2N}-48MR）。

（4）手持式编程器或计算机 1 台。

（5）电动机 1 台（Y-112-0.55）。

（6）电工常用工具 1 套。

（7）交流接触器 3 个。

（8）指示灯 4 个。

（9）导线若干。

（10）实训控制台 1 台。

7. 系统调试

（1）设定参数，按上述变频器的设定参数值设定变频器的参数。

（2）输入程序，按图 9-41 所示的梯形图正确输入程序。

（3）PLC 模拟调试，按图 9-42 所示的接线图正确连接好输入设备，进行 PLC 的模拟调试，观察 PLC 的输出指示灯是否按要求指示，否则，检查并修改程序，直至指示正确。

（4）空载调试，按图 9-42 所示的接线图将 PLC 与变频器连接好（不接电动机），进行 PLC、变频器的空载调试，通过变频器的操作面板观察变频器的输出频率是否符合要求，否则，检查系统接线、变频器参数、PLC 程序，直至变频器按要求运行。

（5）系统调试，按图 9-42 所示的接线图正确连接好全部设备，进行系统调试，观察电动机能否按控制要求运行，否则，检查系统接线、变频器参数、PLC 程序，直至电动机按控制要求运行。

三、实训报告

1. 分析与总结

（1）描述电动机的运行情况，总结操作要领。

（2）给 PLC 的控制程序加设备注释。

2. 巩固与提高

(1) 写出运行与备用 10 天轮换一次的 PLC 控制程序。

(2) 分别画出主电路的实训和工程接线原理图。

(3) 请设计一个使用触摸屏进行系统监控的触摸屏画面，并完成系统的调试。

实训 32　PLC PID 控制的恒压供水系统

一、实训任务

请设计一个通过 PLC 的 PID 控制的恒压供水系统，并在实训室完成模拟调试。

1. 控制要求

(1) 共有两台水泵，按设计要求一台运行，一台备用，自动运行时，水泵累计运行 100h 轮换一次，手动运行时不轮换。

(2) 两台水泵分别由 M1、M2 电动机拖动，电动机同步转速为 3000r/min，由 KM1、KM2 控制。

(3) 轮换后起动和停电后起动须 5s 报警，运行异常时可自动切换到备用泵，并报警。

(4) 采用 PLC 的 PID 调节指令来实现压力恒定。

(5) 采用 PLC 的特殊功能模块 FX_{0N}-3A 的模拟输出来控制变频器的频率，从而调节电动机的转速。

(6) 设定压力在 0~1MPa 可调，并可通过触摸屏进行设定。

(7) 触摸屏可以显示设定压力、实际压力、水泵的运行时间、转速及报警信号等。

(8) 变频器的其余参数自行设定。

2. 实训目的

(1) 了解恒压供水的工作原理及系统的结构。

(2) 掌握 PLC 的 PID 控制参数的设置。

(3) 掌握 PLC、变频器、触摸屏和 FX_{0N}-3A 模拟量模块的综合应用。

(4) 掌握 PLC、变频器和外部设备的电路设计及综合布线。

(5) 能运用 PLC、变频器、触摸屏等新器件解决工程实际问题。

二、实训步骤

1. 软元件分配

(1) 触摸屏的输入信号分配。M500：自动起动；M100：手动 1 号泵；M101：手动 2 号泵；M102：停止；M103：运行时间复位；M104：清除报警；D500：设定压力。

(2) 触摸屏的输出信号分配。Y0：1 号泵运行；Y1：2 号泵运行，T20：1 号泵故障；T21：2 号泵故障；D101：实际压力；D102：电动机的转速；D502：水泵累计运行的时间。

(3) PLC 的输入信号分配。X1：1 号泵水流开关；X2：2 号泵水流开关；X3：过压保护。

(4) PLC 的输出信号分配。Y0：KM1；Y12：KM2；Y4：报警器；Y10：变频器 STF。

2. 触摸屏画面设计

根据控制要求及 I/O 分配，按图 9-43 制作触摸屏画面。

3. 程序设计

根据控制要求，可设计出 PLC 程序，PLC 程序如图 9-44 所示。

4. 系统接线图

根据控制要求及 I/O 分配，恒压供水系统接线图如图 9-45 所示。

5. 变频器参数设置

根据控制要求，变频器的具体设定参数如下：

(1) 上限频率 $Pr.1=50\text{Hz}$。

(2) 下限频率 $Pr.2=30\text{Hz}$。

(3) 基底频率 $Pr.3=50\text{Hz}$。

(4) 加速时间 $Pr.7=3\text{s}$。

(5) 减速时间 $Pr.8=3\text{s}$。

(6) 电子过电流保护 $Pr.9=$ 电动机的额定电流。

(7) 起动频率 $Pr.13=10\text{Hz}$。

(8) DU 面板的第三监视功能为变频繁器的输出功率 $Pr.5=14$。

(9) 智能模式选择为节能模式 $Pr.60=4$。

(10) 端子 2-5 间的频率设定为电压信号 $0\sim10\text{V}$ $Pr.73=0$。

(11) 允许所有参数的读/写 $Pr.160=0$。

(12) 操作模式选择（外部运行）$Pr.79=2$。

(13) 其他设置为默认值。

6. 实训器材

(1) 可编程控制器 4 台（FX_{2N}-48MR）。

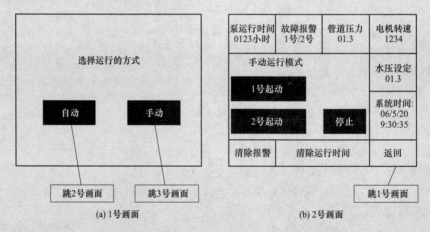

(a) 1号画面　　　　　　　　　　　　(b) 2号画面

(c) 3号画面图

图 9-43　触摸屏画面

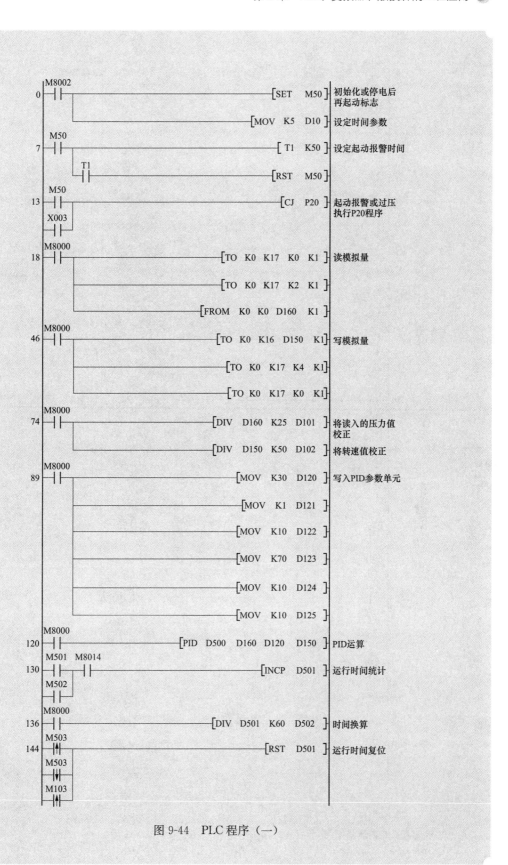

图 9-44　PLC 程序（一）

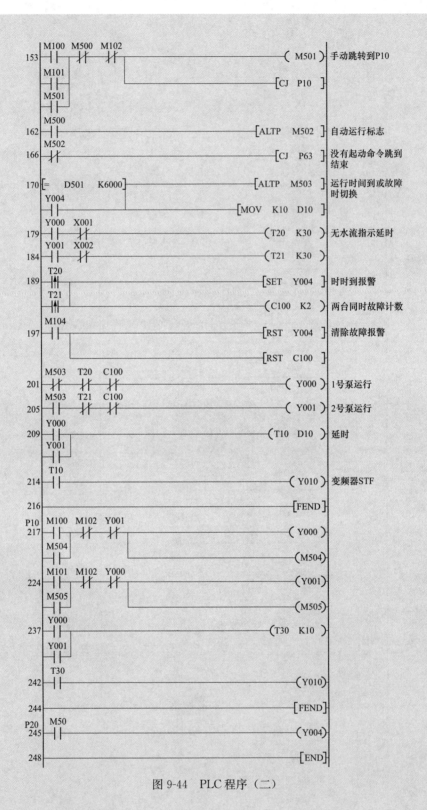

图 9-44　PLC 程序（二）

（2）恒压供水实训装置 1 套。

（3）AC 220V 接触器 2 个。

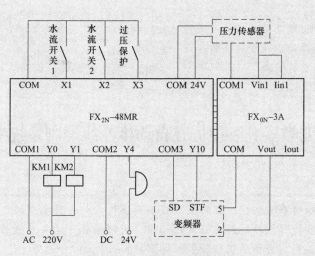

图 9-45　恒压供水系统接线图

(4) 触摸屏 1 台。

(5) A540 变频器 1 台。

(6) FX$_{0N}$-3A 模拟量模块 1 个（含压力传感器 1 个）。

(7) 计算机 1 台（已安装 GPP 软件、GD Designer 软件）。

(8) 导线若干。

7. 系统调试

(1) 将触摸屏 RS-232 接口与计算机连接，将触摸屏 RS-422 接口与 PLC 编程接口连接，编写好 FX$_{0N}$-3A 偏移/增益调整程序，连接好 FX$_{0N}$-3A 模块，通过 GAIN 和 OFFSET 调整偏移/增益。

(2) 按图 9-43 设计好触摸屏画面，并设置好各控件的属性，按图 9-44 编写好 PLC 程序，并传送到触摸屏和 PLC。

(3) 将 PLC 运行开关保持 OFF，程序设定为监视状态，按触摸屏上的按钮，观察程序触点动作情况，如动作不正确，检查触摸屏属性设置和程序是否对应。

(4) 系统时间应正确显示。

(5) 改变触摸屏输入寄存器值，观察程序对应寄存器的值变化。

(6) 按图 9-45 所示的接线图连接好 PLC 的 I/O 线路和变频器的控制电路及主电路。

(7) 将 PLC 运行开关置于 RUN，将系统压力设定为 0.3MPa。

(8) 按手动起动，设备应正常起动，观察各设备运行是否正常，变频器输出频率是否相对平稳，实际压力与设定压力的偏差是否适当。

(9) 如果水压在设定值上下有剧烈的抖动，则应该调节 PID 指令的微分参数，将设定值设定小一些，同时适当增加积分参数值。如果调整过于缓慢，水压的上下偏差很大，则系统比例系数太大，应适当减小。

(10) 测试其他功能，观察是否与控制要求相符。

三、实训报告

1. 分析与总结

(1) 根据实际的操作过程，写出 PID 调节的具体步骤。

(2) 分析程序并解释程序的工作原理。

2. 巩固与提高

（1）程序可能会出现手动运行和自动运行切换时输出不能复位，如何解决？

（2）若没有触摸屏，则系统该如何设计？

（3）请使用特殊功能模块 $FX_{2N}-5A$ 替代 $FX_{0N}-3A$ 模块完成该实训项目的程序设计，并完成模拟调试。

9.5　PLC、变频器、触摸屏在自动生产线控制系统中的综合应用

 学习情景引入

　　随着人力成本的不断上升，自动生产线不断涌现，如各种类型的机械手、各种类型的定位控制以及各种形式的变频运输带已普遍运用到各种自动生产线的控制系统中，下面学习 PLC、变频器、触摸屏在自动生产线控制系统中的综合应用。

实训 33　在 3 轴旋转机械手上料控制系统中的综合应用

一、实训任务

请设计一个 3 轴旋转机械手上料的控制系统，并在实训室完成模拟调试。

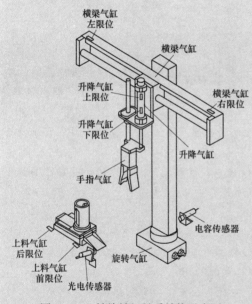

图 9-46　3 轴旋转机械手结构示意图

1. 控制要求

（1）系统由上料装置、检测传感器、3 轴旋转机械手等部分组成，3 轴旋转机械手结构示意图如图 9-46 所示。

（2）系统上电后，2 层信号指示灯的红灯亮，各执行机构保持上电前（即原点）状态。

（3）系统设有 2 种操作模式，即手动操作和自动运行操作。

（4）手动操作。选择"手动操作"模式，可手动对各执行机构的运动进行控制，便于设备的调试与检修。

（5）自动运行操作。选择"自动运行操作"模式，按起动按钮，系统检测上料装置、机械手等各执行机构的原点位置，原点位置条件满足则执行步骤（6），不满足则系统自动停机。

（6）上料装置依次将工件推出，送至上料台；若光电传感器检测到上料台上有工件，则 3 轴旋转机械手自动将工件搬至皮带运输线，其过程为原点→上料→检测→下降→夹紧（T）→上升→右移→下降→放松（T）→上升→左移→原点。

（7）自动运行过程中，若按停止按钮，则机械手在处理完已推出工件后自动停机；若出现故障按下急停按钮时，系统则无条件停止。

（8）系统在运行时，2 层信号指示灯的绿灯亮、红灯灭，停机时红灯亮、绿灯灭，故障状态时红灯闪烁、绿灯灭。

（9）机械手在工作过程中不得与设备或输送工件发生碰撞。

2. 实训目的

(1) 了解 3 轴旋转机械手的结构及控制要求。

(2) 了解传感器、电磁阀、气缸的特性。

(3) 掌握简单机械手控制的程序设计及综合布线。

二、实训步骤

1. 软元件分配

根据系统的控制要求，PLC 的 I/O 分配及 3 轴旋转机械手的系统接线图如图 9-47 所示。

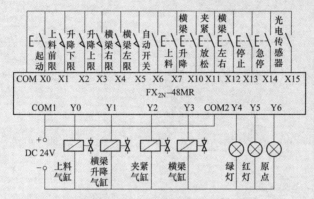

图 9-47　PLC 的 I/O 分配及 3 轴旋转机械手的系统接线图

2. 程序设计

由于所用气缸是有电动作，无电复位（下同），所以，根据系统的控制要求，3 轴旋转机械手控制程序如图 9-48 所示。

3. 系统接线图

根据 3 轴旋转机械手的控制要求及 I/O 分配，3 轴旋转机械手的系统接线如图 9-47 所示。具体到传感器的接线（下同）：光电传感器的＋V、信号、0V 分别接到 DC 24V 的正极、PLC 的输入端（X15）、DC 24V 的负极与 PLC 的输入公共端 COM；上料气缸前限位的＋、一分别接到 PLC 的输入端（X1）、输入公共端 COM；上料气缸的＋、一分别接到 PLC 的输出端（Y0）、DC 24V 的负极，DC 24V 的正极接到 PLC 的输出公共端（COM1）；其他与此类似。

4. 实训器材

(1) 3 轴旋转机械手 1 台。

(2) 手持式编程器（FX-20P）或计算机（已安装 PLC 软件）1 台。

(3) PLC 应用技术综合实训装置 1 台。

5. 系统调试

(1) 输入程序。以 SFC 的形式将图 9-48 所示的程序正确输入。

(2) 手动程序调试。按图 9-47 所示的系统接线图正确连接好输入设备，进行 PLC 的手动程序调试，观察 PLC 的输出是否按要求指示，否则，检查并修改程序、调节传感器的位置及灵敏度，直至指示正确。然后接上输出设备，调节传感器的位置，直至动作正确。

(3) 自动程序调试。按图 9-47 所示的系统接线图正确连接好全部设备，进行自动程序的调试，观察机械手能否按控制要求动作，否则，检查线路并修改调试程序，直至机械手按控制要求动作。

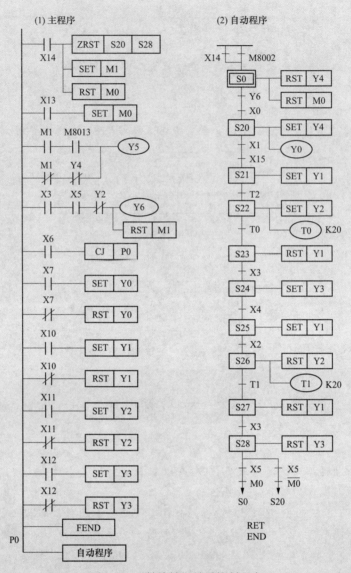

图 9-48　3 轴旋转机械手控制程序

（4）系统调试。在手动和自动程序调试成功后，进行手动和自动程序联合调试，观察系统能否按控制要求动作，否则，检查线路并修改调试程序，直至系统按控制要求动作。

三、实训报告

1. 分析与总结

（1）请画出该系统的气动原理图。

（2）请分析系统控制程序是否还有缺陷。应如何改正？

2. 巩固与提高

（1）请利用 3 轴旋转机械手的旋转来完成机械手的上料控制，并设计其控制程序。

（2）为提高系统的自动化程度，请用触摸屏来监控系统的运行。在集体讨论的基础上提出理想的设计方案，完成系统设计，并在实训室进行模拟调试。

实训 34　在工件物性识别运输线控制系统中的综合应用

一、实训任务

设计一个工件分选控制系统，并在实训室完成模拟调试。

1. 控制要求

（1）系统设有一皮带运输线用于运输工件，设有一工件材质检测传感器用于识别金属与非金属，设有一工件颜色检测传感器用于识别白色与黑色，设有3个分选气缸用于分拣不同的工件，皮带运输线结构示意图如图9-49所示。

（2）系统上电后，2层信号指示灯的红灯亮，各执行机构保持通电前状态。

（3）系统设有2种操作模式，即手动操作和自动运行操作。

（4）手动操作。选择"手动操作"模式，可手动分别对各执行机构的运动进行控制，便于设备的调试与检修。

（5）自动运行操作。选择"自动运行"模式，按起动按钮，系统检测各分选气缸的原点位置，原点位置满足则执行步骤（6），不满足则系统自动停机。

（6）皮带运输线起动运行并稳定后，人工以一定的频率随意放入白色塑料工件、黑色塑料工件、白色金属工件和黑色金属工件。

（7）工件在皮带运输线上经材质和颜色检测后，若为黑色塑料工件，则1号分选气缸将工件推至1号料仓后开始下一个循环；若为白色塑料工件，则2号分选气缸将工件推至2号料仓后开始下一个循环；若为黑色金属工件，则3号分选气缸将工件推至3号料仓后开始下一个循环；若为白色金属工件，则皮带末端的光电传感器检测到有工件后开始下一个循环。

（8）系统按上述要求不停地运行，直到按下停止按钮，系统则处理完在线工件后自动停机；若出现故障按下急停按钮时，系统则无条件停止。

（9）系统处在运行状态时，2层信号指示灯的绿灯亮、红灯灭，停机状态时红灯亮、绿灯灭，故障状态时红灯闪烁、绿灯灭。

（10）机械手在工作过程中不得与设备或输送工件发生碰撞。

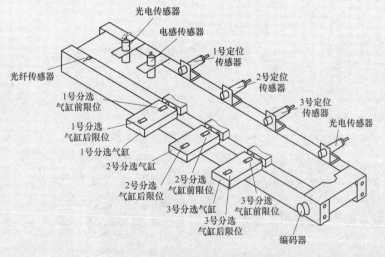

图9-49　皮带运输线结构示意图

2. 实训目的

(1) 了解一般生产线的结构及控制要求。

(2) 了解传感器、电磁阀、气缸的特性。

(3) 掌握简单生产线的程序设计及综合布线。

二、实训步骤

1. I/O分配

根据系统控制要求，PLC的I/O分配及皮带运输线的系统接线图如图9-50所示。

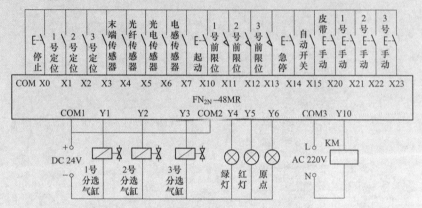

图9-50　PLC的I/O分配及皮带运输线的系统接线图

2. 控制程序

光电传感器的特性：黑色工件通过或无工件时为导通状态，白色工件通过时为断开状态。电感传感器的特性：金属工件通过时为导通状态，塑料工件通过或无工件时为断开状态。因此，该程序为具有4个流程的选择性程序，其程序如图9-51所示。

3. 系统接线

根据皮带运输线的控制要求及I/O分配，PLC的I/O分配及皮带运输线的系统接线图如图9-50所示。

4. 实训器材

(1) 变频运输带1台。

(2) 手持式编程器（FX-20P）或计算机（已安装PLC软件）1台。

(3) PLC应用技术综合实训装置1台。

5. 系统调试

(1) 输入程序。以SFC的形式正确输入图9-51所示的程序。

(2) 手动程序调试。按图9-50所示的系统接线图正确连接好输入设备，进行PLC的手动程序调试，观察PLC的输出是否按要求指示，否则，检查并修改程序，调节传感器的位置及灵敏度，直至指示正确。然后接好输出设备，调节传感器的位置，直至动作正确。

(3) 自动程序调试。按图9-50所示的系统接线图，正确连接好全部设备，进行自动程序的调试，观察机械手能否按控制要求动作，否则，检查线路并修改调试程序，直至机械手按控制要求动作。

(4) 系统调试。在手动和自动程序调试成功后，进行手动和自动程序联合调试，观察系统能否按控制要求动作，否则，检查线路并修改调试程序，直至系统按控制要求动作。

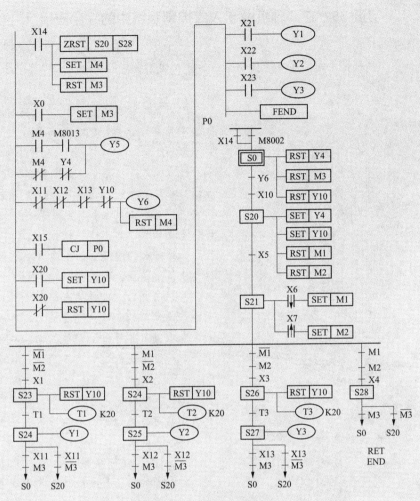

图 9-51　皮带运输线控制程序

三、实训报告

1. 分析与总结

(1) 请画出该系统的气动原理图。

(2) 请为该系统写一份设计说明。

(3) 请用另外的方法设计该系统程序。

2. 巩固与提高

(1) 为使系统能节能运行，请将皮带运输线改为变频驱动，当工件经过检测传感器时，为提高检测的准确性，皮带运输线应降为 25 Hz 运行，其他时间均为 40 Hz 运行，请在此基础上完成系统设计，并在实训室进行模拟调试。

(2) 为提高系统的自动化程度，请用触摸屏来监控系统的运行。在集体讨论的基础上提出理想的设计方案，完成系统设计，并在实训室进行模拟调试。

(3) 用 1 个 PLC 和 1 个触摸屏控制 3 轴旋转机械手和变频运输带，请完成系统设计，并在实训室进行模拟调试，其控制要求如下：系统要求通过触摸屏进行监控，具有手动和自动控制方式，运输带需通过变频器进行驱动，其他动作要求请参照实训 33 和实训 34。

实训35　在4轴机械手入库控制系统中的综合应用

一、实训任务

请设计一个4轴机械手分类入库的控制系统，并在实训室完成模拟调试。

1. 控制要求

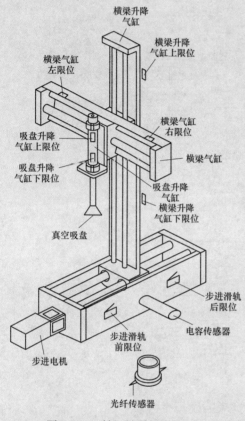

图9-52　4轴机械手结构示意图

（1）系统由皮带运输线、检测传感器、4轴机械手等部分组成，4轴机械手结构示意图如图9-52所示。

（2）系统上电后，2层信号指示灯的红灯亮，各执行机构保持通电前状态。

（3）系统设有3种操作模式，即原点回归操作、手动操作、自动运行操作。

（4）原点回归操作。紧急停机、故障停机或设备检修调整后，各执行机构可能不处于工作原点，系统通电后需进行原点回归操作；选择"原点回归操作"模式，按起动按钮，各执行机构返回原点位置（各气缸活塞杆内缩，双杆气缸处于中间正对皮带运输线的原点位置，吸盘处于左上限位）。

（5）手动操作。选择"手动操作"模式，可手动分别对各执行机构的运动进行控制，便于设备的调试与检修。

（6）自动运行操作。选择"自动运行"模式，按起动按钮，系统检测各气缸活塞杆、双杆气缸、吸盘等各执行机构的原点位置，原点位置满足则执行步骤（7），不满足则系统自动停机。

（7）皮带运输线稳定运行后，人工依次放入工件，工件到达皮带运输线末端时，若光电传感器检测到有工件时皮带停止运行，然后经4轴机械手自动搬运至入库工位，其过程为原点→皮带运行→检测→吸盘下降→吸盘吸气（T）→吸盘上升→横梁气缸上升→吸盘右移→横梁升降气缸后退→横梁气缸下降→吸盘下降→吸盘放气（T）→吸盘上升→横梁气缸上升→横梁升降气缸前进→吸盘左移→横梁气缸下降→原点。

（8）系统按上述要求不停地运行，直到按下停止按钮，系统则处理完在线工件后自动停机；若出现故障按下急停按钮时，系统则无条件停止。

（9）系统处在运行状态时，2层信号指示灯的绿灯亮、红灯灭，停机状态时红灯亮、绿灯灭，故障状态时红灯闪烁、绿灯灭。

（10）机械手在工作过程中不得与设备或输送工件发生碰撞。

2. 实训目的

（1）了解4轴机械手的结构及控制要求。

（2）了解步进电动机及其驱动器的特性。

（3）掌握简单机械手控制的程序设计及综合布线。

二、实训步骤

1. 步进电动机及驱动器

步进电动机不是直接通过 PLC 驱动，而是用专业的步进驱动器驱动，PLC 只要给步进驱动器提供脉冲信号和方向信号就可以了，YKA2404MC 驱动器接线示意图如图 9-53 所示，驱动器引脚功能说明见表 9-3。

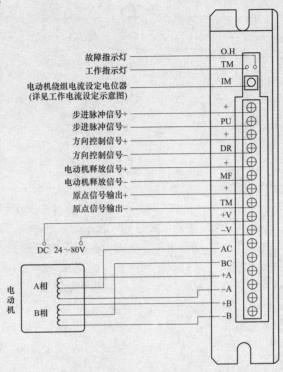

图 9-53　YKA2404MC 驱动器接线示意图

表 9-3　　　　　　　　　　　YKA2404MC 驱动器引脚功能说明

标记符号	功　能	注　释
TM	故障指示灯	过热保护时红色发光管点亮
O.H	工作指示灯	TM 信号有效时，绿色指示灯点亮
IM	电动机线圈电流设定电位器	调整电动机相电流，逆时针减小，顺时针增大
＋	输入信号光电隔离正端	接 5V 供电电源，5～24V 均可驱动，高于 5V 需接限流电阻，请参见输入信号
PU	D4＝OFF，PU 为步进脉冲信号 D4＝ON，PU 为正向步进脉冲信号	下降沿有效，每当脉冲由高变低时电动机走一步。输入电阻 220Ω，要求：低电平 0～0.5V，高电平 4～5V，脉冲宽度＞2.5μs
＋	输入信号光电隔离正端	接 5V 供电电源，5～24V 均可驱动，高于 5V 需接限流电阻，请参见输入信号
DR	D4＝OFF，DR 为方向控制信号 D4＝ON，DR 为反向步进脉冲信号	用于改变电动机转向。输入电阻 220Ω，要求：低电平 0～0.5V，高电平 4～5V，脉冲宽度＞2.5μs
＋	输入信号光电隔离正端	接 5V 供电电源，5～24V 均可驱动，高于 5V 需接限流电阻，请参见输入信号
MF	电动机释放信号	有效（低电平）时关断电动机线圈电流，驱动器停止工作，电动机处于自由状态

307

续表

标记符号	功 能	注 释
＋	原点输出光电隔离正端	电动机绕阻通电位于原点置为有效（B，－A通电）；光电隔离输出（高电平）
TM	原点输出信号光电隔离负端	"＋"端接输出信号限流电阻，TM接输出地。最大驱动电流50mA，最高电压50V
＋V	电源正极	DC 24～80V
－V	电源负极	
AC、BC	电动机接线	6出线　　8出线

YKA2404MC驱动器由于采用特殊的控制电路，故必须使用6出线或8出线电动机；驱动器的输入电压不要超过 DC 80V，且电源不能接反；输入控制信号电平为5V，当高于5V时需要接限流电阻。驱动器温度超过70℃时，驱动器停止工作，故障TM指示灯亮，直到驱动器温度降到50℃及以下，驱动器又会自动恢复工作，因此，出现过热保护时请加装散热器；过流（或负载短路）故障指示灯TM亮时，请检查电动机接线及其他短路故障，排除后需要重新上电恢复；欠压（电压小于 DC 24V）时，故障指示灯 TM 也会亮。

使用步进驱动器时，应根据其细分设定表（见表9-4），选择所需要的细分数，然后把相应的开关拨到 NO 上。D1是自检测开关，D2是控制步进电动机方向的，D3～D6为细分数设定开关。

表9-4　　　　　　　　　　　　YKA2404MC细分设定表

细分数	1	2	4	5	8	10	20	25	40	50	100	200	200	200	200	200
D6	ON	OFF	ON	OFF	ON	OFF	ON	OFF	ON	OFF	ON	OFF	ON	OFF	ON	OFF
D5	ON	ON	OFF	OFF	ON	ON	OFF	OFF	ON	ON	OFF	OFF	ON	ON	OFF	OFF
D4	ON	ON	ON	ON	OFF	OFF	OFF	OFF	ON	ON	ON	ON	OFF	OFF	OFF	OFF
D3	ON	ON	ON	ON	ON	ON	ON	OFF	OFF	OFF	OFF	OFF	OFF	OFF	OFF	OFF
D2	ON：双脉冲，PU为正向步进脉冲信号，DR为反向步进脉冲信号															
	OFF：单脉冲，PU为步进脉冲信号，DR为方向控制信号															
D1	自检测开关（OFF时接收外部脉冲，ON时驱动器内部发7.5kHz脉冲，此时细分应设定为10～50）															

2. I/O 分配

根据系统的控制要求，PLC的I/O分配及4轴机械手的系统接线图如图9-54所示。

3. 控制程序

根据系统控制要求及I/O分配，4轴机械手的系统控制程序如图9-55所示。

4. 系统接线

根据4轴机械手的控制要求及I/O分配，PLC的I/O分配及4轴机械手的系统接线图如图9-55所示。

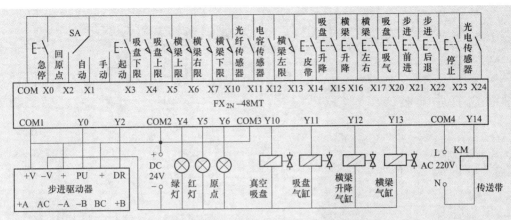

图 9-54　PLC 的 I/O 分配及 4 轴机械手的系统接线图

5. 实训器材

(1) 4 轴机械手 1 台。

(2) 手持式编程器 (FX-20P) 或计算机 (已安装 PLC 软件) 1 台。

(3) PLC 应用技术综合实训装置 1 台。

6. 系统调试

(1) 输入程序。以 SFC 的形式正确输入图 9-55 所示的程序。

(2) 步进电动机的调试。通过改变 (由小到大) PLSY S1 S2 D 中的 S1 步进电动机的频率、S2 输出脉冲数，确定其 S1 和 S2 的数值，然后确定其运行方向。

(3) 手动程序调试。按图 9-54 所示的系统接线图正确连接好输入设备，进行 PLC 的手动程序调试，观察 PLC 的输出是否按要求指示，否则，检查并修改程序、调节传感器的位置及灵敏度，直至指示正确。然后接好输出设备，调节传感器的位置直至动作正确。

(4) 自动程序调试。按图 9-54 所示的系统接线图，正确连接好全部设备，进行自动程序的调试，观察机械手能否按控制要求动作，否则，检查线路并修改调试程序，直至机械手按控制要求动作。

(5) 系统调试。在手动和自动程序调试成功后，进行手动和自动程序联合调试，观察系统能否按控制要求动作，否则，检查线路并修改调试程序，直至系统按控制要求动作。

三、实训报告

1. 分析与总结

(1) 系统在自动运行过程中，将转换开关突然转到手动模式，系统会出现什么问题？应如何改进手动程序？

(2) 系统在自动运行过程中，按下急停按钮后再分别转到手动原点回归操作、手动操作、原点回归操作模式，系统会出现什么问题？应如何改进程序？

(3) 请为该系统写一份设计说明。

2. 巩固与提高

(1) 为提高系统的自动化程度，请用触摸屏来监控系统的运行。具体包含如下内容：能通过触摸屏进行系统的操作；触摸屏能显示入库的工件数量，能显示皮带运输线的运行速度 (使用脉冲编码器)，能显示皮带运输线、双杆气缸 (上升、下降、前进及后退) 的运行状态。请同学们完成系统设计，并在实训室进行模拟调试。

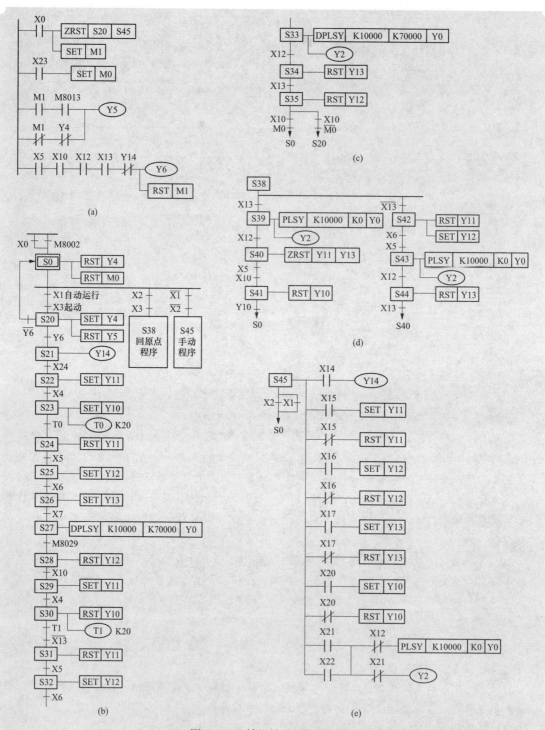

图9-55　4轴机械手的控制程序

（2）用1个PLC和1个触摸屏控制4轴机械手和变频运输带，其控制要求如下：系统要求通过触摸屏进行监控，具有手动操作、原点回归操作和自动运行操作方式，运输带需通过变频器进行驱动，其他动作要求请参照实训34和实训35，请完成系统设计，并在实训室进行模拟调试。

实训 36　在生产线自动控制系统中的综合应用

一、实训任务

请设计一个自动生产线的电气控制系统，并在实训室完成模拟调试。

1. 控制要求

（1）系统由 3 轴旋转机械手、变频运输带、4 轴机械手等部分组成，自动生产线的结构示意图如图 9-56 所示。

（2）工件由上料装置以一定的频率间歇推出，经 3 轴旋转机械手将 4 种工件（白色金属、黑色金属、白色塑料、黑色塑料）搬至皮带运输线，经皮带运输线上的工件物性传感器的检测，将 4 种工件分拣出来（白色金属放 1 号位、黑色金属放 2 号位、白色塑料放 3 号位、黑色塑料向前输送），黑色塑料工件再经 4 轴机械手搬运至指定工位；3 轴旋转机械手和 4 轴机械手的搬运过程请参照实训 33 和实训 35。

（3）3 轴旋转机械手、变频运输带由 1 号 PLC 控制，4 轴机械手由 2 号 PLC 控制，1 号 PLC 与触摸屏连接，触摸屏可以对整个系统进行监控。

（4）系统通电后，2 层信号指示灯的红灯亮，各执行机构保持上电前状态。

（5）系统设有 3 种操作模式，即原点回归操作、手动操作、自动运行操作。

（6）原点回归操作。紧急停机、故障停机或设备检修调整后，各执行机构可能不处于工作原点，系统上电后需进行原点回归操作；选择"原点回归操作"模式，按起动按钮，各执行机构返回原点位置（原点位置条件同前）。

（7）手动操作。选择"手动操作"模式，可手动分别对各执行机构的运动进行控制，便于设备的调试与检修。

（8）自动运行操作。选择"自动运行操作"模式，按起动按钮，系统检测各气缸活塞杆、双杆气缸、吸盘等各执行机构的原点位置，原点位置满足则执行步骤（9），不满足则系统自动停机。

（9）自动运行过程请参照实训 33～实训 35 的运行过程。

（10）系统按上述要求不停地运行，直到按下停止按钮，系统则处理完在线工件后自动停机；若出现故障按下急停按钮时，系统则无条件停止。

（11）系统处在运行状态时，2 层信号指示灯的绿灯亮、红灯灭，停机状态时红灯亮、绿灯灭，故障状态时红灯闪烁、绿灯灭。

（12）机械手在工作过程中不得与设备或输送工件发生碰撞。

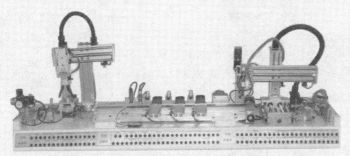

图 9-56　自动生产线的结构示意图

（13）触摸屏界面要求：除"急停"按钮外，其他所有按钮均在触摸屏上实现，能设置和监视变频器的运行频率，能显示各种工件的数量，其他要求请读者根据自己的情况增加。

2. 实训目的

（1）了解一般自动生产线的结构及控制要求。

（2）进一步掌握传感器、电磁阀、气缸、步进电动机及其驱动器的特性。

（3）掌握简单自动生产线的程序设计及综合布线。

（4）能使用 PLC、变频器的通信解决实际工程问题。

二、实训步骤

1. 程序设计

由于 3 轴旋转机械手、变频运输带由 1 号 PLC 控制，4 轴机械手由 2 号 PLC 控制，而与 1 号 PLC 连接的触摸屏要对整个系统进行监控。因此，2 台 PLC 之间可以采用 1∶1 通信，1 号 PLC 与变频器之间采用 RS4-85 通信，该方案的程序设计请参照实训 23 和实训 27。

2. 系统接线

系统接线图请参照实训 42～44。

3. 实训器材

（1）3 轴旋转机械手、变频运输带、4 轴机械手各 1 台。

（2）计算机（已安装 PLC 软件）1 台。

（3）PLC 应用技术综合实训装置 1 台。

4. 系统调试

（1）输入程序。设置变频器及其通信的相关参数。

（2）单个功能块的调试。请参照实训 33～35 对每个功能块进行调试，观察 PLC 的动作是否符合要求，否则，检查并修改程序，直至正确。

（3）通信调试。请参照实训 23 和实训 27 调试通信程序，观察控制对象能否按控制要求动作，否则，检查线路并修改调试程序，直至按控制要求动作。

（4）系统调试。在上述调试成功的基础上，对系统进行综合调试，观察能否按控制要求动作，否则，检查线路并修改调试程序，直至按控制要求动作。

三、实训报告

1. 分析与总结

（1）请画出该系统的气动原理图。

（2）请为该系统写一份设计说明。

（3）比较一下 1∶1 通信、N∶N 通信、RS-485 通信的适应范围、通信的特点及各自的优劣。

2. 巩固与提高

（1）请用 N∶N 通信实现本实训的功能，并在实训室完成模拟调试。

（2）若系统由 2 条自动生产线组成，由 1 个触摸屏进行监控，请用 N∶N 通信完成系统设计，并在实训室完成模拟调试。

（3）若系统由 2 条自动生产线组成，由 1 个触摸屏进行监控，PLC 之间采用 N∶N 通信，PLC 与变频器之间采用 RS-485 通信，请完成系统设计，并在实训室完成模拟调试。

9.6　PLC、变频器、触摸屏在通信控制系统的综合应用

 学习情景引入

前面我们学习了 FX 系列 PLC 的并行通信、N∶N 通信、无协议通信、计算机链接和可选编程口等五种类型的简单通信，但要组成复杂的网络控制，还有更好的方法吗？下面来学习一台 PLC 通过 RS-485 通信控制多台变频器以及 CC-Link 网络。

实训 37　在 RS-485 通信控制系统中的综合应用

一、实训任务

请设计一个通过 PLC 的 RS-485 通信控制 2 台电动机变频运行的控制系统，并在实训室完成调试。

1. 控制要求

用一台 PLC 与 2 台变频器进行 RS-485 通信控制，实现 2 台变频器驱动的电动机的正转、反转和停止，并能改变电动机的运行速度、变频器的加减速时间和其他参数。

2. 实训目的

(1) 掌握 RS-485 网络通信中变频器参数的设置。

(2) 掌握 RS-485 网络通信程序的编写。

(3) 能够组建小型的 RS-485 网络，并能解决实际工程问题。

二、实训步骤

1. 设计思路

系统由 1 台 PLC 与 2 台变频器组成 RS-485 网络，2 台变频器分别设为网络的 0 号站、1 号站，PLC 作为控制的核心，可以分别对 2 台变频器进行控制。所以，除了设置 2 台变频器的参数外，关键在于 PLC 与变频器通信程序的设计，程序设计思路可参照上一实训进行。实训时可以将相邻的 2 组同学组合成一个系统，2 组同学既有分工又有合作，共同制定与讨论实施方案。

2. 变频器参数设置

变频器参数设置可参照上一实训设置，注意 2 台变频器的站号不同。

3. 软元件分配

(1) PLC 的 I/O 分配。X1：0 号变频器正转起动；X2：0 号变频器反转起动；X3：0 号变频器停止；X11：1 号变频器正转起动；X12：1 号变频器反转起动；X13：1 号变频器停止；X5：0 号变频器加速；X4：0 号变频器减速；X15：1 号变频器加速；X14：1 号变频器减速。

(2) 触摸屏的软元件分配。M1：0 号变频器正转起动；M2：0 号变频器反转起动；M3：0 号变频器停止，M11：1 号变频器正转起动；M12：1 号变频器反转起动；M13：1 号变频器停止；M5：0 号变频器加速；M4：0 号变频器减速；M15：1 号变频器加速；X14：1 号变频器减速。

4. 触摸屏画面制作

根据上述触摸屏的软元件分配，参照图 8-56 所示的 4 轴机械手的控制程序制作本实训触摸屏的画面。

5. 系统接线图

RS-485 通信控制系统接线图如图 9-57 所示。

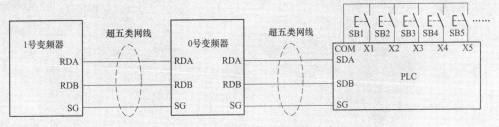

图 9-57　RS-485 通信控制系统接线图

6. 系统程序

根据 PLC 的输入输出分配及设计思路，设计其 PLC 的控制程序，PLC 的控制程序如图 9-58 所示。

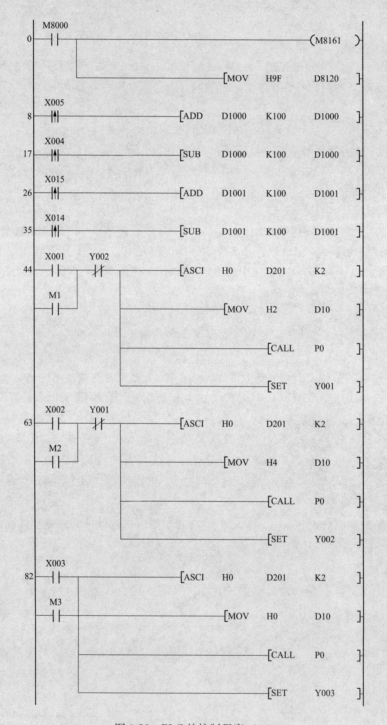

图 9-58　PLC 的控制程序（一）

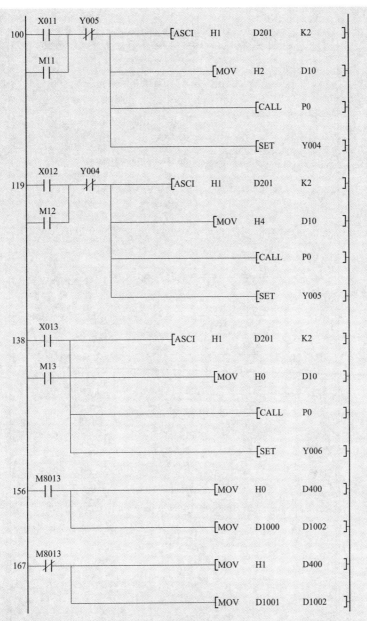

图 9-58　PLC 的控制程序（二）

7. 实训器材

根据控制要求、PLC 的输入输出分配及系统接线图，完成本实训需要配备如下器材：

（1）可编程控制器实训装置 1 台。

（2）变频器模块 1 个。

（3）PLC 主机模块 1 个。

（4）计算机 1 台。

（5）FX_{2N}-RS-485-BD 板 1 块。

（6）开关、按钮板模块 1 个。

（7）三相电动机 1 台。

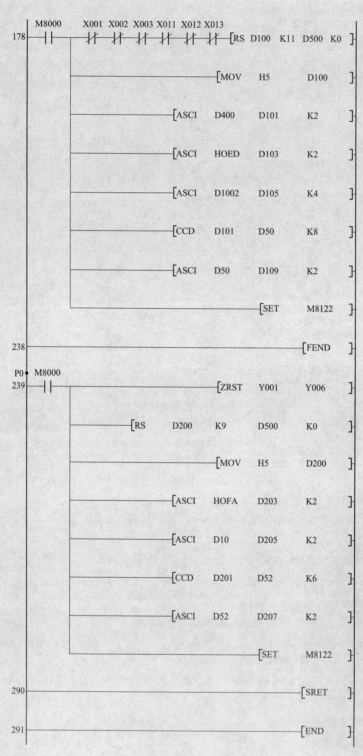

图 9-58　PLC 的控制程序（三）

（8）电工常用工具 1 套。

（9）导线若干。

8. 系统调试

(1) 按图 9-58 输入程序，并下载至 PLC。

(2) 按图 9-57 接线图连接好 PLC 输入线路及变频器主电源，连接好 RS-485 总线（将 RDA 和 SDA 连接作为 DA，将 RDB 和 SDB 连接作为 DB）。

(3) 先清除变频器所有设置，再分别设置好 2 台变频器参数，重新起动电源。

(4) 通过触摸屏设定运行频率 40Hz，观察触摸屏显示的数据。

(5) 按 0 号变频器起动（正转或反转）按钮，通信板上 SD 和 RD 指示灯闪烁，变频器运行，频率为 40Hz，若不闪烁，检查 PLC 程序，如只有 SD 指示灯闪烁，检查变频器设置。

(6) 按 0 号变频器加速（减速）按钮，变频器加速（减速），每按一次加速（减速）1Hz。

(7) 按停止按钮，SD 和 RD 指示灯闪烁，变频器停止运行。

(8) 1 号变频器的调试与上述相似。

三、实训报告

1. 分析与总结

(1) 分析理解程序，程序中辅助继电器 M0、M1 起什么作用？

(2) 通信程序使用了哪两种变频器通信格式？

2. 巩固与提高

(1) 如果要读取变频器频率、电压、电流等参数应该用那种格式？

(2) 尝试编写程序，编写当变频器运行变频到达设定频率即输出 Y0 报警信号的程序。

实训 38   在 CC-Link 通信控制系统中的综合应用

一、实训任务

设计一个电动机群组的 CC-Link 网络控制系统，CC-Link 网络连接图如图 9-59 所示，并在实训室完成模拟调试。

1. 控制要求

(1) 系统设 1 个主站和 3 个远程站，每个远程站均有 1 台电动机，主站可以通过触摸屏对远程站进行监控。

(2) 按主站触摸屏上的"起动"或"停止"，对应远程站的电动机即运行或停止运行。

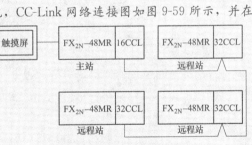

图 9-59 CC-Link 网络连接图

(3) 电动机运行方式为正、反转循环运行。正转和反转的运行时间、正转和反转的间隔时间及循环的次数可通过主站触摸屏进行设置。

(4) 电动机的运行状态可以通过触摸屏进行监视。

2. 实训目的

(1) 了解 CC-Link 网络的结构和基本组成。

(2) 熟悉 CC-Link 主站的编程思路和方法。

(3) 熟悉 CC-Link 远程站的编程思路和方法。

(4) 能运用 CC-Link 网络解决较为复杂的工程问题。

二、实训步骤

1. CC-Link 现场总线

Control &Communication-Link（简称 CC-Link）是日本三菱公司于 1996 年推出的开放式现

场总线，它通过专门的通信模块将分散的 I/O 模块、特殊功能模块等连接起来，并且通过 PLC 的 CPU 来控制相应的模块。CC-Link 总线网络是一种开放式工业现场网络，可完成大数据量、远距离的网络系统实时控制，在 156kbit/s 的传输速率下，控制距离达到 1.2km，如采用中继器，可以达到 13.2km，并具有性能卓越、应用广泛、使用简单、节省成本等突出优点。三菱常用的网络模块有 CC-Link 通信模块（FX_{2N}-16CCL-M、FX_{2N}-32CCL）、CC-Link/LT 通信模块（FX_{2N}-64CL-M）、Link 远程 I/O 链接模块（FX_{2N}-16Link-M）和 AS-i 网络模块（FX_{2N}-32ASI-M），下面仅介绍 FX_{2N}-16CCL-M、FX_{2N}-32CCL 模块。

2. CC-Link 主站模块

当采用 FX 系列 PLC 作为 CC-Link 主站时，与之相连的主站模块则为 FX_{2N}-16CCL-M，是特殊扩展模块，主站在整个网络中是控制数据链接系统的站，其系统配置如图 9-60 所示。

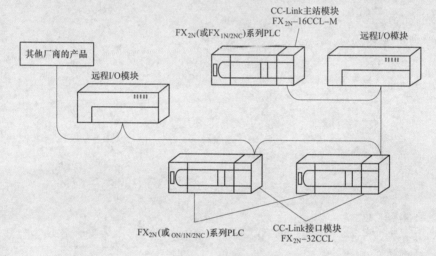

图 9-60　系统配置

远程 I/O 站仅仅处理位信息，远程设备站可以处理位信息和字信息。当 FX 系列的 PLC 作为主站单元时，只能以 FX_{2N}-16CCL-M 作为主站通信模块，整个网络最多可以连接 7 个 I/O 站和 8 个远程设备站，且必须满足以下条件。

（1）远程 I/O 站的连接点数。远程 I/O 站的连接点数见表 9-5。

表 9-5　　　　　　　　　　　　　　　　远程 I/O 站的连接点数

PLC 的 I/O 点数（包括空的点数和扩展 I/O 的点数）	X 点
FX_{2N}-16CCL-M 占用的点数	8 点
其他特殊扩展模块所占用 PLC 的点数	Y 点
32 × 远程设备站的数量	Z 点
总计的点数 $X+Y+Z+8$	FX_{2N}/FX_{2NC} 系列 PLC≤256 点 FX1N 系列 PLC≤128 点

（2）远程设备站的连接站数。远程设备站的连接站数见表 9-6。

表 9-6　　　　　　　　　　　　　　　　远程设备站的连接站数

远程设备站占用 1 个站的数量	1 个站×模块数
远程设备站占用 2 个站的数量	2 个站×模块数

续表

远程设备站占用 3 个站的数量	3 个站×模块数
远程设备站占用 4 个站的数量	4 个站×模块数
站的总和	≤8

（3）最大连接的配置图。CC-Link 总线最大连接的配置如图 9-61 所示。

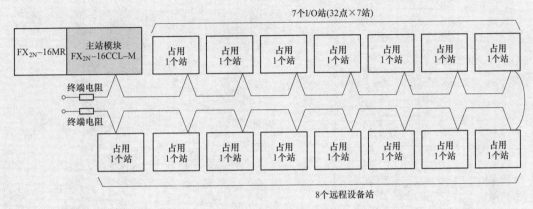

图 9-61　CC-Link 总线最大连接的配置

　　如果是远程设备站，可以不考虑远程 I/O 点的数量情况。图 9-61 所示的远程 I/O 站及 PLC 主站、FX_{2N}-16CCL-M 所占用的点数为 32 点 × 7 个站＋16＋8＝248，由于最大占用点数为 256，因此，最多还可以增加 8 个 I/O 点或相当于 8 点的特殊模块。

　　（4）最大传输距离。在使用高性能 CC-Link 电缆时，最大传输速度及传输距离见表 9-7。

表 9-7　　　　　　　　　　　　　最大传输速度及传输距离

传输速度（bit/s）	最大传输距离（m）
156k	1200
625k	900
2.5M	400
5M	160
10M	100

3. CC-Link 远程站模块

　　FX_{2N}-32CCL 是将 PLC 连接到 CC-Link 网络中的远程站模块，可连接的 PLC 有 FX_{0N}/FX_{2N}/FX_{2NC} 系列的小型 PLC，与之连接的 PLC 将作为远程设备站，并占用 PLC 的 8 个 I/O 点。

　　FX_{2N}-32CCL 在连接到 CC-Link 网络时，必须进行站号和占用站数的设定。站号由 2 位旋转开关设定，占用站数由 1 位旋转开关设定，站号可在 1～64 设定，超出此范围将出错，占用站数在 1～4 之间设定。

　　FX_{2N}-32CCL 与主单元的连接如图 9-62 所示。它们采用专用双绞屏蔽电缆将各站的 DA 与 DA，DB 与 DB，DG 与 DG 端子连接。FX_{2N}-32CCL 具有 2 个 DA 和 DB 端子，它们的功能是相同的，SLD 端子应与屏蔽电缆的屏蔽层连接，FG 端子采用 3 级接地。

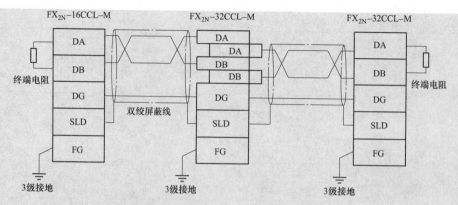

图 9-62   FX₂ₙ-32CCL 与主单元的连接

电动机群组的CC-Link网络控制

1号站	2号站	3号站
正转012s	正转012s	正转012s
反转012s	反转012s	反转012s
间隔012s	间隔012s	间隔012s
循环012次	循环012次	循环012次
起动	起动	起动
停止	停止	停止

图 9-63   触摸屏界面

4. 软件设计

（1）触摸屏软元件分配。M116：1 号站起动，M117：1 号站停止，M156：2 号站起动，M157：2 号站停止，M196：3 号站起动，M197：3 号站停止，M100：1 号站运行指示，M140：2 号站运行指示，M180：3 号站运行指示；D500：1 号站正转时间，D501：1 号站反转时间，D502：1 号站间隔时间，D503：1 号站循环次数，D510：2 号站正转时间，D511：2 号站反转时间，D512：2 号站间隔时间，D513：2 号站循环次数，D520：3 号站正转时间，D521：3 号站反转时间，D522：3 号站间隔时间，D523：3 号站循环次数。

（2）触摸屏画面。根据系统控制要求，请按图 9-63 所示设计触摸屏界面。

（3）远程站 I/O 分配。Y0：正转，Y1：反转。

（4）系统程序。

1）主站程序。主站程序如图 9-64 所示。

2）远程站程序。远程站程序如图 9-65 所示。

5. 实训器材

（1）PLC 应用技术综合实训装置 4 台。

（2）FX₂ₙ-16CCL-M 特殊功能模块 1 台。

（3）FX₂ₙ-32CCL 特殊功能模块 3 台。

（4）AC 220V 接触器 6 个。

（5）DC 24V 电源 4 个。

（6）计算机 4 台（已安装 GX 和 GT Designer2）。

（7）电动机 3 台。

6. 系统调试

（1）写入程序。按图 9-63 做好触摸屏界面，并设置好文本对象、数字输入对象、触摸键对象属性，电动机运行显示属性分别设置为 M100、M140、M180。按图 9-64、图 9-65 所示编写好主站程序、远程站程序，并将触摸屏界面及主站程序、远程站程序写入相应设备。

（2）主站程序调试。接好主站 PLC 和触摸屏通信线路，起动触摸屏，观察触摸屏数字输入位置的数字显示是否正常，如果显示"???"，则连接可能有问题或触摸屏、PLC 类型设置不当。

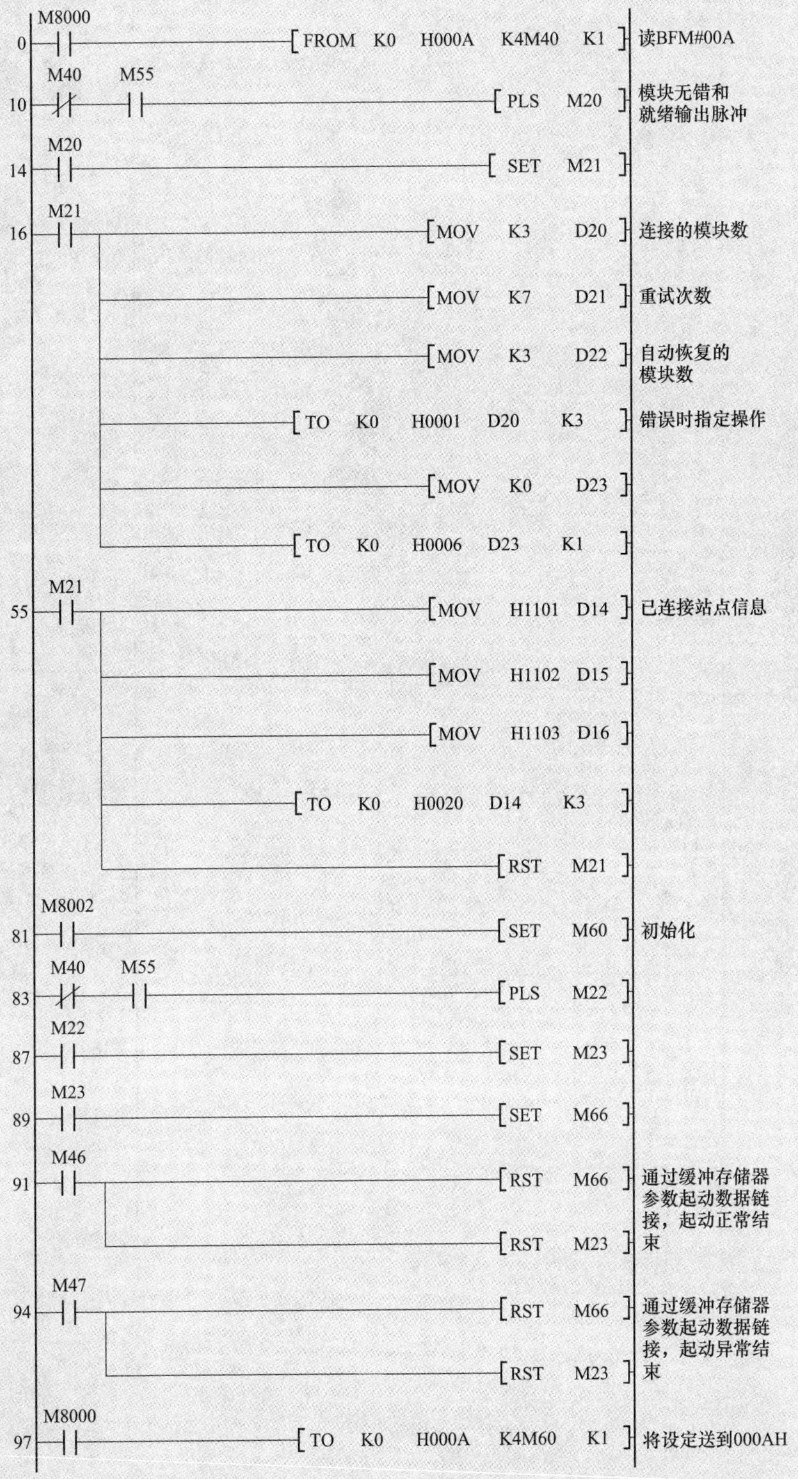

```
        M8000
   0    ─┤├──────────────────────[ FROM  K0   H000A  K4M40  K1 ]   读BFM#00A
        M40  M55
  10    ─┤/├──┤├──────────────────────────────[ PLS    M20 ]   模块无错和
                                                               就绪输出脉冲
        M20
  14    ─┤├───────────────────────────────────[ SET    M21 ]
        M21
  16    ─┤├───┬──────────────────────────[ MOV  K3    D20 ]   连接的模块数
              ├──────────────────────────[ MOV  K7    D21 ]   重试次数
              ├──────────────────────────[ MOV  K3    D22 ]   自动恢复的
              │                                              模块数
              ├──────────────────[ TO  K0  H0001  D20  K3 ]   错误时指定操作
              ├──────────────────────────[ MOV  K0    D23 ]
              └──────────────────[ TO  K0  H0006  D23  K1 ]
        M21
  55    ─┤├───┬──────────────────────────[ MOV  H1101  D14 ]   已连接站点信息
              ├──────────────────────────[ MOV  H1102  D15 ]
              ├──────────────────────────[ MOV  H1103  D16 ]
              ├──────────────────[ TO  K0  H0020  D14  K3 ]
              └───────────────────────────────[ RST    M21 ]
        M8002
  81    ─┤├───────────────────────────────────[ SET    M60 ]   初始化
        M40  M55
  83    ─┤/├──┤├──────────────────────────────[ PLS    M22 ]
        M22
  87    ─┤├───────────────────────────────────[ SET    M23 ]
        M23
  89    ─┤├───────────────────────────────────[ SET    M66 ]
        M46
  91    ─┤├───┬───────────────────────────────[ RST    M66 ]   通过缓冲存储器
              └───────────────────────────────[ RST    M23 ]   参数起动数据链
                                                               接，起动正常结束
        M47
  94    ─┤├───┬───────────────────────────────[ RST    M66 ]   通过缓冲存储器
              └───────────────────────────────[ RST    M23 ]   参数起动数据链
                                                               接，起动异常结束
        M8000
  97    ─┤├──────────────────────[ TO  K0  H000A  K4M60  K1 ]   将设定送到000AH
```

图 9-64　主站程序（一）

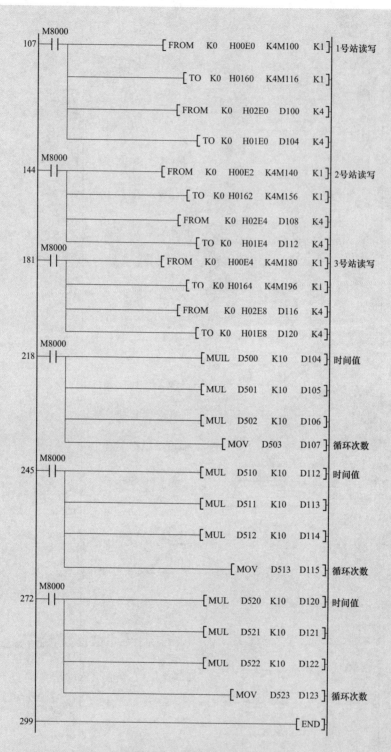

图 9-64 主站程序（二）

进入 GX 程序监视状态，操作触摸屏的触摸键和改变输入数据，观察程序中的触点状态和寄存器中的相应数据。如果没有相应改变，检查程序和触摸屏画面的软元件是否对应。

（3）远程站程序调试。进入 GX 软件界面调试状态，将寄存器 D300、D301、D302、D303 设定为 100、100、50、5，并在调试状态使 M300 为 ON，此时程序运行，Y0、Y1 按控制要求输出，并循环 5 个周期停止。如果输出不正确，检查程序 47 步～85 步。

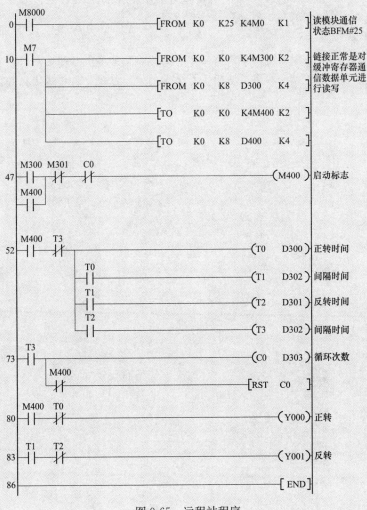

图 9-65　远程站程序

（4）连机调试。

1）连接好 CC-Link 总线及主站、远程站 DC 24V 电源，连接好终端电阻。观察主站模块和远程站模块的指示灯状态。如果连接正常，POWER、LRUN、SD RD 指示灯亮，如果 SD、RD 指示灯不亮，则可能的原因为总线连接有问题、线路存在干扰、终端电阻未连接或连接不当；如果 LERR 指示灯亮则是通信有错误。

2）连接好远程站的电动机主电路和控制电路。

3）设置各远程站电动机的正、反转时间及间隔时间和循环次数，在监视状态下查看远程站接收单元的数字变化（D300～D303 数字值应为设定值的 10 倍）。如果不对，检查主站和远程站的程序。

4）按"起动"触摸键，电动机应正常运行。如果不运行，检查通信程序中软元件的分配。运行过程中按"停止"触摸键，电动机停止运行。

三、实训报告

1. 分析与总结

（1）描述电动机的运行情况，总结操作要领。

（2）分析图 9-64、图 9-65 所示程序，并加适当的设备注释。

（3）画出整个系统的接线图，写出必要的设计说明。

2. 巩固与提高

（1）设计一个"急停"触摸键，触摸键可以停止运行中的 3 个站的电动机，并写出程序。

（2）设计一个 8 个远程站的程序，其中 1 个为备用站，控制要求与本实训相同。

参 考 文 献

[1] 阮友德. PLC、变频器、触摸屏综合应用实训 [M]. 北京：中国电力出版社，2009.

[2] 阮友德. 电气控制与 PLC（第 3 版）[M]. 北京：人民邮电出版社，2020.

[3] 阮友德. 电气控制与 PLC 实训教程（第 2 版）[M]. 北京：人民邮电出版社，2012.

[4] 钟肇新，范建东. 可编程控制器原理与应用 [M]. 广州：华南理工大学出版社，2015.

[5] 金凌芳. 电气控制线路安装与维修 [M]. 北京：机械工业出版社，2018.

[6] 史国生. 电气控制与可编程控制器技术 [M]. 北京：化学工业出版社，2019.

[7] 张万忠. 可编程控制器应用技术 [M]. 北京：化学工业出版社，2012.

[8] 李俊秀，赵黎明. 可编程控制器应用技术实训指导 [M]. 北京：化学工业出版社，2015.

[9] 三菱电机株式会社. FX_{1S}，FX_{1N}，FX_{2N}，$FX2_{NC}$ 编程手册 [M]. 三菱电机株式会社，2001.

[10] 三菱电机株式会社. FX 系列特殊功能模块用户手册 [M]. 三菱电机株式会社，2004.